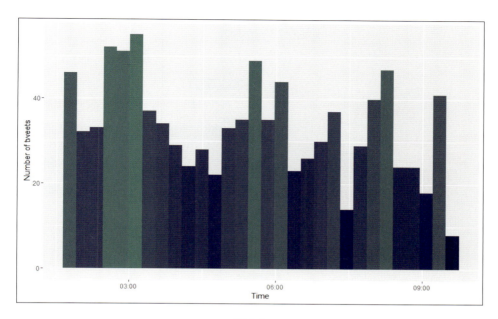

図 2.6

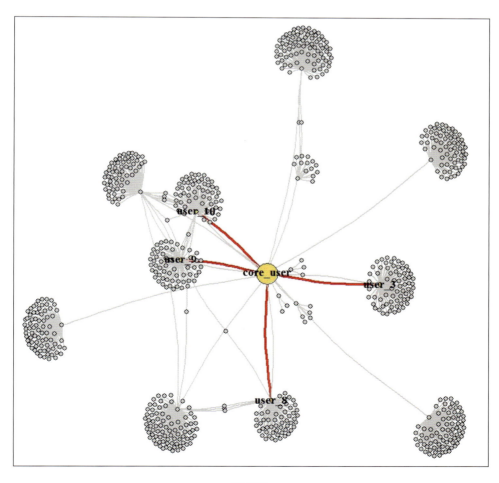

図 2.21

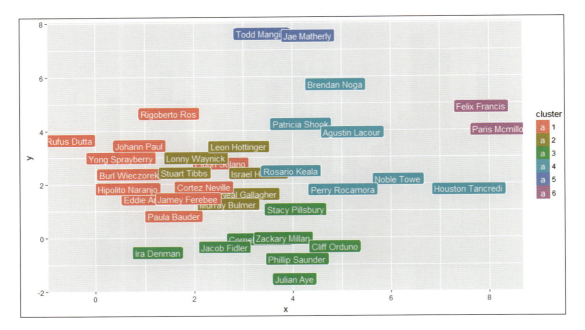

図 3.18

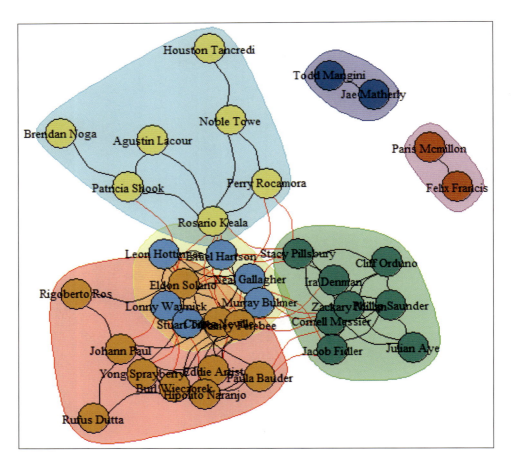

図 3.19

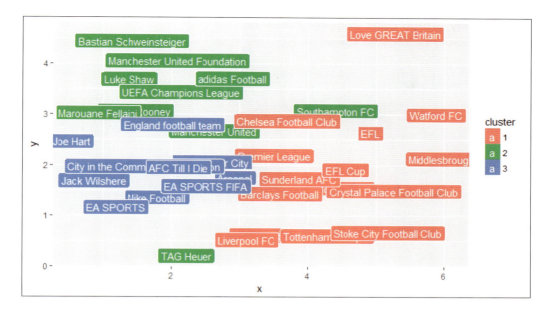

図 3.36

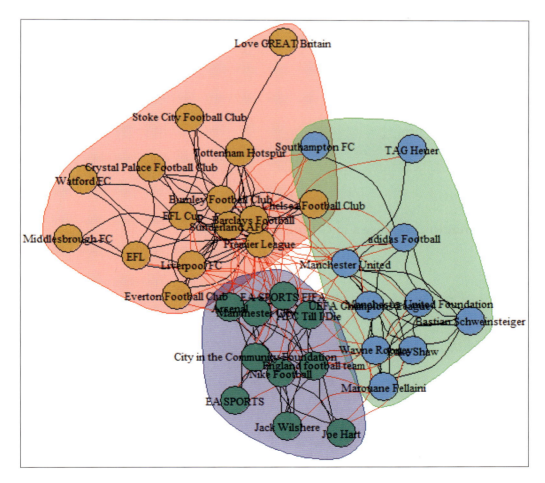

図 3.37

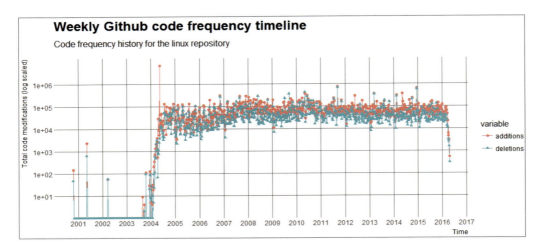

図 5.12

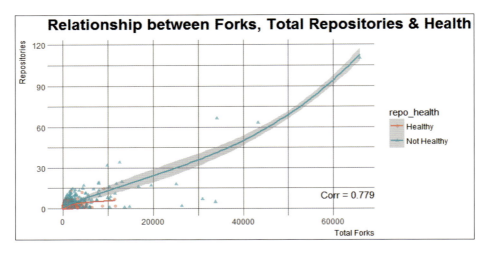

図 5.21

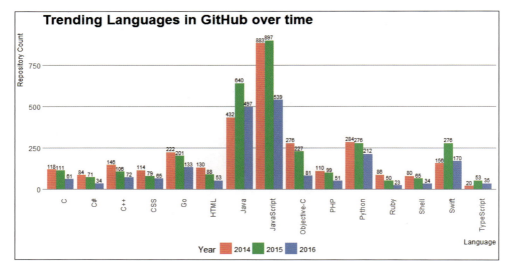

図 5.23

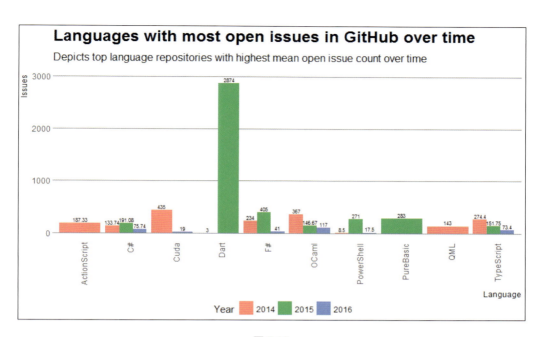

図 5.25

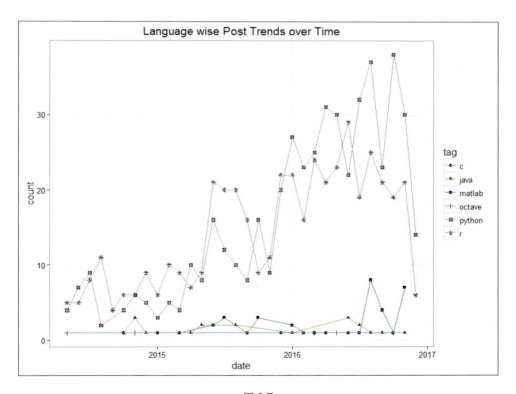

図 6.7

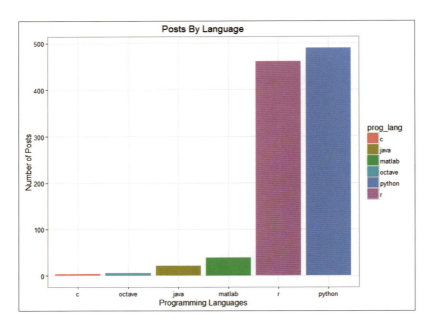

図 6.8

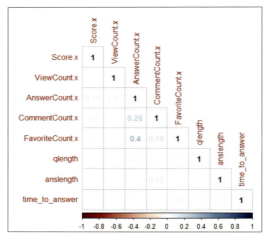

図 6.10

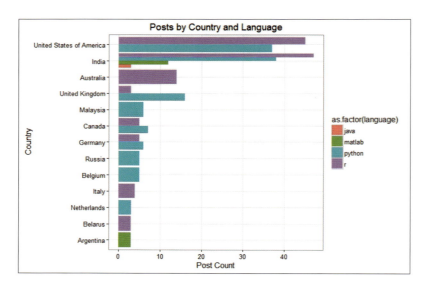

図 6.11

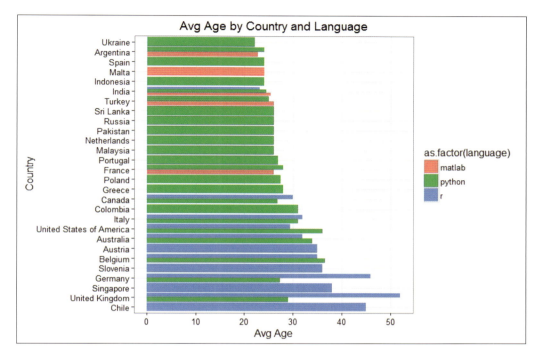

図 6.12

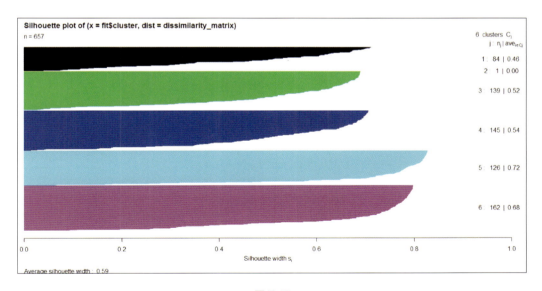

図 7.13

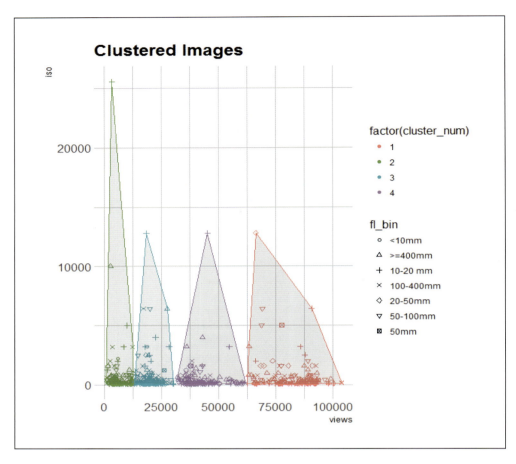

図 7.16

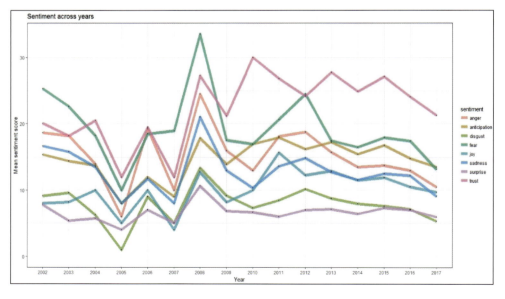

図 8.18

Rではじめる
ソーシャルメディア分析
Twitter から ニュースサイト まで

Raghav Bali・Dipanjan Sarkar・Tushar Sharma ——— 著

市川 太祐・前田 和寛・牧山 幸史 ——— 訳

Learning
Social
Media
Analytics
with R

共立出版

Learning Social Media Analytics with R

By Raghav Bali, Dipanjan Sarkar, Tushar Sharma

Copyright © Packt Publishing 2017.
First Published in the English language under the title
'Learning Social Media Analytics with R - (9781787127524)'

Japanese language edition published by KYORITSU SHUPPAN CO., LTD.

訳者序文

本書は，2017 年 5 月に Packt Publishing より出版された *Learning Social Media Analytics with R* の訳書であり，R を用いたソーシャルメディア分析の入門書である．ここで言うソーシャルメディアとは，Twitter や Facebook に代表される SNS（ソーシャルネットワークサービス）とほぼ同義である．このようなサービスの多くは Web API の形で外部にデータ提供をしており，本書はこれを利用したさまざまな分析例を紹介している．

本書では，まず第 1 章において，R の導入とソーシャルメディア分析の基本的な流れを紹介している．R の導入については，過不足ない説明がなされており，初心者でも十分に勘どころを押さえることができる内容となっている．

第 2 章以降は，さまざまなソーシャルメディアにおける具体的な分析例を紹介していく．第 2 章では Twitter の事例を取り上げている．ここでは，Web API を通じたデータ取得から，感情分析によるテキストのネガポジ判定といったテキストマイニングの基礎までを学べる．第 3 章では，第 2 章で得た Web API の基本的な使い方を踏まえ，Facebook から得られるデータを用いて，ネットワーク分析などのより高度な分析を進めていく．さらに，第 4 章以降の本書後半では，機械学習を用いたレコメンドエンジンの構築やトピックモデリングなども紹介しており，データソースと分析手法の両方向において幅広いトピックを扱った内容を提供している．

読者は本書を通じて，ソーシャルメディア分析を実施する際に，どのようなデータソースがあり，そこでどのような分析が可能か，という分析のいろはを身につけることができる．データサイエンティストとして分析力を身につけたいが，手もとにはサンプルデータ（例えば有名なアヤメのデータ（iris））しかなく，実データ（いわゆるリアルワールドデータ）は持っていない，といった方に最適な一冊と言えるだろう．

各章に掲載されているコードは，著者が自身の GitHub リポジトリ上で公開している．本書では，コードを一部しか掲載していないところもあるため，適宜この公開されているコードを参照してほしい．

https://github.com/dipanjanS/learning-social-media-analytics-with-r

なお，本書で紹介している分析は，ソーシャルメディアが公開している Web API を利用しているという特性上，Web API の仕様変更の影響を大きく受けることになる．第 2 章を中心に，一部の内容，コードについては，翻訳にあたって修正している．修正したコードは，訳者コードとして以下のリポジトリで公開しているので，上記の著者コードと併せて参照してほしい．

https://github.com/HOXOMInc/learning-social-media-analytics-with-r

また，ソーシャルメディアによっては，プライバシーポリシーの変更に伴い，API を通じてアクセス可能なデータの範囲が制限されたものもある．特に，第 3 章で紹介している Facebook Graph API については，いくつかの事件に伴う国際社会の非難に対応すべく，Facebook 社が本書の原著出版後にユーザーデータの公開範囲を大きく制限し，API の仕様を大幅に変更した．本書では，この API を用いて各種ユーティリティ関数を提供していた Rfacebook パッケージを利用しているが，このパッケージはこうした流れを受け，更新を停止してしまっており，その多くの関数は現状機能しない（2019 年 8 月現在）．そのため，原著で示された手順ではデータを取得することができなくなっている．そこで，第 3 章において Rfacebook パッケージを用いた箇所については，可能な限り上記の訳者コードでデータを取得できるようにした．また，公開範囲の制限により原著の分析を再現できない部分については，代わりに著者が公開しているデータを用いて分析手法を学んでほしい．

本書を翻訳する上で，現場でデータ分析に携わっている方々のご意見や，ウェブで公開されているさまざまな情報を参考にした．ここに謝意を表する．また，R に関する多くの知見を公開してくれている日本の R コミュニティに感謝したい．

訳者を代表して
市川太祐

序

　インターネットの規模は年々成長し，特にこの 10 年においてはさまざまなソーシャルメディアが出現し，相互に連携し，成長が加速している．その連携網の中で，ソーシャルメディアは各メディアに共通な基本機能に加え，それぞれ独自の機能をユーザーに提供している．ソーシャルメディアがもたらすデータは，われわれの生活の全域にわたる，ユーザーのデモグラフィックや，ユーザー間のコラボレーション，ユーザーエンゲージメント，ブランディングに関する研究に役立つ金脈と言える．

　本書は，さまざまなソーシャルメディアを紹介しつつ，そのデータを分析し，機械学習を適用することがどれだけ多くの知見をもたらすかについて理解していただくことを目的としている．また，本書を通して，読者は可視化から分析に至るまでの R のエコシステムを理解し，利用することができるようになる．本書は機械学習やデータサイエンスなどの発展的なトピックも扱っており，これらを用いて，Twitter, Facebook, FourSquare, GitHub, StackExchange, Flickr といったソーシャルメディアから得られるデータを用いた現実の問題解決を進めていく．

本書の構成

　第 1 章は，R およびソーシャルメディアについて紹介し，データ分析を進めていく上での基礎を固める．R の文法，データ構造，関数といった R の入門を扱うとともに，データ分析，機械学習，テキスト分析といった後の章で扱う内容についても触れる．

　第 2 章では Twitter を扱う．このソーシャルメディアは 140 文字でつぶやきを投稿するサービスであり，この章ではここから得られるデータを対象にした分析を進める．ここでは複数の事例に対して，R パッケージを用いて Twitter のデータを抽出・分析し，そこから知見を引き出す．その際，トレンド分析，感情分析，クラスタリング，ネットワークグラフの分析を，機械学習の手法を用いて行う．

　第 3 章では，おそらく世界で最も有名なソーシャルメディアである Facebook のデータを用いて，ソーシャルネットワーク分析とブランドエンゲージメント分析を行う．ここでは，Graph API を使ってデータを抽出する方法，およびブランドページのデータ抽出を行う Netvizz のようなサービスの利用法を学ぶ．個人間のソーシャルネットワークの分析方法についても深く学ぶ．そのほかに，グラフ理論についても，その概要を学ぶ．そして，身につけたこれらの知識を用いて，サッカークラブのブランドページを例に，巨大なネットワーク内の相互関係性，ページエンゲージメント，人気度についての事例分析を行う．

　第 4 章では Foursquare をターゲットとする．読者は API を利用したデータの収集，そして

vii

序

これらのデータの可視化および分析を進めることで，ユーザー行動について理解する．そして，感情分析やグラフ分析について事例を通して理解を深めていく．

第5章では GitHub を対象とする．このサービスが提供するソーシャルコーディングについて理解しながら，ソフトウェアのコラボレーション傾向について分析を進める．まず，ユーザーおよびリポジトリについてのデータを，R を用いて GitHub API から取得する方法を学んだ上で，実際のデータを利用しながらリポジトリのアクティビティ，リポジトリの傾向，プログラミング言語の利用傾向，ユーザーの傾向を分析する．

第6章では，StackExchange を対象に，そのデータの構造とアクセス方法について学ぶ．これまで学んできた可視化やさまざまな分析手法を実際のデータに適用することで，ユーザー間のコラボレーションの状況，デモグラフィックなどについて，さまざまな知見を引き出す．

第7章では Flickr を対象とする．API からのデータ取得，および，得られた複雑なデータ構造からの必要なデータの抽出において，pipeR や dplyr などの素晴らしい R パッケージを利用する．また，この章では，クラスタリングや分類といった機械学習の手法についても学ぶ．

第8章では，ニュースサイトを対象として，構造化されていない自由記述のテキストデータの扱い方を学ぶ．スクレイピングのような，ウェブ上のソースからニュースデータを収集する方法や，いくつかの統計手法を用いたテキスト分析の基礎について学ぶ．また，ニュースデータにおける感情分析，トピックモデリング，文書要約といった発展的な内容についても，複数の事例を通して学ぶ．

本書の利用環境

章	必要なソフトウェアおよびバージョン	ハードウェアのスペック	必要な OS
1〜8	R 3.3.x 以上，RStudio Desktop 1.0.x	• 1GB 以上の RAM，マウス，十分な空き容量を持ったハードディスク • R パッケージをインストールしたり，ソーシャルネットワークに接続したり，データセットをダウンロードするためのネットワーク環境	Windows 2000/XP/2003/Vista/7/8/Server 2012/8.1/10，もしくは Unix ベースの OS

本書の想定読者

本書は IT エンジニア，データサイエンティスト，分析者，開発者，機械学習技術者，ソーシャルメディアのマーケッターなど，ソーシャルメディアのデータ分析に興味がある人を対象としている．R に関する知識はあると望ましいが，必須ではない．本書はさまざまなレベルの読者

が読むことを想定して書かれている．本書の範囲を超えて学びたい読者には，より発展的な内容が書かれた書籍や外部リソースを本書のあちこちで紹介しているので，適宜参照してほしい．

本書の表記法

本書では，いくつかの表記法を用いて，内容の違いがわかるようにしている．以下でその表記法を説明する．

本文中のコード，データベースのテーブル名，（コードに含まれる）フォルダ名，ファイル名，拡張子，パス，ダミー URL，ユーザーの入力情報，Twitter のハンドル名は，フォントを変更して示す．

コードブロックは以下のように表記する．

```
# データフレームを作成
df <- data.frame(
  name = c("Wade", "Steve", "Slade", "Bruce"),
  age = c(28, 85, 55, 45),
  job = c("IT", "HR", "HR", "CS")
)
```

新しく出てきた重要な用語は太字で示す．画面に現れるメニューやダイアログボックスのテキストは二重引用符 " " で囲んで示す．

 警告や重要な情報は，このように示す．

 ちょっとしたコツは，このように示す．

サンプルコードのダウンロード

本書で用いたコードについては GitHub のリポジトリ https://github.com/dipanjanS/learning-social-media-analytics-with-r でも公開している．また，Packt Publishing のリポジトリ https://github.com/PacktPublishing/ では，本書以外のコンテンツも公開しているので，ぜひ訪問してほしい．

カラー図のダウンロードについて

本書のカラー図については，PDF ファイルを提供している．カラー図を利用することで本書の内容について理解が進むだろう．https://static.packt-cdn.com/downloads/LearningSocialMediaAnalyticswithR_ColorImages.pdf からダウンロードしてほしい[*1]．

[*1] 訳注：説明上カラーが必要な図は，口絵として掲載した．

目次

第 1 章　ソーシャルメディア分析と R の基礎　　　1

1.1　ソーシャルメディア概論 2
　　1.1.1　メリット 4
　　1.1.2　デメリット 6
1.2　ソーシャルメディア分析 7
　　1.2.1　ソーシャルメディア分析ワークフロー 8
　　1.2.2　分析の目的 10
　　1.2.3　分析における課題 11
1.3　R を始めよう 12
　　1.3.1　環境設定 13
　　1.3.2　データ型 14
　　1.3.3　データ構造 15
　　1.3.4　関数 22
　　1.3.5　制御構文 23
　　1.3.6　apply ファミリー 25
　　1.3.7　データの可視化 30
　　1.3.8　ヘルプの表示とパッケージ管理 32
1.4　データ分析 33
　　1.4.1　データ分析プロセス 33
1.5　機械学習 35
　　1.5.1　機械学習の手法 35
　　1.5.2　教師あり学習 36
　　1.5.3　教師なし学習 36
1.6　テキスト分析 37
1.7　まとめ 37

第2章　Twitter —— 140文字の世界で何が起きているのか　39

2.1	Twitter について知ろう	40
	2.1.1　Twitter API	41
	2.1.2　アプリの登録	43
	2.1.3　R を使った Twitter への接続	44
	2.1.4　ツイートの抽出	46
2.2	分析ワークフローの復習	47
2.3	トレンド分析	47
2.4	感情分析	57
	2.4.1　感情分析の基本概念	58
	2.4.2　テキストの特徴量	59
	2.4.3　R による感情分析	60
2.5	フォロワーグラフ分析	69
2.6	Twitter データに関する課題	75
2.7	まとめ	76

第3章　Facebook におけるソーシャルネットワークとブランドエンゲージメントの分析　77

3.1	Facebook データにアクセスする	79
	3.1.1　Graph API を理解する	79
	3.1.2　Rfacebook パッケージ	82
	3.1.3　Netvizz について	82
	3.1.4　データアクセスの際に注意すべきポイント	83
3.2	個人間のソーシャルネットワーク分析	84
	3.2.1　基本的な記述統計	84
	3.2.2　互いに興味のある事柄について分析する	87
	3.2.3　友達ネットワークグラフを構築する	89
	3.2.4　友達ネットワークグラフを可視化する	90
	3.2.5　ノードの性質を分析する	91
	3.2.6　ネットワーク内のコミュニティを分析する	95
3.3	イギリスのサッカークラブのソーシャルネットワーク分析	99
	3.3.1　プレミアリーグの Facebook ページにおける記述統計	100
	3.3.2　プレミアリーグネットワークを可視化する	103
	3.3.3　ネットワークの性質についての分析	104
	3.3.4　ノードの特性について調べる	107

3.3.5	ネットワークのコミュニティを分析する	114
3.4	イギリスのサッカークラブの Facebook ページにおけるブランドエンゲージメントの分析	118
3.4.1	データを取得する	119
3.4.2	データを整形する	120
3.4.3	各ページの投稿数を可視化する	120
3.4.4	投稿種類別の投稿数を可視化する	121
3.4.5	投稿種類別の平均いいね数を可視化する	122
3.4.6	投稿種類別の平均シェア数を可視化する	123
3.4.7	ページエンゲージメントの推移を可視化する	124
3.4.8	ユーザーエンゲージメントの推移を可視化する	125
3.4.9	いいねを多く集めた投稿を把握する	126
3.4.10	シェア数が最多の投稿を把握する	127
3.4.11	注目の投稿における影響力のあるユーザーを把握する	128
3.5	まとめ	130

第 4 章　Foursquare のデータ分析　131

4.1	Foursquare のアプリ概要とデータ	132
4.1.1	Foursquare の API —— データを得る	133
4.1.2	アプリを登録する	133
4.1.3	データにアクセスする	135
4.1.4	JSON を R で扱う	135
4.1.5	分析プロセス（再訪）	140
4.2	場所カテゴリのトレンドを分析する	140
4.2.1	データの取得	140
4.2.2	都市における場所情報を取得する	141
4.2.3	都市データを分析する	143
4.3	レコメンドエンジンを作る	149
4.3.1	レコメンドエンジンとは	149
4.3.2	レコメンドの枠組みを定める	149
4.3.3	レストランカテゴリのレコメンドエンジンを構築する	150
4.4	感情分析を用いたランキング	154
4.4.1	チップデータを抽出する	154
4.4.2	得られたデータを検討する	155
4.4.3	チップデータを分析する	156
4.4.4	最終的な美術館ランキング	159

目次

4.5	場所のグラフ —— 人々は次にどこへ行くのか 161
4.6	Foursquare データ分析における課題 163
4.7	まとめ 164

第 5 章　ソフトウェアのコラボレーション傾向の分析 (1) —— GitHub によるソーシャルコーディング　　165

5.1	環境のセットアップ 166
5.2	GitHub を理解する 167
5.3	GitHub のデータへのアクセス 170
	5.3.1　`rgithub` パッケージを使用してデータにアクセスする 170
	5.3.2　GitHub へアプリケーションを登録する 170
	5.3.3　GitHub の API を用いてデータにアクセスする 173
5.4	リポジトリ活動の分析 175
	5.4.1　週次のコミット頻度の分析 175
	5.4.2　曜日ごとのコミット頻度分布の分析 176
	5.4.3　日次のコミット頻度の分析 178
	5.4.4　週次のコミット頻度の比較分析 179
	5.4.5　週次のコード変更履歴の分析 180
5.5	トレンドリポジトリの取得 182
5.6	トレンドリポジトリの傾向の分析 184
	5.6.1　リポジトリ作成に関する経時的な分析 185
	5.6.2　リポジトリ更新に関する経時的な分析 186
	5.6.3　リポジトリの指標の分析 188
5.7	プログラミング言語とリポジトリ所有者の傾向についての分析 196
	5.7.1　人気言語の可視化 196
	5.7.2　人気言語の経時的な可視化 197
	5.7.3　最もオープンイシューを抱えている言語の分析 198
	5.7.4　最もオープンイシューを抱えている言語の経時的な分析 200
	5.7.5　最も有用なリポジトリを持つ言語についての分析 201
	5.7.6　最も人気度が高い言語の分析 203
	5.7.7　言語の相関に関する分析 204
	5.7.8　リポジトリ所有者の傾向の分析 206
	5.7.9　貢献度の高い所有者についての分析 207
	5.7.10　所有者の活動性指標の分析 208
5.8	まとめ 212

第 6 章 ソフトウェアのコラボレーション傾向の分析 (2) —— StackExchange における回答傾向 213

6.1 StackExchange を理解する 214

    6.1.1 データアクセス 215

    6.1.2 StackExchange のダンプデータ 216

    6.1.3 ダンプデータを利用する 220

6.2 投稿データの探索的分析 221

    6.2.1 基本的な記述統計 222

    6.2.2 プログラミング言語別の質問投稿傾向の確認 223

    6.2.3 質問をしてから回答が得られるまでの平均時間の確認 225

    6.2.4 フリーテキストのフィールドで可能な分析 227

    6.2.5 投稿データに含まれる属性間の相関の確認 228

6.3 ユーザーのデモグラフィックの確認 229

    6.3.1 平均年齢の確認 229

    6.3.2 居住地域別のプログラミング言語の分布の確認 230

    6.3.3 居住地域別の年齢分布の確認 233

6.4 StackExchange データを利用する上での課題 234

6.5 まとめ 234

第 7 章 Flickr のデータ分析 236

7.1 画像化された世界 236

7.2 Flickr のデータにアクセスする 237

    7.2.1 Flickr にアプリを登録する 238

    7.2.2 R との接続 240

    7.2.3 Flickr データを使ってみる 241

7.3 Flickr データを理解する 243

    7.3.1 EXIF について理解する 243

7.4 「面白い写真」を理解する —— 類似度 249

    7.4.1 適切な k の値を探す 250

7.5 あなたの写真は「面白い写真」に選ばれるか？ 255

    7.5.1 データを準備する 256

    7.5.2 分類器を構築する 259

7.6 Flickr データの分析における課題 262

7.7 まとめ 263

第 8 章　　ニュースサイトの分析　　264

8.1　ニュースデータ——ニュースは遍在する 265

　　8.1.1　ニュースデータにアクセスする 265

　　8.1.2　データアクセスのためのアプリを登録する 266

　　8.1.3　API 以外の手段も用いてデータ抽出する 268

　　8.1.4　API から得られる複雑怪奇なレスポンス 268

　　8.1.5　API で取得したリンク情報を用いた HTML スクレイピング 272

8.2　感情分析で傾向をつかむ 274

　　8.2.1　データを取得する 275

　　8.2.2　基本的な記述統計 276

　　8.2.3　感情を数値化して傾向をつかむ 278

　　8.2.4　快不快に基づく感情スコアの傾向 280

8.3　トピックモデリング 283

　　8.3.1　データを取得する 285

　　8.3.2　基本的な記述統計 285

　　8.3.3　期間ごとのトピックモデリング 288

8.4　ニュース記事の要約 291

　　8.4.1　文書要約 292

　　8.4.2　LexRank を理解する 292

　　8.4.3　`lexRankr` パッケージを用いて記事を要約する 293

8.5　ニュース記事の分析における課題 297

8.6　まとめ 298

著者とレビュアーについて　　299

索引　　301

第**1**章

ソーシャルメディア分析と
Rの基礎

　コンピュータ，インターネット，集積回路などの情報技術の発達に伴い，産業革命から始まった工業化時代は終わりを告げ，情報化時代が幕を開けた．インターネットの発展，特に 1990 年代初めに発明されたワールドワイドウェブの台頭は，誰もが広い用途で利用できる相互接続された情報プラットフォームを作り上げた．「ウェブ」と略されるこのプラットフォームでは，そこに接続可能な電子機器さえあれば，誰でも情報をアップロードして公開でき，また，ウェブに公開された情報はブラウザを使って誰でも簡単にアクセスできる．この開かれた場所は人々に広く受け入れられ，多くの個人や組織が世界中の人たちに向けて次々と情報を発信していった．いまやウェブは膨大な情報を蓄積し，社会基盤と言えるほどに大きな存在へと成長した．その中で，ソーシャルメディアはウェブ上で対話的なコミュニケーションをとるためのプラットフォームとして誕生した．ソーシャルメディアの登場は，ウェブでの情報発信やコミュニケーションのハードルを格段に下げた．そのため，そこで生成されるデータは，情報の鮮度，粒度，多様性といった意味で，これまでにない興味深いものとなった．

　本書の目的は，ソーシャルメディアで生成されるデータを分析し，そこから価値のある知見を引き出す具体的な方法を学ぶことである．分析対象となるのは，Twitter, Facebook, GitHub, Flickr, FourSquare などの人気ソーシャルメディアである．データの取得は，各メディアが提供する API（application programming interface）を用いて行う．収集されたデータに対して，データマイニング，統計解析，機械学習，自然言語処理といったさまざまな分析手法を適用する．API によるデータ収集と分析の実行は，すべてプログラミング言語 R を用いて行う．本書では，具体的ないくつかのソーシャルメディアに対して分析を行うが，そこで使われるツール，アプローチ，テクニックは他のソーシャルメディアにも応用できるだろう．導入となる本

第 1 章　ソーシャルメディア分析と R の基礎

章では，ソーシャルメディア分析を始めるにあたって知っておくべき重要な項目について説明する．本章で述べるのは以下である．

- ソーシャルメディア——メリットとデメリット
- ソーシャルメディア分析——目的と課題
- R の基礎
- データ分析
- 機械学習
- テキスト分析

　まず，ソーシャルメディアとは何か，そのさまざまな具体例，そしてそれがどのように社会に影響を与えているかを見ていく．次に，ソーシャルメディア分析の全体の流れと，分析をビジネスに活用する方法を述べる．続いて，本書で用いるプログラミング言語 R について，実行例を見ながら学ぶ．最後に，データ分析，機械学習，テキスト分析についての基本的な概念を説明する．

　それでは早速始めよう！

1.1 　ソーシャルメディア概論

　インターネットと情報化社会は，21 世紀における人間同士のコミュニケーションを一変させた．いまやほとんどの人が，ノート PC，タブレット，スマートフォン，デスクトップ PC などを使って，何らかの形で電気通信を利用している．ソーシャルメディアとは，人々が**コンピュータを介したコミュニケーション**（computer-mediated communication; CMC）によって他者と通信するためのプラットフォームのことである．これには，インスタントメッセージ，電子メール，チャット，ウェブフォーラム，ソーシャルネットワークなど，広い範囲が含まれる．ソーシャルメディアの本質を知るには，従来のメディアとの違いを見るとよいだろう．従来のメディアとは，テレビ，新聞，ラジオ，映画，書籍，雑誌などのことである．「従来の」とは言ったが，ソーシャルメディアはこれら従来のメディアを完全に置き換えたわけではない．従来のメディアもソーシャルメディアも，日々の生活の中で平和的に共存しながら利用され続けている．

　通常，従来のメディアにおけるコミュニケーションは一方通行である．例えば，雑誌を読んだり，テレビを見たり，新聞のニュースを読んだりすることはいつでもできるが，同じメディアを使って，自分の意見を投稿したり，情報を共有したりすることはすぐにはできない．一方，ソーシャルメディアは双方向のコミュニケーションを実現するためのさまざまな手段を提供する．ユーザーが情報の共有や意見の発信を行うと，他のユーザーがそれに反応して即座に自分の考えをフィードバックできる．従来のメディアでも，ラジオやテレビは視聴者からの手紙や電話によって双方向のコミュニケーションを実現できるが，ソーシャルメディアでは，もっと

自由に，誰とでも情報を共有でき，他者とのコミュニケーションや意見の交換を簡単に行える．

また，本書で分析するソーシャルメディアサービスを注意深く観察すると，次のような共通点がある．

- Web 2.0 に基づくアプリケーションまたはプラットフォームである．
- コンテンツを作成するのも消費するのもユーザーである．
- ユーザーが自己表現できるプロフィール機能を持つ．
- （特にソーシャルネットワーキングプラットフォームでは）他のユーザーやコミュニティと繋がるための機能を持つ．

ソーシャルメディアは，Web 2.0 の原則およびコンピュータを介したコミュニケーションに基づく，双方向なアプリケーションまたはプラットフォームである．そこではユーザーは情報の発信者にも消費者にもなることができ，自分の考え，意見，情報，感情，気持ちなどをさまざまな形で表現し共有できる．また，ソーシャルメディアではユーザーに固有の ID が付与される．ユーザーは ID に紐づくプロフィールページで，自分自身を自由に表現できる．このプロフィールページは，WYSIWYG[1]エディタによる編集，アイコンの設定，写真や動画の添付といった機能を提供し，多様な自己表現が可能である．ソーシャルネットワークでは，ユーザーは他のユーザーを友達リストやコンタクトリストに加えたり，グループやフォーラムを作ったりすることができる．そこでは共通の関心事を持つユーザー同士が集まり，情報の共有や会話を楽しむことができる．

現在，世界中で利用されている人気ソーシャルメディアを図 1.1 に示す．あなたが知っているものはいくつ含まれているだろうか？[2]

図 1.1　人気ソーシャルメディアのロゴ

---

[1] WYSIWYG は what you see is what you get（見たままが得られる）の略．

[2] 訳注：これは原著が出版された 2017 年当時のロゴであり，現在は変更されているものがある．また，Google+ など終了したサービスも含まれている．

第1章　ソーシャルメディア分析とRの基礎

ソーシャルメディアの利用目的はさまざまであるが，その用途と機能によってグループ化できる．上で示した人気ソーシャルメディアの一部をグループ化して列挙してみよう．このうち下線を引いたものについては後の章で分析することになる．

- マイクロブログプラットフォーム：<u>Twitter</u>，Tumblr
- ブログプラットフォーム：WordPress，Blogger，Medium
- インスタントメッセージアプリ：WhatsApp，Hangouts
- ソーシャルネットワーキングプラットフォーム：<u>Facebook</u>，LinkedIn
- ソフトウェアコラボレーションプラットフォーム：<u>GitHub</u>，StackOverflow
- オーディオコラボレーションプラットフォーム：SoundCloud
- 写真共有プラットフォーム：Instagram，<u>Flickr</u>
- 動画共有プラットフォーム：YouTube，Vimeo

このリストは現存するすべてのソーシャルメディアを網羅しているわけではない．そのため，お気に入りのソーシャルメディアがリストになかったという読者は気を悪くしないでほしい．このリストの目的は，ユーザーが利用できるコミュニケーション方法と共有できるコンテンツの違いを明確にすることである．つまり，文章を共有したい，写真を共有したい，他のユーザーと繋がりたいといった目的に対して，どのソーシャルメディアを利用すればよいかを明らかにしている．

続いて，ソーシャルメディアのメリットとデメリットを説明しよう．

▶ 1.1.1　メリット

ソーシャルメディアはいまや絶大な人気を誇っており，社会的に重要な地位を占めている．そのため，その影響を受けずに過ごすことは難しいだろう．ソーシャルメディアは人々が意見を表明する媒体というだけでなく，企業が収益を増やすために利用できる非常に強力なツールである．ここでは，ビジネスの観点も含めて，ソーシャルメディアが持つ主なメリットを示す．

- **コスト削減**：ビジネス課題の一つに，消費者や顧客にアプローチするために従来のメディアに広告を掲載するのはコストが高いという問題がある．ソーシャルメディアを利用すると，企業はブランドページの作成やスポンサードコンテンツと広告の掲載をわずかな費用で実現できる．したがって，ブランド認知を向上させるコストを削減することができる．
- **ネットワーク構築**：ソーシャルメディアを利用すれば，世界中の人々とのネットワークを構築できる．これは無限の可能性を切り開いた．さまざまな人々が国や大陸の垣根を越えて，最先端の技術革新において協力し合い，ニュースを共有し，個人的な経験について語り，アドバイスを提供し，求人情報を共有できる．これは，人格育成，キャリアアップ，スキルの向上に役立つ．
- **使いやすさ**：ソーシャルメディアは簡単に使い始めることができる．アプリケーションやウェブサイトを開き，必要な情報を登録してアカウントを作るだけである．これは数

4

分で完了し，すぐに始められる．また，ソーシャルメディアのウェブサイトやアプリケーションは，特別な能力や技術がなくても簡単に操作できるように作られている．ソーシャルメディアを利用するのに必要なのは，インターネット接続とスマートフォンやPCのような電子機器だけである．いまや親や祖父母の世代までもがソーシャルメディアを使って人生の瞬間を共有し，長い間疎遠だった友人たちと繋がっている．おそらくこの使いやすさが，ソーシャルメディアをここまで普及させた理由だろう．

- **世界中へのリーチ**：ソーシャルメディアを使用すると，世界中の人々にコンテンツを届けることができる．その理由は単純で，ソーシャルメディアはウェブ上で公開されていて，世界中の誰もが利用できるからである．世界各地に顧客がいる企業は，プロモーションや新製品の告知など，サービスを推進する上で大きな利点がある．

- **迅速なフィードバック**：企業や組織は，新製品の発売やサービスについて，利用者から直接，迅速なフィードバックを得ることができる．いまや顧客満足度について電話調査を行うのは時代遅れである．ソーシャルメディアに上げられるツイート，投稿，ビデオ，コメントなど，ユーザーによるさまざまな形での意見の表明から，企業は即座にフィードバックを受け取ることができる．また，ソーシャルメディアに公式アカウントがあれば，直接会話することもできるだろう．

- **苦情処理**：ソーシャルメディアがもたらした最大の利点の一つは，電気，水道，セキュリティの問題など，あらゆる不満や苦情をユーザーが表明できるようになったことである．法執行機関を含むほとんどの政府機関が，公式のソーシャルメディアアカウントを持っている．ユーザーは不満に思っていることをこれらのアカウントに通知できる．

- **エンターテインメント**：人々がソーシャルメディアを利用する最大の理由は，エンターテインメントにあるだろう．ソーシャルメディアはエンターテインメントに対して無限の資源を提供する．対話型ゲームをプレイしたり，動画を視聴したり，世界中のユーザーたちとの競争に参加したりすることができる．ソーシャルメディアにおけるエンターテインメントの可能性は無限である．

- **アピール**：ソーシャルメディアのプロフィール機能を活用すれば，誰もが世界中に自分をアピールできる．LinkedInのような専門家ネットワークプラットフォームでは，リクルーターに注目されたいユーザーがプロフィールに技能を書いてアピールすることで，その技能を持つ人材を雇いたい企業に発見されやすくなる．個人や小規模なスタートアップでも，発明や発見を公表したり新製品を発表したりする際に，ソーシャルメディアを活用して情報を広めることで，必要な人々に情報が届くようにアピールすることができる．

このように，ソーシャルメディアは多くのメリットを持つ．インターネットで世界中と接続された現代社会では，ソーシャルメディアはほとんど不可欠な存在である．気になって仕事や勉強に集中できないなどのデメリットもあるが，正しく活用すれば，大きな目標の達成を手助けする非常に強力なツールであることは間違いない．

第1章　ソーシャルメディア分析とRの基礎

▶ 1.1.2　デメリット

　ここまでソーシャルメディアとそのメリットについて述べてきたが，ソーシャルメディアにはもちろんデメリットもある．ソーシャルメディアについて理解を深めるためには，良い面だけでなく悪い面も知る必要があるだろう．ここでは，ソーシャルメディアの主なデメリットを紹介する．

- **プライバシーに関する懸念**：おそらくソーシャルメディアを利用する上での最大の懸念は，プライバシーに関するものである．ユーザーの個人データは，ソーシャルメディアを運営している組織によって安全を保証されていたとしても，違法アクセスによる漏洩の危険は常につきまとう．また，多数のソーシャルメディアプラットフォームが，ユーザーの個人データを同意なしに販売または利用したとして，何度も告発されている．

- **セキュリティの問題**：多くの場合，ユーザーはソーシャルメディアのプロフィールに個人情報を入力する．この個人情報が悪意のある人間の手に渡り，悪用される可能性がある．過去に何度か，ソーシャルメディアのウェブサイトがハッキングされ，ユーザーの個人情報が漏洩したというニュースを聞いたことがあるだろう．ソーシャルメディアから入手した情報が使われて，銀行口座が不正利用されたり，盗難やその他の犯罪が起きたりしている．

- **ソーシャルメディア中毒**：これはソーシャルメディアを利用しているすべての人にとって他人事ではない．ソーシャルメディア中毒は，特にミレニアル世代[3]で実際に起きている問題であり，重大な懸念事項である．ソーシャルメディアには非常に多くの種類があり，ゲームをプレイしたり，人生の瞬間を共有したりすることに本当に夢中になることができる．そのため，多くの人が毎分毎秒のようにソーシャルメディアをチェックする傾向がある．その結果，締め切りが迫っているときでさえ，ソーシャルメディアが気になって集中できないなどの悪影響を及ぼす．さらに深刻な事態として，車の運転中でさえソーシャルメディアにアクセスする人がいる．

- **ヘイト**：ソーシャルメディアでは，自分自身を自由に表現することができる．これを悪用して，テロリストや過激派グループがヘイトプロパガンダや否定的な意見を広めるために使うことがある．一般のユーザーでも，自分の率直な気持ちから皮肉めいた否定的なリアクションをとることがある．これは他者を挑発していたり，人種差別に繋がったりする．このような不適切行為を通報する方法はあるが，広大なソーシャルネットワークを常に監視することは事実上不可能であり，対策として十分ではない．

- **リスク**：ソーシャルメディアを利用する上での潜在的なリスクはいくつかある．個人アカウントでも企業アカウントでも，間違った投稿を一つでもしてしまうと，それが炎上して多大な損失を生む可能性がある．ほかにも，ハッカーによるセキュリティ攻撃，詐欺，迷惑メールなどのリスクが常に存在する．ソーシャルメディアの連続使用と中毒も，

---

[3] 訳注：ミレニアル世代（Millennials）とは，1980年代から2000年代初頭に生まれた世代のこと．幼少期からデジタル化された生活に慣れ親しんだデジタルネイティブの最初の世代．

6

潜在的な健康上のリスクをもたらす．企業は，社員がソーシャルメディアに長い時間を浪費して生産性を落としたり，企業秘密や機密情報をソーシャルメディアに漏らしたりしないように，適切な利用ポリシーを策定する必要がある．

ソーシャルメディアを利用する上でのデメリットについて述べた．中には非常に深刻な問題もある．ソーシャルメディアは，虫眼鏡のように，ちょっとした行動を世界中に拡大して見せてしまうかもしれない．ソーシャルメディアでの投稿は，投稿者の意に反して使用されたり，時間が経ってから不利益をもたらしたりする可能性がある．これをしっかりと理解し，適切なソーシャルメディアの利用ガイドラインとポリシーを念頭に置いて利用する必要がある．機密性の高い個人情報や，企業の新規事業計画などの重要な情報は，ソーシャルメディアに投稿する前に，世界中に共有してよいものかどうかを慎重に考えるよう心がけよう．

こうしたデメリットはあるものの，十分な知識を持って利用すれば，ソーシャルメディアが多大な利益をもたらすツールであることは間違いない．

1.2 ソーシャルメディア分析

ソーシャルメディアの概要とそのメリット，デメリットについて説明した．この節では，ソーシャルメディア分析の全体の流れ（ワークフロー）と，ソーシャルメディア分析をビジネスにどう活かせるかを説明する．

ソーシャルメディア分析[4]とは，ソーシャルメディアプラットフォームからデータ（通常は非構造化データ）を収集し，さまざまな分析手法を駆使してデータ分析を行い，価値のある知見を引き出すまでの一連の作業のことをいう．こうして得られた知見はビジネス上の意思決定に使われる．ソーシャルメディア分析はさまざまな目的のために利用されるが，その分析フローは共通している．

ソーシャルメディア分析を実行する上で最も重要なステップは，ビジネス目標の決定である．通常，ビジネス目標は KPI（key performance indicator; 主要業績評価指標）の形で表される．例えば，ソーシャルメディアの利用者がどれくらい自社ブランドとの繋がり（エンゲージメント）を保っているかを表す指標として，フォロワー数，いいね数，シェア数を KPI に設定することができる．フォロワー数などのデータは最初から数値として取得できるため，KPI として設定しやすいが，ソーシャルメディアのデータにはテキストのような非構造化データ[5]が多い．そのため，自然言語処理やテキスト分析などの技術を使って，ノイズのある非構造化データから，特定のサービスや製品についての顧客の感情や気分を抽出したり，顧客のツイートや投稿をもとに重要なトレンドやテーマを発見したりすることで，知見を引き出す必要がある．この

---

[4] ソーシャルメディアマイニング，ソーシャルメディアインテリジェンスとも呼ばれる．

[5] 訳注：非構造化データとは，リレーショナルデータベースにそのまま保存できないようなデータを指す．具体的には，テキスト，画像，音声など．詳しくは Wikipedia の「非構造化データ」の項目を参照．https://ja.wikipedia.org/wiki/非構造化データ

ような分析は，ビジネス目標がまだはっきりしていない場合に，KPIを定めるための前段階の分析として行われることも多い．

▶ 1.2.1 ソーシャルメディア分析ワークフロー

本書ではさまざまなソーシャルメディアのデータを分析するが，異なるソーシャルメディアであっても，その分析フローはほとんど同じである．そこで，まずはソーシャルメディア分析における典型的なワークフローについて学ぼう．

図 1.2 にソーシャルメディア分析の典型的なワークフローを示す．

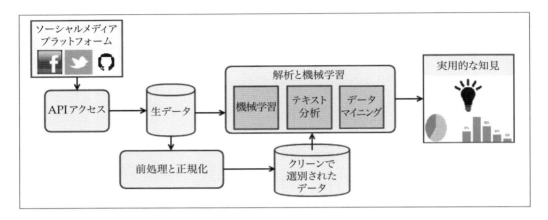

図 1.2 ソーシャルメディア分析ワークフロー

分析ワークフローは以下の 4 ステップで構成される．

- データ収集
- データの前処理と正規化
- データ分析の実行
- 知見の獲得

これらのステップについて簡単に説明しよう．

[1] データ収集

最初のステップはデータ収集である．ソーシャルメディアのデータを収集する方法として，次の二つが考えられる．

- ソーシャルメディアプラットフォームが提供する公式の API を使用する．
- クローリングやスクレイピングなどの非公式な方法を使う．

通常，ソーシャルメディアのウェブサイトをクローリングして集めたデータを，他の組織に販売するなどの商業目的で使用することは，利用規約に違反する．そのため，本書ではクローリングを使用せず，API を用いてデータを収集する．API を使ってソーシャルメディアデータ

にアクセスする際には，礼儀正しく利用規約に従い，リクエスト過多による負荷をかけないように行う必要がある．収集された未加工のデータは生データと呼ばれ，必要に応じて前処理や正規化が行われる．

[2]　データの前処理と正規化

次のステップはデータの前処理と正規化である．ソーシャルメディアの API を使用して取得した生データには，非構造化データやノイズが含まれており，そのままでは分析を適用できない場合がある．例えば，テキストデータの中に HTML（hyper text markup language）タグがそのまま残っていたり，メタデータなどの不要な部分が含まれていたりする．そのため，生データから余分なものを取り除き，分析手法が適用できる形式に整形する必要がある．この作業を前処理という．

通常，ソーシャルメディアの API から取得したデータは，JSON（JavaScript object notation）オブジェクトとして返却される．JSON オブジェクトは，次のように，キーと値のペアで構成される．

```
{
  "user": {
    "profile_sidebar_fill_color": "DDFFCC",
    "profile_sidebar_border_color": "BDDCAD",
    "profile_background_tile": true,
    "name": "J'onn J'onzz",
    "profile_image_url": "http://test.com/img/prof.jpg",
    "created_at": "Tue Apr 07 19:05:07 +0000 2009",
    "location": "Ox City, UK",
    "follow_request_sent": null,
    "profile_link_color": "0084B4",
    "is_translator": false,
    "id_str": "2921138"
  },
  "followers_count": 2452,
  "statuses_count": 7311,
  "friends_count": 427
}
```

この JSON オブジェクトは，Twitter API でユーザープロフィールの詳細を取得したときのレスポンスの例である．一部のソーシャルメディアでは，API は XML（extensible markup language）や CSV（comma separated values）など，他の形式でデータを返す場合があり，それぞれの形式を適切に処理する必要がある．

前処理として HTML タグなどの余分なものを取り除いたあとは，テキストの正規化を行う．テキストの正規化とは，表記揺れやスペルミスなどを修正して統一することを指す．テキストの前処理と正規化のための手法を以下に示す．

- テキストのトークン化
- 特殊文字，特殊記号の削除
- スペルの修正

第1章　ソーシャルメディア分析とRの基礎

- 短縮形の復元
- 語幹抽出（ステミング）
- 見出語解析（レンマ化）

そのほかに，高度な前処理として，品詞（part of speech; POS）タグ，フレーズタグ，名前付きエンティティタグなど，テキストを説明するためのメタデータを追加することもある．

[3]　データ分析の実行

データ分析の実行はこのワークフローの中核であり，さまざまな分析手法が使われる．入力データは未加工の生データだったり，前処理されたデータだったり，選別されたデータだったりする．通常，分析に使用される技術は大きく三つの領域に分類される．

- データマイニング
- 機械学習
- 自然言語処理とテキスト分析

データマイニングと機械学習は，統計的な手法を使用してデータからパターンを発見するという点は同じであるが，その目的に違いがある．データマイニングは，データから重要なパターンや知識を発見することに重点を置く技術である．一方，機械学習は，発見したパターンを使って，未知のデータに対する予測を行うためのモデルを構築することに重点を置く．これらの技術を適用するには，構造化された数値データが必要となるが，自然言語処理を利用したテキスト分析によって，非構造化テキストデータを使用した複雑な分析も可能である．本書では，この三つの分野の技術を使って，さまざまなソーシャルメディアプラットフォームのデータを分析する．この章の後半で，データ分析とテキスト分析の主要な概念について簡単に説明する．

[4]　知見の獲得

ワークフローの最終ステップは，分析結果から価値のある知見を得ることである．知見とは，ビジネスの意思決定に使える事実や具体的なデータ点のことである．その形態は，正式な分析レポートの場合もあれば，棒グラフやヒストグラムなどの単純な可視化の場合もある．ここで得られる知見は，期限までに重要なビジネス上の意思決定を容易に行うことができるように，明確で実用的でなければならない．

▶ 1.2.2　分析の目的

ソーシャルメディア分析はさまざまな目的に利用できる．ソーシャルメディアのトラフィックパターンを分析することで，ターゲット広告やプロモーションにかかるコストを大幅に節約できる．ソーシャルメディアの利用ユーザーがブランドやビジネスに対してどのような関心を持っているかを知ることができる．新しいサービスや製品についての情報，会社の面白い逸話など，ユーザーが興味を持ちそうなものを共有するのに最適なタイミングがわかる．さまざまな地域からのトラフィックデータを分析して，世界各地のユーザーの嗜好を知ることができる．

10

ユーザーは自国の言語によるプロモーションを好むため，ローカライズされたコンテンツを使ってプロモーションを打つことでエンゲージメントを高めることができる．このようなローカライズ機能は Facebook などのソーシャルメディアがすでに提供しており，多くの企業が利用している．

　ソーシャルメディア分析がビジネスでどのように活用できるのか，例を通して見てみよう．

　あなたは，さまざまなソーシャルメディアで積極的に顧客との結び付きを高めながら収益性の高いビジネスを展開しているとする．あなたの行動がどのように収益に繋がっているか，競合他社がどのように行動しているかを知るために，ソーシャルメディアから生成されたデータが活用できる．Twitter のストリーミングデータを継続的に分析することで，リアルタイムの気分や感情，製品やサービスへのユーザーの反応を知ることができる．競合他社についても同じ分析をすれば，商品の発売時期やユーザーの反応をチェックすることができる．Facebook でも同様に分析でき，さらにローカライズされたプロモーションや広告を出して，収益の向上に役立つかどうかをチェックすることができる．ニュースポータルは，現在の経済状況や最近の出来事に関するニュース記事や知見を提供し，あなたのビジネスにとって好ましい時期なのか，困難な時期なのかを判断するのに役立つ．

　本書で取り上げる分析（感情分析，トピックモデリング，クラスタリングなど）は，ソーシャルメディア分析のほんの一部にすぎない．ソーシャルメディア分析の歴史はまだ浅いため，多くの未開拓地と可能性を残している．ただし，どのような分析手法を用いたとしても，分析を効果的に利用するためには，明確な目的を念頭に置くことが重要である．

▶ 1.2.3　分析における課題

　ソーシャルメディア分析を行うには，いくつかの課題を乗り越える必要がある．まず，次の興味深い事実を見てみよう．

- Twitter のアクティブユーザーは 3 億人を超える．
- Facebook には 18 億人以上のアクティブユーザーがいる．
- Facebook は毎日 600〜700TB[6]以上のデータを生成している．
- Twitter は毎日 8〜10TB 以上のデータを生成している．
- Facebook では毎分 400〜500 万件以上の投稿がなされる．
- Instagram は毎分 200 万を超えるお気に入りを生み出す．

この統計情報は，ソーシャルメディアプラットフォームで生成されているデータが大規模であることを示している（現在はさらに大きいかもしれない）．ここにはいくつかの課題がある．

- **ビッグデータ**：ソーシャルメディアプラットフォームでは，日々膨大な量のデータが生成される．そのため，すべてのデータをメモリに載せることは不可能である．すべての

---

[6] 訳注：TB（テラバイト）は GB（ギガバイト）のおよそ 1000 倍．

データの入力が求められる従来の分析手法は，適用が困難な場合がある．解決策として，Hadoop や Spark[7]などの新しいアプローチやツールを利用する必要がある．

- **データアクセスの問題**：ソーシャルメディアプラットフォームは大量のデータを生成するが，そのすべてにアクセスすることは難しいだろう．公式 API には利用制限があり，完全なデータセットにアクセスして保存できることは稀である．さらに，ソーシャルメディアごとに独自の利用規約があり，データにアクセスする際に遵守する必要がある．
- **非構造化データとノイズの多いデータ**：ソーシャルメディア API から取得できるデータのほとんどは非構造化データであり，ノイズが多く，不要な情報を含んでいる．そのため，データの前処理は非常に面倒なものになり，分析者はデータのクリーニングやキュレーションに時間と労力の 70% を費やすと言われている．

ソーシャルメディア分析のワークフロー，目的，課題について述べた．

次はプログラミング言語 R について学ぼう．

1.3 | R を始めよう

この節では，プログラミング言語 R を利用するための環境設定の方法と，R の構文やデータ構造などの重要な概念について説明する．もしあなたがすでに R に十分慣れ親しんでいるなら，この節は読み飛ばして構わない．この節で説明する項目を以下に示す．

- 環境設定
- データ型
- データ構造
- 関数
- 制御構文
- apply ファミリー
- データの可視化
- ヘルプの表示とパッケージ管理

各項目について，実行可能なコードを使ってわかりやすく説明するので，実際に手を動かしながら学んでほしい．

詳細に入る前に，R について簡単に紹介しておこう．R は統計モデリングや統計解析に広く利用されているスクリプト言語である．その起源は，S という AT&T 社によって開発された統計解析用のプログラミング言語にある．R は S のオープンソース実装として開発された．R の開発はコミュニティによって支えられ，長期にわたって飛躍的に成長してきた．ユーザーはあ

---

[7] 訳注：Hadoop と Spark は大規模データを扱うための分散処理基盤である．詳しくは https://ja.wikipedia.org/wiki/Apache_Hadoop および https://ja.wikipedia.org/wiki/Apache_Spark を参照．

1.3 Rを始めよう

らゆる種類のデータを処理，分析，可視化するための膨大なパッケージを利用できる．RコミュニティはRに継続的な改善をもたらし，複雑な分析や可視化を実行できる非常に強力なパッケージを次々と生み出している．

Rは統計解析に使用されるプログラミング言語のうちで，おそらく最も人気の高いものである．統計モデリング，機械学習，アルゴリズムに関する機能が豊富なため，統計学者，数学者，データサイエンティストが好んで利用している．RはCRAN（Comprehensive R Archival Network）によって維持管理されている．このサイトには，Rの最新版や過去のバージョンに対する，バイナリ，ソースコード，さまざまなオペレーティングシステム用のパッケージがすべて保管されている．Rには，HadoopやSparkなどの大規模データフレームワークに接続するためのパッケージや，Python，Matlab，SPSSなどの他の言語をRから利用するためのパッケージが存在する．また，ソーシャルメディアプラットフォーム，ニュースポータル，IoTデバイスのデータ，ウェブトラフィックなどのさまざまなデータソースからデータを取得するためのパッケージも存在するなど，豊富な機能が揃っている．

▶ 1.3.1 環境設定

ここでは，Rを利用するために必要な環境設定の手順について説明する．本書に記載されているコードはすべて，本書のために用意したGitHubリポジトリ[8]から入手できる．本書のコードを改変して，あなたの分析に使って構わない．

Rは無料で利用できるオープンソースソフトウェアであり，主要なオペレーティングシステムで使用できる．本書の執筆時点で，Rの最新バージョンは3.3.1（コードネーム "Bug in Your Hair"）であり，https://www.r-project.org/ からダウンロードできる[9]．このリンクからRをダウンロードする場所まで到達できるが，ダウンロードページ（https://cloud.r-project.org/）に直接アクセスしたほうがわかりやすいかもしれない．あなたが利用しているOSに対応するバイナリをダウンロードし，インストール手順に従ってセットアップを実行する．Unix系のOSを使っているのであれば，パッケージ管理システムから直接インストールできることが多い．

Rがインストールされると，Rインタプリタを起動できるようになる．また，**グラフィカルユーザーインターフェイス**（graphical user interface; GUI）も利用可能である．しかし，本書ではコード管理とプログラミングを補助する**統合開発環境**（integrated development environment; IDE）として，RStudioの使用を勧める．RStudioでは，R Markdown，R Notebook，Shiny ウェブアプリケーションに関する便利な機能も利用できる．RStudioは，https://www.rstudio.com/products/rstudio/download/ から利用OSに対応したインストーラをダウンロードし，それを実行することでインストールできる．

インストールが完了したら，RStudioを起動し，そこからRを直接使用することができる．

---

[8] https://github.com/dipanjanS/learning-social-media-analytics-with-r
[9] 訳注：本書の翻訳時点では，Rの最新バージョンは3.6.1（コードネーム "Action of the Toes"）である．

13

第 1 章　ソーシャルメディア分析と R の基礎

デフォルトでは上部にコードエディタ，下部に対話型インタプリタが表示される．このインタプリタは REPL（read-eval-print-loop）とも呼ばれる．インタプリタに R コードを入力してエンターキーを押すと，そのコードは即座に実行され出力が返される．インタプリタには通常，入力を待機していることを表す "＞" 記号が表示されている．複数行にまたがるコードを入力する途中では，入力が続いていることを示す "＋" 記号が表示される．出力の先頭には，"[1]" のように，要素がベクトルの何番目かを示す情報が付与される．"#" 記号より右側に書いたテキストはコメントとなる．コメントはコードの説明を書いたり，コードの区切りを表したりするために使う．

R インタプリタでの実行例を次に示す．

```
> 10 + 5
[1] 15
> c(1, 2, 3, 4)
[1] 1 2 3 4
> 5 == 5
[1] TRUE
> fruit = "apple"
> if (fruit == "apple") {
+   print("Apple")
+ } else {
+   print("Orange")
+ }
[1] "Apple"
```

このコードを実際に R インタプリタ上で実行し，結果を確認してみてほしい．

次は R で利用できるデータ型について説明しよう．

▶ 1.3.2　データ型

R の基本的なデータ型を次に示す．

- numeric：数値（実数）のベクトルを格納するために使用される．double と同じ．
- double：倍精度ベクトルの格納に使用される．
- integer：32 ビット整数ベクトルの格納に使用される．
- character：文字列ベクトルの格納に使用される．
- logical：論理値ベクトルの格納に使用される．R における論理値は TRUE と FALSE の二つであり，T と F はその省略形として使える．
- complex：複素数の格納に使用される．
- factor：カテゴリカル変数の格納に使用される．実際は n 個の異なる値に対して $1, \ldots, n$ の整数ベクトルが格納される．それぞれの整数に対応する文字列の情報も持つ．
- ほかにも，データの欠損を示す NA，数値ではないことを表す NaN，順序付きカテゴリカル変数 ordered など，いくつかのデータ型がある．

各データ型に共通の関数として，as と is がある．as はデータ型の変換（型キャスト）に，is はデータ型のチェックに使用される．

例えば，as.numeric(...) は入力されたデータ（ベクトル）を数値型に型変換し，is.numeric(...) は数値型のデータかどうかをチェックする．

データ型の例を示す．

```
> # データ型のチェックと型変換
> n <- c(3.5, 0.0, 1.7, 0.0)
> typeof(n)
[1] "double"
> is.numeric(n)
[1] TRUE
> is.double(n)
[1] TRUE
> is.integer(n)
[1] FALSE
> as.integer(n)
[1] 3 0 1 0
> as.logical(n)
[1]  TRUE FALSE  TRUE FALSE

> # 複素数
> comp <- 3 + 4i
> typeof(comp)
[1] "complex"

> # カテゴリカル変数
> size <- c(rep("large", 5), rep("small", 5), rep("medium", 3))
> size
 [1] "large"  "large"  "large"  "large"  "large"  "small"  "small"
 [8] "small"  "small"  "small"  "medium" "medium" "medium"
> size <- factor(size)
> size
 [1] large  large  large  large  large  small  small  small  small  small
[11] medium medium medium
Levels: large medium small
> summary(size)
 large medium  small
     5      3      5
```

数値ベクトルを論理値ベクトルに型変換するとき，0 でない数値は常に TRUE に，0 は FALSE に変換されることに注意しよう．

続いて，R のデータ構造について説明する．

▶ 1.3.3　データ構造

R はデータの処理や分析に広く使用されるデータ構造を備えている．ここでは特に重要な五つのデータ構造について説明する．これらのデータ構造は，格納できるデータの種類と次元によって分類できる．この分類を表 1.1 に示す．

第 1 章　ソーシャルメディア分析と R の基礎

表 1.1　R の主なデータ構造

要素の型	次元数	データ構造
同じ	1 次元	ベクトル
同じ	N 次元	配列
同じ	2 次元	行列
異なってよい	1 次元	リスト
異なってよい	N 次元	データフレーム

それぞれのデータ構造について，順番に説明していこう．

[1]　ベクトル（vector）

　ベクトルは R の中で最も基本的なデータ構造であり，ここではアトミックベクトルのことを指す．ベクトルは通常，c(...) 関数を使用して作成される*10．また，"：" 演算子や seq(...) 関数を使って作成することもできる．ベクトルは 1 次元構造であり，ベクトル内の要素はすべて同じデータ型に属する．ベクトルの例を示す．

```
> 1:5
[1] 1 2 3 4 5
> c(1, 2, 3, 4, 5)
[1] 1 2 3 4 5
> seq(1, 5)
[1] 1 2 3 4 5
> seq_len(5)
[1] 1 2 3 4 5
```

　ベクトルにはさまざまな操作を施すことができる．次のコードにその例を示す．

```
> # ベクトルを変数に代入
> x <- 1:5
> y <- c(6, 7, 8, 9, 10)
> x
[1] 1 2 3 4 5
> y
[1]  6  7  8  9 10

> # ベクトルの演算
> x + y
[1]  7  9 11 13 15
> sum(x)
[1] 15
> mean(x)
[1] 3
> x * y
[1]  6 14 24 36 50
> sqrt(x)
[1] 1.000000 1.414214 1.732051 2.000000 2.236068
```

---

*10 訳注：c は combine（結合）の頭文字．

1.3 Rを始めよう

```
> # インデックスとスライシング
> y[2:4]
[1] 7 8 9
> y[c(2, 3, 4)]
[1] 7 8 9

> # ベクトルの要素に名前をつける
> names(x) <- c("one", "two", "three", "four", "five")
> x
  one   two three  four  five
    1     2     3     4     5
```

このコードを実際に実行して，ベクトルの操作に慣れよう．そのほかにも，ベクトルを使っていろいろと遊んでみてほしい．

[2] 配列（array）

配列は同じデータ型の要素を格納するが，N次元のデータ構造であるところがベクトルと異なる．行列は配列の（2次元の）特別な場合であり，これについてはあとで述べる．3次元以上のデータを画面上に表現することは難しいが，Rでは特別な方法でこれを表現する．$2 \times 2 \times 3$の3次元配列を作成するコードを次に示す．

```
> # 3次元配列を作成
> three.dim.array <- array(
+   1:12,                 # 入力データ
+   dim = c(2, 2, 3),  # 次元
+   dimnames = list(    # 次元の名前
+     c("row1", "row2"),
+     c("col1", "col2"),
+     c("first.set", "second.set", "third.set")
+   )
+ )

> # 配列の中身を確認
> three.dim.array
, , first.set

     col1 col2
row1    1    3
row2    2    4

, , second.set

     col1 col2
row1    5    7
row2    6    8

, , third.set

     col1 col2
row1    9   11
row2   10   12
```

17

第 1 章　ソーシャルメディア分析と R の基礎

　このように，3 次元配列は 3 番目の次元でスライスされて表示される．また，入力データ 1:12 は一つ目の次元から順番に埋められていくことがわかる．これは 2 次元の場合，縦方向から埋まっていくことになる．

[3]　行列（matrix）

　行列が 2 次元配列の特殊な場合であることは，上で軽く触れた．行列における二つの次元は，行（row）と列（column）という特別な意味を持つ．行列の作成には matrix(...) 関数が使われる．

　次のコードは 4×3 行列を作成する．

```
> # 行列を作成
> mat <- matrix(
+   1:12,           # データ
+   nrow = 4,       # 行数を指定
+   ncol = 3,       # 列数を指定
+   byrow = TRUE    # 行ごとに要素を埋める
+ )

> # 行列の内容を確認
> mat
     [,1] [,2] [,3]
[1,]    1    2    3
[2,]    4    5    6
[3,]    7    8    9
[4,]   10   11   12
```

　デフォルトではデータは縦方向に埋め込まれるが，matrix(...) 関数の byrow 引数を TRUE とすることで，横方向に（行ごとに）埋めることができる．

　数学的な行列演算も可能である．以下に行列演算のコード例を示す．

```
> # 行列を初期化
> m1 <- matrix(
+   1:9,            # データ
+   nrow = 3,       # 行数を指定
+   ncol = 3,       # 列数を指定
+   byrow = TRUE    # 行ごとに要素を埋める
+ )
> m2 <- matrix(
+   10:18,          # データ
+   nrow = 3,       # 行数を指定
+   ncol = 3,       # 列数を指定
+   byrow = TRUE    # 行ごとに要素を埋める
+ )

> # 行列の加算
> m1 + m2
     [,1] [,2] [,3]
[1,]   11   13   15
[2,]   17   19   21
[3,]   23   25   27
```

18

1.3 Rを始めよう

```
> # 行列の転置
> t(m1)
     [,1] [,2] [,3]
[1,]    1    4    7
[2,]    2    5    8
[3,]    3    6    9

> # 行列の積
> m1 %*% m2
     [,1] [,2] [,3]
[1,]   84   90   96
[2,]  201  216  231
[3,]  318  342  366
```

行列の逆行列を計算するなど，行列に関する複雑な操作を調べて試してほしい．

[4] リスト（list）

リストは，アトミックベクトルではない特別なタイプのベクトルである．アトミックベクトルとの違いは，リストは異なるデータ型の要素を格納できることにある．また，リストの要素にはリスト，ベクトル，配列，行列，関数など，なんでも格納できる．以下にリストのコード例を示す．

```
> # リストを作成
> list.sample <- list(
+   nums = seq.int(1, 5),
+   languages = c("R", "Python", "Julia", "Java"),
+   sin.func = sin
+ )

> # リストの内容を表示
> list.sample
$nums
[1] 1 2 3 4 5

$languages
[1] "R"      "Python" "Julia"  "Java"

$sin.func
function (x)  .Primitive("sin")

> # リストの要素にアクセス
> list.sample$languages
[1] "R"      "Python" "Julia"  "Java"
> list.sample$sin.func(1.5708)
[1] 1
```

リストにはさまざまな型の要素を格納でき，要素にアクセスするのも簡単である．

リスト操作の例を示す．

```
> # 二つのリストを初期化
> l1 <- list(nums = 1:5)
> l2 <- list(
+   languages = c("R", "Python", "Julia"),
```

19

第1章　ソーシャルメディア分析とRの基礎

```
+   months = c("Jan", "Feb", "Mar")
+ )

> # リストの内容と型を確認
> l1
$nums
[1] 1 2 3 4 5
> typeof(l1)
[1] "list"
> l2
$languages
[1] "R"      "Python" "Julia"

$months
[1] "Jan" "Feb" "Mar"
> typeof(l2)
[1] "list"
>
> # リストを結合
> l3 <- c(l1, l2)
> l3
$nums
[1] 1 2 3 4 5

$languages
[1] "R"      "Python" "Julia"

$months
[1] "Jan" "Feb" "Mar"

> # リストをベクトルに変換
> v1 <- unlist(l1)
> v1
nums1 nums2 nums3 nums4 nums5
    1     2     3     4     5
> typeof(v1)
[1] "integer"
```

　リストについて理解できたら，次はデータ分析において最も広く使われているデータ構造であるデータフレームについて学ぼう．

[5]　データフレーム（data frame）

　データフレームは，N 次元の異なるデータ型を扱うための特別なデータ構造である．このデータ構造は，行が観測（サンプル）を表し，列が属性を表す表形式のデータを扱うために使われる．

　データフレームを作成して，そのプロパティを調べる方法を示す．

```
> # データフレームを作成
> df <- data.frame(
+   name = c("Wade", "Steve", "Slade", "Bruce"),
+   age = c(28, 85, 55, 45),
+   job = c("IT", "HR", "HR", "CS")
+ )
```

20

1.3 Rを始めよう

```
> # データフレームの内容を見る
> df
   name age job
1  Wade  28  IT
2 Steve  85  HR
3 Slade  55  HR
4 Bruce  45  CS

> # データフレームのプロパティを確認
> class(df)
[1] "data.frame"
> str(df)
'data.frame':    4 obs. of  3 variables:
 $ name: Factor w/ 4 levels "Bruce","Slade",..: 4 3 2 1
 $ age : num  28 85 55 45
 $ job : Factor w/ 3 levels "CS","HR","IT": 3 2 2 1
> rownames(df)
[1] "1" "2" "3" "4"
> colnames(df)
[1] "name" "age"  "job"
> dim(df)
[1] 4 3
```

結合，マージ，部分抽出など，データフレームを操作することもできる．これらの操作の例を次に示す．

```
> # 二つのデータフレームを初期化
> emp.details <- data.frame(
+   empid = c("e001", "e002", "e003", "e004"),
+   name = c("Wade", "Steve", "Slade", "Bruce"),
+   age = c(28, 85, 55, 45)
+ )
> job.details <- data.frame(
+   empid = c("e001", "e002", "e003", "e004"),
+   job = c("IT", "HR", "HR", "CS")
+ )

> # データフレームの内容を確認
> emp.details
  empid  name age
1  e001  Wade  28
2  e002 Steve  85
3  e003 Slade  55
4  e004 Bruce  45
> job.details
  empid job
1  e001  IT
2  e002  HR
3  e003  HR
4  e004  CS

> # データフレームの結合とマージ
> cbind(emp.details, job.details)
  empid  name age empid job
1  e001  Wade  28  e001  IT
```

21

第 1 章　ソーシャルメディア分析と R の基礎

```
2  e002 Steve  85  e002  HR
3  e003 Slade  55  e003  HR
4  e004 Bruce  45  e004  CS
> merge(emp.details, job.details, by="empid")
  empid  name age job
1  e001  Wade  28  IT
2  e002 Steve  85  HR
3  e003 Slade  55  HR
4  e004 Bruce  45  CS

> # データフレームの部分抽出
> subset(emp.details, age > 50)
  empid  name age
2  e002 Steve  85
3  e003 Slade  55
```

　データ構造についての説明は以上である．次は R の関数について見ていく．

▶ 1.3.4　関数

　データを格納する変数のデータ型とデータ構造について見てきた．関数（function）は，データに対して演算や操作を実行できる特別なデータ型である．関数はコードを部品化したり問題の一部を切り離したりするのに便利である．ここでは，組み込み関数とユーザー定義関数について説明する．

[1]　組み込み関数

　R をインストールするだけで，基本的な関数はすでに利用できる状態にある．これらの基本関数は，R に最初から組み込まれていることから，組み込み関数と呼ばれる．これに対して，ユーザー自身が関数を作成することもでき，それらはユーザー定義関数と呼ばれる．また，新しいパッケージをインストールすることで，他のユーザーが作成した関数が使えるようになる．次のコードは，組み込み関数の使用例である．

```
> sqrt(7)
[1] 2.645751
> mean(1:5)
[1] 3
> sum(1:5)
[1] 15
> sqrt(1:5)
[1] 1.000000 1.414214 1.732051 2.000000 2.236068
> runif(5)
[1] 0.98677919 0.07586345 0.53624466 0.72009113 0.07078517
> rnorm(5)
[1]  1.4441475  0.9060410 -0.3564765 -0.4834155  1.3387596
```

　この例では，sqrt(...)，mean(...)，sum(...) などが組み込み関数であり，何も準備しなくても使えることがわかる．これらの関数はいつでも R で利用できる．自分で定義したり，パッケージを読み込む必要はない．

22

[2] ユーザー定義関数

組み込み関数は便利だが，実際の問題を解決するためには，特別なロジックやアルゴリズムを作成しなければならない場合がある．このような場合，ユーザー自身が関数を定義する必要がある．一般に，Rの関数は次に示す三つの要素で構成される．

- environment(...)：関数が定義された場所，または関数内で利用できる変数がある場所
- formals(...)：関数の引数リスト
- body(...)：関数の核となる内部コードの表示

以下は，ユーザー定義関数のコード例である．

```
> # 関数を定義
> square <- function(data) {
+     return (data^2)
+ }

> # 関数の3要素を確認
> environment(square)
<environment: R_GlobalEnv>
> formals(square)
$data
> body(square)
{
    return(data^2)
}

> # データに対して関数を実行
> square(1:5)
[1]  1  4  9 16 25
> square(12)
[1] 144
```

ユーザー定義関数を function(...) を使用して定義する方法がわかった．また，関数の構成要素を調べる方法と関数にデータを入力して実行する方法がわかった．

▶ 1.3.5 制御構文

思いどおりにRスクリプトを書くためには，制御構文について知る必要がある．複数行にわたるRコードは，基本的に上から1行ずつ順番に実行されるが，制御構文を使うことでその流れを変更することができる．ここでは，繰り返しを行うためのループ構文と，条件分岐を行うための条件構文について説明する．

まず，同じコードを複数回実行するためのループ構文から見ていこう．

[1] ループ構文

ループ構文は，必要に応じてコードブロックを繰り返し実行する「ループ」を作成する．通常，ループは，特定の条件が満たされるまでコードブロックを実行し続ける．Rでは，主に次の三つのやり方でループを作成できる．

第 1 章　ソーシャルメディア分析と R の基礎

- for
- while
- repeat

三つのループ構文すべてを使ってみよう.

```
> # for ループ
> for (i in 1:5) {
+   cat(paste(i, " "))
+ }
1  2  3  4  5

> sum <- 0
> for (i in 1:10) {
+   sum <- sum + i
+ }
> sum
[1] 55

> # while ループ
> n <- 1
> while (n <= 5) {
+   cat(paste(n, " "))
+   n <- n + 1
+ }
1  2  3  4  5

> # repeat ループ
> i <- 1
> repeat {
+   cat(paste(i, " "))
+   if (i >= 5) {
+     break  # 無限ループから脱出
+   }
+   i <- i + 1
+ }
1  2  3  4  5
```

　ただし，データ量が大きい場合，ベクトル化された関数のほうがループよりも高速に処理できることを覚えておこう. そのやり方は 1.3.6 項で説明する.

[2]　条件構文

　条件構文は，ユーザーの指定する条件に基づいてコードの流れを制御する. これは，特定の条件を満たす場合にのみコードブロックを実行したい場合に便利である.
　R でよく利用される条件構文は次の四つである.

- if　または　if ... else
- if ... else if ... else
- ifelse(...)
- switch(...)

24

1.3 Rを始めよう

これらを順に見ていこう.

```
> # if の使用
> num = 10
> if (num == 10) {
+     cat("The number was 10")
+ }
The number was 10

> # if ... else の使用
> num = 5
> if (num == 10) {
+     cat("The number was 10")
+ } else {
+     cat("The number was not 10")
+ }
The number was not 10

> # if ... else if ... else の使用
> if (num == 10) {
+     cat("The number was 10")
+ } else if (num == 5) {
+     cat("The number was 5")
+ } else {
+     cat("No match found")
+ }
The number was 5

> # ifelse(...) 関数の使用
> ifelse(num == 10, "Number was 10", "Number was not 10")
[1] "Number was not 10"

> # switch(...) 関数の使用
> for (num in c("5", "10", "15")) {
+     cat(
+       switch(num,
+              "5" = "five",
+              "7" = "seven",
+              "10" = "ten",
+              "No match found"
+       ),
+       "\n")
+ }
five
ten
No match found
```

switch(...) では,条件に一致するものが見つからない場合に返すデフォルト値を指定できることに注意しよう.

▶ 1.3.6 apply ファミリー

少し高度な話題になるが,Rでは,ループ構文を使う代わりに apply ファミリーという関数群が好んで使用される.その理由は,繰り返し回数が大きい場合,ループよりも apply ファミ

25

第 1 章　ソーシャルメディア分析と R の基礎

リーを使うほうが実行速度が速いからである．apply ファミリーには，次のような関数がある．

- apply：配列や行列に対して，指定した次元の方向に関数の適用を繰り返す．
- lapply：ベクトルやリストの各要素に対して関数の適用を繰り返す．
- sapply：lapply(...) をシンプルにしたバージョン．
- tapply：ベクトルやリストの要素をグループ化して関数を適用する．
- mapply：lapply(...) の多変数バージョン．

これらの関数がそれぞれどのように動作するかを見ていこう．

[1]　apply(...)

上で述べたように，apply(...) 関数は配列や行列に対して指定された次元の方向に関数を適用する．これは例えば，行列に対して行方向にすべて加算した結果（総和）が知りたいときなどに便利である．

ただし，行方向と列方向の総和と平均はよく利用されるので，専用の関数が用意されている．

- rowSums(...)：行方向の総和
- rowMeans(...)：行方向の平均
- colSums(...)：列方向の総和
- colMeans(...)：列方向の平均

大きな配列に対して演算する場合，これらは apply よりも実行速度が速いため，覚えておくと便利である．

次のコードでは，行列のそれぞれの次元に対して総和と平均を計算している．

```
> # 4×4 の行列を作成
> mat <- matrix(1:16, nrow = 4, ncol = 4)

> # 行列の内容を確認
> mat
     [,1] [,2] [,3] [,4]
[1,]    1    5    9   13
[2,]    2    6   10   14
[3,]    3    7   11   15
[4,]    4    8   12   16

> # 行ごとに総和を計算
> apply(mat, 1, sum)
[1] 28 32 36 40
> rowSums(mat)
[1] 28 32 36 40

> # 行ごとに平均を計算
> apply(mat, 1, mean)
[1]  7  8  9 10
> rowMeans(mat)
[1]  7  8  9 10
```

```
> # 列ごとに総和を計算
> apply(mat, 2, sum)
[1] 10 26 42 58
> colSums(mat)
[1] 10 26 42 58

> # 列ごとに平均を計算
> apply(mat, 2, mean)
[1]  2.5  6.5 10.5 14.5
> colMeans(mat)
[1]  2.5  6.5 10.5 14.5

> # 行ごとに四分位数を計算
> apply(mat, 1, quantile, probs = c(0.25, 0.5, 0.75))
    [,1] [,2] [,3] [,4]
25%    4    5    6    7
50%    7    8    9   10
75%   10   11   12   13
```

ループ構文を使うよりも，コードが簡潔になることがわかる．

[2] lapply(...)

lapply(...) 関数は入力としてリストと関数をとり，リストの各要素に対してその関数を適用したものを結果として返す．入力がリストでない場合は as.list(...) 関数でリストに強制的に変換される．以下にコード例を示す．

```
> # リストを作成し，内容を確認
> l <- list(nums = 1:10, even = seq(2, 10, by = 2), odd = seq(1, 10, by = 2))
> l
$nums
[1]  1  2  3  4  5  6  7  8  9 10

$even
[1]  2  4  6  8 10

$odd
[1] 1 3 5 7 9

> # このリストに lapply を適用
> lapply(l, sum)
$nums
[1] 55

$even
[1] 30

$odd
[1] 25
```

[3] sapply(...)

sapply(...) 関数は lapply(...) 関数とほとんど同じ動作をする．唯一の違いは計算結果を単純化しようとすることである．リストの各要素に関数を適用したとき，すべての結果が長

第1章　ソーシャルメディア分析とRの基礎

さ1である場合，`sapply(...)` はベクトルを返す．また，各要素の結果の長さが1より大きい場合は行列を返す．結果を単純化できない場合は，`lapply(...)` と同じ結果を返す．例を見るとわかりやすいだろう．

```
> # リストを作成
> l <- list(nums = 1:10, even = seq(2, 10, by = 2), odd = seq(1, 10, by = 2))
> l
$nums
 [1]  1  2  3  4  5  6  7  8  9 10

$even
[1]  2  4  6  8 10

$odd
[1] 1 3 5 7 9

> # lapply と sapply の違いを確認
> lapply(l, mean)
$nums
[1] 5.5

$even
[1] 6

$odd
[1] 5
> typeof(lapply(l, mean))
[1] "list"

> sapply(l, mean)
nums even  odd
 5.5  6.0  5.0
> typeof(sapply(l, mean))
[1] "double"
```

[4] `tapply(...)`

`tapply(...)` 関数は，入力ベクトルをグループ化し，それぞれのグループに対して関数を適用する．1番目の引数には入力ベクトルを渡す．2番目の引数には，入力ベクトルの各要素がどのグループに割り当てられるかを示す，入力と同じ長さのベクトルを渡す．3番目の引数には適用したい関数を渡す．

この動作を確認しよう．

```
> data <- 1:30
> data
 [1]  1  2  3  4  5  6  7  8  9 10 11 12 13 14 15 16 17 18 19 20 21 22 23
[24] 24 25 26 27 28 29 30
> groups <- gl(3, 10)
> groups
 [1] 1 1 1 1 1 1 1 1 1 1 2 2 2 2 2 2 2 2 2 2 3 3 3 3 3 3 3 3 3 3
Levels: 1 2 3
```

1.3 Rを始めよう

```
> tapply(data, groups, sum)
  1   2   3
 55 155 255
> tapply(data, groups, sum, simplify = FALSE)
$'1'
[1] 55

$'2'
[1] 155

$'3'
[1] 255
```

[5] mapply(...)

mapply(...) 関数は lapply(...) 関数の多変数バージョンである．lapply(...) は一つのベクトルを入力とするため，適用する関数に一つの引数しか渡せないが，mapply(...) は二つ以上の引数をとる関数に対して，それぞれの引数に入力する複数のベクトルを渡すことができる．関数は，それぞれの引数ベクトルの同じ位置の要素を入力として受け取る．したがって，入力されるベクトルはすべて同じ長さでなければならない．

具体例を見てみよう．rep(...) 関数は第 1 引数を第 2 引数の回数だけ繰り返したベクトルを作成する．例えば，rep(1, 4) はベクトル c(1, 1, 1, 1) を作成する．この関数の第 1 引数として 1:4 を，第 2 引数として 4:1 をそれぞれ入力した結果を得るためには，rep(...) を何度も書くよりも mapply(...) を使うほうが便利である．

```
> list(rep(1, 4), rep(2, 3), rep(3, 2), rep(4, 1))
[[1]]
[1] 1 1 1 1

[[2]]
[1] 2 2 2

[[3]]
[1] 3 3

[[4]]
[1] 4

> mapply(rep, 1:4, 4:1)
[[1]]
[1] 1 1 1 1

[[2]]
[1] 2 2 2

[[3]]
[1] 3 3

[[4]]
[1] 4
```

1.3.7 データの可視化

データ分析において，データの可視化は重要な役割を担う．データ可視化は，探索的データ分析においても，分析結果の報告においても重要である．R では主に三つのプロットシステムが使われる．

- `graphics`：R に最初から組み込まれている基本プロットシステム．
- `lattice`：基本プロットシステムよりも見栄えの良いプロットを作成できる．
- `ggplot2`：グラフィックスの文法に基づき，美しい出版品質のグラフを作成できる．

有名な `iris` データセットの可視化を，三つのプロットシステムで行ってみよう．

まずは基本プロットシステムを使って，箱ひげ図（box plot）を作成する（図 1.3）.

```
> # データを読み込む
> data(iris)

> # 基本プロットシステム
> boxplot(Sepal.Length ~ Species, data = iris,
+         xlab = "Species", ylab = "Sepal Length", main = "Iris Boxplot")
```

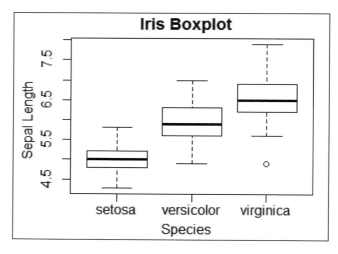

図 1.3　基本プロットシステムによる箱ひげ図

次に，`lattice` プロットシステムを使って，同じように箱ひげ図を作成する（図 1.4）.

```
> library(lattice)

> # lattice プロットシステム
> bwplot(Sepal.Length ~ Species, data = iris,
+        xlab = "Species", ylab = "Sepal Length", main = "Iris Boxplot")
```

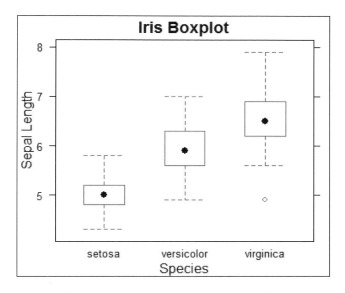

図 1.4　lattice パッケージによる箱ひげ図

最後に，ggplot2 を使って箱ひげ図を作成する（図 1.5）．

```
> library(ggplot2)
> # ggplot2 プロットシステム
> ggplot(data = iris, aes(x = Species, y = Sepal.Length)) +
```

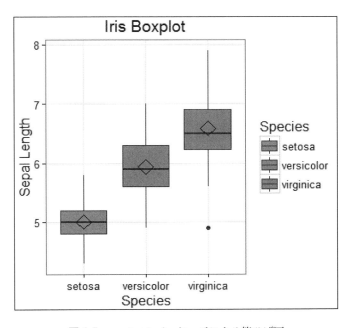

図 1.5　ggplot2 パッケージによる箱ひげ図

第1章　ソーシャルメディア分析とRの基礎

```
+    geom_boxplot(aes(fill = Species)) +
+    ylab("Sepal Length") + ggtitle("Iris Boxplot") +
+    stat_summary(fun.y = mean, geom = "point", shape = 5, size = 4) + theme_bw()
```

それぞれのプロットシステムでのコードの書き方と，出力されるプロットの違いを比較することができた．各システムを試してみて，自分自身のデータを可視化してみよう．

▶ 1.3.8　ヘルプの表示とパッケージ管理

本書を読み進める上で必要になる R の実行環境と事前知識は整ったはずである．次章からは R を使ってさまざまな分析を行っていくが，使用するパッケージや関数の使い方について，いちいち詳細に説明するつもりはない．そのため，パッケージや関数のヘルプドキュメントを参照できるようになっておくことは重要である．また，パッケージを管理するための関数について知っておくと役に立つだろう．

[1]　ヘルプの表示

R では何千ものパッケージが利用可能であり，それらに含まれる関数は膨大な数にのぼる．次に示すコマンドを利用することで，パッケージとその関数についての詳細な情報が記されたドキュメントに手軽にアクセスできる．

- help(<R オブジェクト>)：関数，パッケージ，データ型などの R オブジェクトのヘルプを表示する（?<R オブジェクト> でも同じ）．
- example(<関数名>)：関数の簡単な例が実行される．
- apropos(<文字列>)：与えられた文字列を含むすべての関数を一覧表示する．

[2]　パッケージ管理

R はオープンソースであり，その開発はコミュニティによって主導されている．さまざまな分析を支援するための多数のパッケージがコミュニティによって開発されており，そのパッケージ群は誰でも自由に利用できる．

R のコミュニティでは，ライブラリという用語はパッケージという用語と同じ意味で使用されることが多い．

パッケージ管理のために，R は次のような関数を提供している．

- install.packages(...)：CRAN からパッケージをインストールする．
- libPaths(...)：ライブラリパスを R に追加する．
- installed.packages(lib.loc =)：インストールされているパッケージを一覧表示する．
- update.packages(lib.loc =)：パッケージを更新する．
- remove.packages(...)：パッケージを削除する．

- `path.package(...)`：現在のセッションで読み込まれたパッケージのパスを取得する．
- `library(...)`：パッケージを読み込み，関数を利用できるようにする．
- `library(help =)`：パッケージ内の関数を一覧表示する．

以上で R についての短い講義は終わりである．

続いて，データ分析，機械学習，テキスト分析について説明する．

1.4 データ分析

　データ分析とは，データから価値のあるパターンを発見し，それを解釈し，ビジネスの意思決定に役立つ実用的な知見として整理し，それを効果的に伝えるまでの一連のプロセスである．通常，パターンの発見には，機械学習やデータマイニングの技術が使われる．データ分析，データマイニング，機械学習という用語は，あまり区別されずに用いられることが多い．その理由は，これら三つの技術が「データから価値のあるパターンを発見する」という同じ目的を持つためである．ただし，人工知能の一分野である機械学習は，予測モデルの構築に重点を置くという点で少し異なる．機械学習については 1.5 節で説明する．ここでは，データ分析の標準プロセスである CRISP-DM を紹介する．

▶ 1.4.1 データ分析プロセス

　データ分析は，決められた一連のステップを順番に実行するプロセスとして定められる．通常このプロセスは反復的であり，必要に応じて何度も繰り返し実行される．データ分析の標準プロセスとして広く用いられているものに **CRISP-DM**（cross industry standard process for data mining）がある．これは，データ分析プロセスを六つのステップに分割する．

　CRISP-DM を構成する六つのステップを以下に示す．

- **ビジネス課題の理解**：最初のステップでは，データ分析を使って解決しようとしている問題や，達成しようとしている目標を，ビジネスの観点から理解する．このステップではドメインとビジネスに関する知識が不可欠であり，ビジネスのドメインエキスパート[11]から意見を引き出して，「どの目標が重要か」や「データ分析からどんな結果を得たいのか」を取り決める必要がある．
- **データの収集と理解**：このステップでは，プロジェクトに関連するデータを収集し，データ点とその属性の意味を理解する．このステップで探索的データ分析を行い，データの初期調査を行うこともある．
- **データの準備**：このステップでは，データのクリーニングや変換などを行う．ここでは，いわゆる **ETL**（extract-transform-load）プロセスが便利である．データ品質の問題も，

---

[11] 訳注：ドメインエキスパート（domain expert）は，内容領域専門家（subject matter expert; SME）とも呼ばれる．

このステップで処理する．このステップで作成されたデータセットをモデリングと分析に使用する．
- **モデリングと分析**：このステップでは，データマイニングと機械学習の技術を使用して，データ分析とモデル構築を行う．さまざまなモデリングアルゴリズムに基づいたデータ変換をさらに適用する場合もある．
- **評価**：このステップでは繰り返し行われるモデリングと分析の結果を評価し，可能な限り最良のものを選択する．さらに，ビジネス要件に基づいて必要とされる知見を引き出す．したがって，このステップは最も重要である．多くの場合，「データの準備」と「モデリングと分析」を繰り返して得た結果を評価するが，「ビジネス課題の理解」まで戻ってやり直すこともある．最終的な合意を得た結果を次の「展開」ステップで利用する．
- **展開**：このステップでは，分析結果に基づいた意思決定システムを，エンドユーザーが結果を利用できるようにデプロイする．デプロイされるシステムは，アドホックレポートのように単純なものの場合もあれば，リアルタイム予測システムのような複雑なものの場合もある．

図 1.6 に，CRISP-DM の全体のフローを示す．

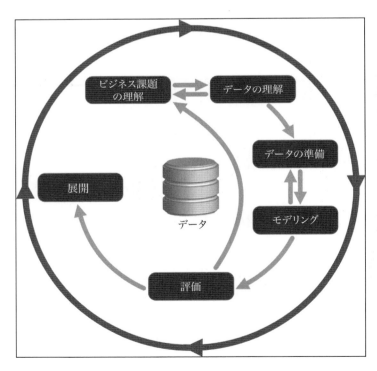

図 1.6　CRISP-DM（出典：https://en.wikipedia.org/wiki/Cross-industry_standard_process_for_data_mining）

CRISP-DM における各ステップの役割は，明解で簡潔である．そのため，このワークフローは広く採用され，業界標準となっている．

1.5 | 機械学習

機械学習（machine learning; ML）という用語は，「ビッグデータ」とともに近年脚光を浴びている．その多くが誇張されて宣伝されているものの，機械学習はこれまで解決が困難だった問題に多大な効果を発揮することが実証され，人工知能（artificial intelligence; AI）の分野の発展において重要な役割を果たしている．機械学習は，計算機科学，統計学，数学という三つ分野の交差点にある．また，機械学習という分野には，人工知能，パターン認識，最適化理論，学習理論などの概念を組み合わせることで，明示的に指定しなくてもデータからルールを学習して予測を行うためのアルゴリズムやテクニックの開発が含まれる．

ここで言う学習とは，アルゴリズムにデータを与えることによって，コンピュータに知能を与えることを指す．これはモデルの訓練とも呼ばれ，これによりコンピュータはデータからパターンやルールを発見する．機械学習の定義としては，トム・ミッチェル教授による次のものが有名である．

> 計算機プログラムが経験 E から学習するとは，タスク T と性能指標 P に対して，P によって測定された T の性能が E によって改善されることである．

タスク T が来年の売上予測である場合を考えよう．経験 E を過去の売上データとし，性能指標 P を，売上をどれだけうまく予測できるか，とする．このとき，過去の売上データ（経験 E）を使って予測を良くする（性能指標 P を改善する）プログラムは，売上予測（タスク T）に対して経験 E から学習している．

▶ 1.5.1 機械学習の手法

機械学習の手法とは，データを処理して知識を抽出したり，データから傾向やパターンを発見して予測を行ったりすることができるアルゴリズムのことである．アルゴリズムにデータを入力することでモデルを構築し，新しい未知のデータに適用したり，実用的な知見を導いたりすることができる．

機械学習の手法は，出力変数を必要とするかどうかと，解決しようとしている問題のタイプによって分類される．分析者はしばしば，2, 3 個のアルゴリズムを学ぶと，それをすべての問題に適用しようとする．しかし，すべての問題でうまくいく万能の機械学習アルゴリズムは存在しないことを覚えておくべきである．機械学習アルゴリズムに入力するのは，特徴量抽出と呼ばれるプロセスによってデータから抽出される特徴量である．例えば，ソーシャルメディアのユーザープロフィールに関連するデータを扱っている場合，特徴量はユーザーの属性（性別，年齢，投稿数，共有数など）となる．また，特徴量抽出と密接に関係するプロセスに，特徴量エ

35

ンジニアリングがある．機械学習の手法は，教師あり学習と教師なし学習の二つのタイプに分類できる．

▶ 1.5.2　教師あり学習

教師あり学習では，予測モデルの構築が主な目的となる．予測モデルは，学習データ（モデルの訓練に利用するデータ）の特徴量に対して教師あり学習アルゴリズムを適用して構築されるモデルであり，学習に使わなかった新しいデータに対して予測が可能である．教師あり学習アルゴリズムは，学習データの出力変数と入力特徴量の間の関係を学習し，その関係に基づいて新しいデータに対する出力値を予測する．

教師あり学習の手法は，大きく二つのタイプに分かれる．

- **分類**：分類アルゴリズムは，予測したい出力変数がカテゴリカルである学習データから予測モデルを構築する．これらの予測モデルは，訓練データの特徴量を学習し，学習に使わなかった新しいデータについて，そのクラスやカテゴリラベルを予測する．出力クラスは，離散カテゴリに属する．分類アルゴリズムの種類には，決定木，サポートベクターマシン，ランダムフォレストなどがある．
- **回帰**：回帰アルゴリズムは，予測したい出力変数が数値であるような学習データから予測モデルを構築する．アルゴリズムは，訓練データの入力特徴量および出力値に基づいてモデルを構築し，新しいデータの値を予測するために使用される．この場合の出力値は連続した数値であり，離散カテゴリではない．回帰アルゴリズムの種類には，線形回帰，重回帰，リッジ回帰，Lasso 回帰などがある．

▶ 1.5.3　教師なし学習

教師なし学習は，主にパターン検出，次元削減，記述モデルの作成に使用される．記述モデルは，教師なし機械学習アルゴリズムから構築されたモデルであり，出力変数を必要としない点を除いて，教師あり学習の場合と同様である．これらのアルゴリズムは，入力データのみを使う手法を使用して，ルールの発見，パターンの検出，データの要約やグループ化を行い，意味のある知見を導くことで，ユーザーがデータを理解するのを助ける．教師なし学習では，出力変数が存在しないので，データを訓練データとテストデータに分ける必要はない．教師なし学習の手法は，大きく三つのタイプに分けられる．

- **クラスタリング**：クラスタリングの主な目的は，入力データだけから得られた特徴を用い，他の外部情報を用いないで，入力データ点を異なるクラスまたはカテゴリにグループ化することである．教師あり学習の分類とは異なり，クラスタリングでは出力ラベルはあらかじめわかっていない．重心ベースのアプローチ，階層的なアプローチなど，クラスタリングモデルを構築するさまざまなアプローチがある．一般的なクラスタリングアルゴリズムとして，k-means, k-medoids, 階層的クラスタリングがある．

- アソシエーションルール：データから重要度のルールおよびパターンを抽出するために使用される．これらのルールは，さまざまな変数と属性間の関係を説明し，また，データに頻繁に出現する項目セットとパターンを示す．
- 次元削減：主要な入力変数の集合を計算することによって，データセット内の特徴量の数を削減する．主に特徴選択に使用される．

1.6 テキスト分析

テキスト分析（テキストマイニングとも呼ばれる）とは，テキストデータから，実用的な知識に変換できる，意味のあるパターンを抽出するプロセスである．テキスト分析は，機械学習，自然言語処理，言語学，統計的手法で構成される．機械学習アルゴリズムは一般的に数値データしか処理できないため，テキスト分析では前処理として特徴量の抽出と特徴量エンジニアリングが必要である．

自然言語処理は NLP（natural language processing）とも呼ばれ，テキスト分析に役立つ．NLP は計算機科学，計算機工学，人工知能の専門分野として定義されており，計算言語学に起源を持つ．NLP の技術は非常に有用であり，機械が自然言語を理解するという非常に難しい作業を助け，人間と機械の相互作用を可能にするアプリケーションやシステムを構築するのに役立つ．NLP の主な適用例を次に示す．

- 質問応答システム
- 音声認識
- 機械翻訳
- テキスト分類
- テキスト要約

以降の章では，ソーシャルメディアの非構造化テキストデータを分析するためにテキスト分析を利用する．

1.7 まとめ

この章では非常に多くのことを述べた．まずは最後まで読み進めたあなたの努力を称賛したい．

この章では，まずソーシャルメディアとは何か，そして，そのメリットとデメリットについて詳しく説明した．次に，ソーシャルメディア分析の基礎を説明し，その目的と課題について述べた．ここまで読んだあなたは，ソーシャルメディア分析を試したくてたまらなくなっただろう．プログラミング言語 R の基礎として，R の環境設定，データ型，データ構造，関数，制

御構文などについて説明した．最後に，データ分析における標準的な分析プロセスを簡単に眺め，機械学習，テキスト分析，自然言語処理の主要な概念について説明した．

　以降の章では，さまざまな人気ソーシャルメディアのデータを実際に分析していく．ソーシャルメディア分析の長い旅へと出発するための準備は，この章で整った．心の準備ができたなら先へ進もう！

第2章

Twitter —— 140文字の世界で何が起きているのか

　2012年のForbesの記事に，パリの分析会社が行ったTwitterについての調査結果が載っている[1]．この調査によれば，世界で最もTwitterが活発に利用されている都市は，インドネシアのジャカルタである．これは意外に思えるかもしれない．なぜなら，Twitterが活発な都市と言えば，ニューヨーク，東京，ロンドンなどの，世界の主要都市を思い浮かべるからである．しかし，ジャカルタの人口（1000万人）を，この調査で2位のニューヨーク（840万人）や3位の東京（900万人）と比べてみると，この結果はそれほど不思議ではない．いまやTwitterは世界中に浸透しており，人口の一人ひとりがそこに仮想的な人格を持っているということである．さて，第1章ではソーシャルメディアとは何かを説明した．この章では世界で最も利用されているソーシャルメディア，Twitterのデータから知見を引き出す方法を見ていく．

　本書の読者でTwitterを知らない人はいないだろう．Twitterは楽しくて活気があり，猛スピードで情報が流れるソーシャルネットワークである．1.1節ではTwitterをマイクロブログプラットフォームに分類した．その理由は，Twitterは「ツイート」と呼ばれる140文字を単位とした短いメッセージを共有するサービスだからである．Twitterには「友達」という概念はない[2]．ユーザーは興味を持った他のユーザーを「フォロー」することで，そのユーザーのツイートを自分の「タイムライン」に表示することができる．フォローしたユーザーにフォローバックされると「相互フォロー」となり，互いのツイートを共有し合う状態になる．Twitterは世界

---

[1] https://www.forbes.com/sites/victorlipman/2012/12/30/the-worlds-most-active-twitter-city-you-wont-guess-it/

[2] 訳注：FacebookやLinkedInなどの他のソーシャルネットワークには友達（friend）という概念があり，重要な役割を果たしている．

第 2 章　Twitter —— 140 文字の世界で何が起きているのか

中で広く活発に利用されているソーシャルネットワークであり，口コミ情報，有名人のゴシップ，おもしろ画像などを共有するだけでなく，ニュースや災害通知などを迅速に共有するためにも利用される．

　この章では，Twitter のデータを利用するために必要な手続きを解説し，そこから知見を引き出すための分析のコンセプトについて説明する．この章で扱うトピックを次に示す．

- Twitter のデータ，API，分析ワークフロー
- ツイートのトレンド分析
- 感情分析
- フォロワーグラフ分析
- Twitter データに関する課題

　この章では，実際の Twitter データを扱い，さまざまな R パッケージを利用して知見を引き出す方法を学ぶ．また，データをより良く理解するために，必要に応じてさまざまなデータ可視化を行う．

2.1　Twitter について知ろう

　2006 年，Twitter はソーシャルネットワークとオンラインニュースの両方の特性を兼ね備えたサービスとして誕生した．ユーザーが共有できるのは，わずか 140 文字までの短いメッセージだけであり，しかし，それゆえに爆発的な情報の流れを生み出した．Twitter は最初から現在のようなサービスだったわけではない．成功した他のウェブサービスと同様，長年にわたって機能の追加や削除を行い進化してきた．この章では，Twitter のデータから価値のある知見を引き出す方法を学ぶ．そのために，まずは Twitter というサービスについて知ることから始めよう．

> Twitter は Jack Dorsey，Noah Glass，Biz Stone，Evan Williams の 4 人が考案した．アイデアは非常にシンプルで，インターネットを使ったショートメッセージサービス（SMS）として始まった．その初期の興味深い話を次のブログ記事で読むことができる．https://latimesblogs.latimes.com/technology/2009/02/twitter-creator.html

　現在，Twitter で共有できるコンテンツはさまざまである．テキスト，画像，動画，GIF，URL，ハッシュタグ，ハンドル[3]などを組み合わせて投稿できる．これらのコンテンツの投稿は，ウェブサイト（twitter.com），アプリ，SMS などから行える．ツイートがどこから投稿さ

---

[3] 訳注：ハンドルとは，ここではユーザー ID の前にアットマーク記号（@）をつけたものを指す（例：@hoxo_m）．これをツイートに含むとそのユーザーに通知される．ハンドルを含むツイートは「メンション」と呼ばれる．

2.1 Twitter について知ろう

図 2.1　Twitter の初期デザイン（出典：https://www.flickr.com/photos/jackdorsey/182613360/）

れたかは「ソース」を見ればわかる[4]．したがって，ツイートは，一つまたは複数のコンテンツから構成され，ソースを一つ持つ．

　さらに，ツイートはメタデータを持つ．メタデータとは，簡単に言うと，データについてのデータである．例えば，ツイートは，投稿日時，いいね数，リツイート数などのメタデータを持つ．ツイートに隠されたメタデータを利用することで，より面白い分析が可能になる（2.3 節で具体例を示す）．

　現在，一つのツイートには 30 以上の属性がメタデータとして付与されている．ただし，メタデータはサービスが進化するにつれて変化する可能性がある．また，すべてのツイートにすべての属性が揃っているわけではないことに注意が必要である．

▶ 2.1.1　Twitter API

　Twitter API を使えば，Twitter の膨大なデータにアクセスできる．この API はプログラムから Twitter とやりとりするために公式に提供されている機能である．この API はサードパー

---

[4] 訳注：ソースの例として，Twitter for iPhone，Twitter for Android，Twitter for Web などが挙げられる．詳しくは，ヘルプページの「ツイートソースラベル」を参照．https://help.twitter.com/ja/using-twitter/how-to-tweet#source-labels

ティアプリ[5]を開発する目的で提供されているが，分析・研究を目的としたデータ収集に利用してもよい．

Twitter API は公開以来，研究者をとりこにしてきた．ユーザー同士のフォロー関係と情報の爆発的な広がりに関するデータは，研究者にとって非常に魅力的である．これまでに Twitter データをもとにした数多くの分析と研究が行われてきた．Twitter データの分析を行う上で，Twitter API とそのオブジェクトについて知ることは重要である．

Twitter API における主要な四つのオブジェクトを次に示す．

- **ツイート**：Twitter における中心的存在．メッセージとメタデータを含む．
- **ユーザー**：Twitter ではユーザーは人間に対応しているとは限らない．他のソーシャルネットワークでは，ユーザーは実在する人物と対応する必要があるが，Twitter にはそのような制限はない．ツイート，フォローなどの Twitter での行動を実行できるものは，誰でも何でもユーザーになれる．いまや企業や政府までもが Twitter アカウントを持っているのが普通である．
- **エンティティ**：このオブジェクトは，主にメタデータ属性を扱うのに役立つ．エンティティには，URL，ハッシュタグ，ユーザーのメンションなどに関する情報が含まれる．このオブジェクトを使用すると，ツイートテキストを解析しなくても手軽にメタデータを扱った処理ができる．
- **位置情報**：他のメタデータ属性とは異なり，ツイートの位置情報は別のオブジェクトとして扱われる．その理由は，プライバシーの考慮と設計上の都合である．位置情報の用途として，「特定の地域でのトレンド」[6]の表示や，位置情報によるターゲットマーケティングなどがある．

これらの詳細，またはその他の事項について，デベロッパーサイト（https://developer.twitter.com）のドキュメントをぜひ参照してほしい．ドキュメントを読んで，オブジェクトと API について深く理解することを強く勧める．

Twitter API を手軽に利用するために，さまざまなプログラミング言語でライブラリが開発され提供されている．R にも Twitter API への接続とデータ収集をサポートするパッケージがいくつかある．本章では，その中の一つ `twitteR` パッケージを利用する．このパッケージは Twitter から収集したデータを分析しやすい形式（データフレーム）に変換する便利な関数を含んでいる．

---

[5] 訳注：サードパーティアプリ（third party app）とは，Twitter 外部の開発者が Twitter プラットフォーム上に作るアプリケーションのことである．詳しくは，ヘルプページの「サードパーティーアプリケーションとログインセッションについて」を参照．https://help.twitter.com/ja/managing-your-account/connect-or-revoke-access-to-third-party-apps

[6] 訳注：ヘルプページの「Twitter のトレンドについてのよくある質問」を参照．https://help.twitter.com/ja/using-twitter/twitter-trending-faqs

2.1 Twitter について知ろう

Twitter のデベロッパーサイトには，ベストプラクティスと禁止事項が書かれている．Twitter API の利用状況は常に追跡されており，使用回数の制限を超えると利用できなくなる．ベストプラクティスを読んで #慎重に使おう！

2.1.2 アプリの登録

Twitter API の概要と主要なオブジェクトについて説明した．API を通して Twitter からデータを取得するためには，まずユーザーを作成してアプリの登録を行う必要がある．Twitter API はサードパーティアプリの開発を目的に提供されているため，データ収集の目的で API を利用する場合でもアプリの登録が必要となる．アプリを登録することで，OAuth（open authentication）による API とデータへのアクセス資格を得ることができる．

Twitter アプリは，以下の手順で簡単に登録できる．

1. アプリ管理コンソール（https://developer.twitter.com/apps）にログインする．
2. ログインしたら "Create an app" ボタンをクリックし，必要な項目を入力する[*7]．Callback URL は `http://127.0.0.1:1410` とすればよい．
3. "Create Your Twitter Application" をクリックして手順を完了する．完了すると，アプリの詳細ページにリダイレクトされる．Twitter アプリの詳細ページの例を図 2.2 に示す．

わずか 3 ステップで Twitter アプリの登録が完了した．アプリを登録することで，API Key，API Secret Key，Access Token，Access Token Secret の四つの OAuth パラメータが生成される．これらのパラメータは R から Twitter API に接続するために必要となる．

四つの OAuth パラメータは "Keys and tokens" タブで確認できる．以降で OAuth パラメータが必要になったときは，このページからコピー&ペーストすればよい．アプリの "Keys and tokens" タブのサンプルを図 2.3 に示す．

OAuth パラメータ（API Key，API Secret Key，Access Token，Access Token Secret）は，ユーザー名とパスワード同様，外部に公開したり他人に教えたりしてはならない．OAuth パラメータを他人に知られてしまうと，他のユーザーがあなたの資格情報を使って API を悪用するかもしれない．誰かに知られてしまった可能性がある場合は，図 2.3 のページで "Regenerate" ボタンを押して再生成することができる．

[*7] 訳注：2018 年 7 月に Twitter の開発者要件が変更されたことにより，このステップで苦労するかもしれない．詳しくは以下の記事を参照．https://forest.watch.impress.co.jp/docs/news/1134674.html

43

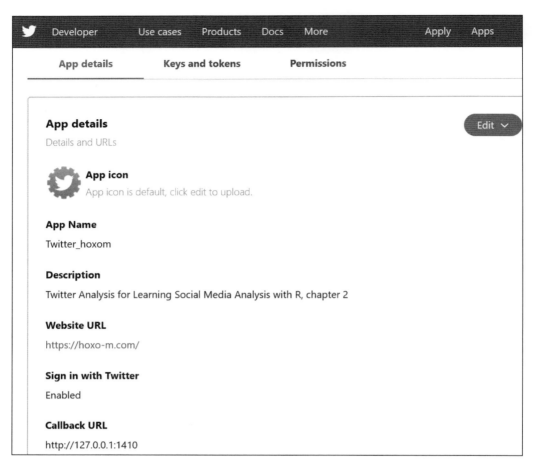

図 2.2　Twitter アプリの詳細ページ

▶ 2.1.3　R を使った Twitter への接続

　アプリ管理コンソールから Twitter アプリを登録し，API を利用するために必要な資格情報を取得した．ここでは，この資格情報（OAuth パラメータ）を使って R から Twitter に接続する．

　R から Twitter API に接続するために twitteR パッケージを使用する．twitteR は，Twitter API への接続とデータ抽出のための関数を提供する．これらの関数を使うことで，Twitter からのデータ収集を簡単に行うことができる．

　twitteR パッケージをインストールするには次のコードを実行する．

```
install.packages("twitteR")
```

2.1 Twitter について知ろう

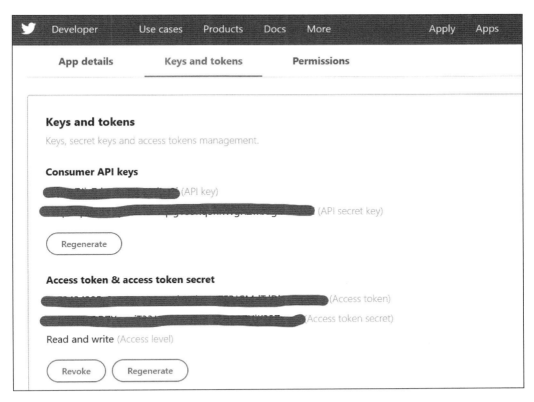

図 2.3　アプリの OAuth パラメータ

twitteR パッケージを読み込み，OAuth 資格情報を使用して Twitter API に接続するコードを次に示す．

```
# パッケージを読み込む
library(twitteR)

# 資格情報をセット
CONSUMER_KEY    <- "XXXXXXXX"  # API key
CONSUMER_SECRET <- "XXXXXXXX"  # API secret key
ACCESS_TOKEN    <- "XXXXXXXX"  # Access token
ACCESS_SECRET   <- "XXXXXXXX"  # Access token secret

# Twitter に接続
setup_twitter_oauth(consumer_key    = CONSUMER_KEY,
                    consumer_secret = CONSUMER_SECRET,
                    access_token    = ACCESS_TOKEN,
                    access_secret   = ACCESS_SECRET)
```

次のメッセージが表示されれば Twitter API への接続は成功である．

```
[1] "Using direct authentication"
```

第 2 章　Twitter —— 140 文字の世界で何が起きているのか

▶ 2.1.4　ツイートの抽出

　R から Twitter に接続できたので，実際に API を使用してツイートを抽出してみよう．ここでは，特定のユーザーのツイートを抽出する方法を学ぶ．また，ツイートに含まれる属性（メタデータ）についても確認する．

　以下は，特定のユーザー（@jack）のツイートを抽出するコードである．

```
# ユーザーを指定
twitterUser <- getUser("jack")

# ユーザータイムラインからツイートを抽出
tweets <- userTimeline(twitterUser, n = 10)
```

　このコードは，@jack のユーザータイムラインから 10 個のツイートを取得する．変数 tweets の中身を表示すると，図 2.4 のようになる．

```
> tweets
[[1]]
[1] "jack: @iSocialFanz @twitter @ciszek not sure what you mean"

[[2]]
[1] "jack: @Snowden reasonable and something we'll think about"

[[3]]
[1] "jack: And these 5 (Alyssa, Francoise, Sarah, Jackie, and Hillary) own and drive the majority of our revenue https://t.co/
rs20H9gvq1"
[[4]]
[1] "jack: \"we have to exercise and spread the idea that critical thinking matters now more than ever…\" #PardonSnowden"

[[5]]
[1] "jack: #PardonSnowden (and watch this) https://t.co/LI1e3gfCNw"
```

図 2.4　ツイートのサンプル

　tweets は R のリスト[*8]であり，このリストの要素一つひとつはツイートオブジェクトである．ツイートオブジェクトが持つすべての属性とメソッドは getClass メソッドで表示できる．各ツイートオブジェクトは複数の属性を持ち，そのうちの一つに favoriteCount がある．これらは次のコードを実行することで確認できる．

```
tweets[[1]]$getClass()
tweets[[1]]$favoriteCount
```

　ツイートオブジェクトの他の属性やメソッドについても，同様の方法でアクセスできる．2.3 節以降では，ツイートオブジェクトが持つ属性やメソッドを使って，分析用のデータセットを構築する．#乞うご期待！

[*8] 訳注：リストについては 1.3.3 項を参照．

2.2 | 分析ワークフローの復習

1.2.1 項では，ソーシャルメディア分析の典型的なワークフローを紹介した．この分析ワークフローは，本章で行う Twitter データの分析にも適用される．主要なステップは次の四つである．

- データ収集
- データの前処理と正規化
- データ分析の実行
- 知見の獲得

データ収集ステップでは，サービス API を利用するための R パッケージを使用して，ソーシャルネットワークデータにアクセスする必要がある．すでに twitteR パッケージを使用して R から Twitter に接続し，ツイートを抽出する方法を説明した．以降では，Twitter への接続に同じコードを使用し，分析要件に基づいてデータ収集を行う．分析ワークフローの他のステップについては，実際に分析を進めながら説明する．

2.3 | トレンド分析

Twitter では情報は猛スピードで伝達される．みんなが関心を持つ情報は（それが単なる噂やフェイクニュースだったとしても）瞬く間に世界中に広がっていく．イベントやニュースがブレークするには，まず Twitter で話題になることが欠かせなくなっている．テレビのニュース番組は Twitter で話題になったニュースを後追いで流しているだけ，というのが現状である．このような急速な情報の広がりには長所と短所があるが，これについて論じるのは本書の範囲外である．

インターネットに接続されたこの世界では，流行するものは最初に Twitter で話題になると言ってよいだろう．ブランドプロモーション，スポーツイベント，政府の決定，選挙の結果，テロ攻撃，自然災害，有名人が死亡したというフェイクニュース[9]など，Twitter にはありとあらゆる情報が混在する．

このような状況で，Twitter から特定の話題を切り出したいときはどうすればよいだろうか．Twitter から情報を検索するには「ハッシュタグ」を利用すると便利である．ハッシュタグとは，ツイートに含まれる "#" 記号で始まる言葉のことである．例えば，#earthquake は地震に関するツイートにつけられるハッシュタグである．ハッシュタグを検索することで，ユーザーは関心のある話題についてのツイートだけを見ることができる．逆に，自分のツイートにハッ

---

[9] 訳注：2013 年にハリウッドスターのロビン・ウィリアムズが死亡したというニュースがネット上で拡散された．これに対して本人が Twitter でその噂がデタラメであるというツイートを行い話題となった．

シュタグをつければ，そのツイートは他人が探しやすくなる．例えば，イベント主催者が指定したハッシュタグを自分のツイートに含めることで，同じイベントの参加者がそのツイートを見つけやすくなる[*10]．また，多くの人が同じハッシュタグをつけてツイートすると，Twitterの「トレンド」に載る．トレンドを見れば，Twitterで何が話題になっているかがわかる．何がトレンドに載るかはTwitter独自のアルゴリズムで決定される．トレンドはツイート数だけでなく，さまざまな情報をもとに決定されると考えられている．

Twitterには大量のユーザーがいて，ほんの数秒間に大量のコンテンツが投稿される．トレンド決定アルゴリズムは，この膨大なデータからトレンドを見つけ出す．トレンドには，全世界のトレンド，地域別のトレンド，ユーザー個人にカスタマイズされたトレンドの3種類がある．詳細はヘルプページの「Twitterのトレンドについてのよくある質問」(https://help.twitter.com/ja/using-twitter/twitter-trending-faqs) を参照してほしい．

Twitterのトレンドは，社会の関心や世界の動向を探るのに利用できる．いま，Twitterのトレンドに「地震」が載ったとしよう．このとき，世界のどこかで大地震が発生したのかもしれないし，地震に関する悪質なデマが広がったのかもしれない．正しい判断を下すためには正確な情報が必要である．正確な情報を得るために，データの海に潜って知見を獲得しよう．

すでに述べたように，Twitterは猛スピードで情報を共有・拡散できる．この性質は，地震などの自然災害に関する情報を広めるのに非常に役立つ．地震は時に壊滅的な被害を引き起こすが，大した警告なしに起こる．そのため，迅速に正しい情報を得ることが重要になる．地球上の広い範囲で，毎年多くの地震が起こっている．Twitterデータを使って地震の情報を追跡できるか試してみよう．

まず，分析に必要なパッケージを読み込もう．Twitter APIからデータを取得するために `twitteR` パッケージを使う．また，`tm`, `ggplot2`, `wordcloud`, `lubridate` などのパッケージを使用する．`tm` パッケージはテキストマイニングで使われる手法（語幹抽出，ストップワードの除去など）を提供し，`ggplot2` と `wordcloud` はデータ可視化に利用される．本書を読み進めていくうちに，これらのパッケージの関数を使う場面になったら，ヘルプドキュメントを見て詳細を調べてほしい[*11]．

必要なパッケージの読み込みとTwitterへの接続を行うコードを次に示す．

```
library(twitteR)
library(lubridate)
library(ggplot2)
```

[*10] 訳注：東京では定期的なイベントとしてR勉強会が開催されている．このイベントのハッシュタグは #TokyoR である．これを検索すれば参加者を募集するツイートがすぐに見つかるはずである．Rを学びたい人は，ぜひ参加してみることを勧める．

[*11] 訳注：ヘルプドキュメントの調べ方は，1.3.8項を参照．

```
library(ggmap)
library(stringr)
library(tm)
library(RColorBrewer)
library(wordcloud)

# 資格情報をセット
CONSUMER_KEY    <- "XXXXXXXX"  # API key
CONSUMER_SECRET <- "XXXXXXXX"  # API secret key
ACCESS_TOKEN    <- "XXXXXXXX"  # Access token
ACCESS_SECRET   <- "XXXXXXXX"  # Access token secret

# Twitter に接続
setup_twitter_oauth(consumer_key    = CONSUMER_KEY,
                    consumer_secret = CONSUMER_SECRET,
                    access_token    = ACCESS_TOKEN,
                    access_secret   = ACCESS_SECRET)
```

　接続できたら，次は Twitter を検索して関連するツイートを抽出しよう．地震を追跡し
ようとしているので検索ワードは #earthquake でよいだろう[12]．twitteR パッケージの
searchTwitter 関数を使用して，地震に関するツイートを抽出するコードを次に示す．Twitter
API は使用回数に制限があるため，取得するツイートの数を 1,000 個に制限する．

```
# 検索ワードを使用してツイートを抽出
searchTerm <- "#earthquake"
trendingTweets <- searchTwitter(searchTerm, n = 1000)
```

　次は，抽出されたツイートを整形し，分析に使用できるデータ構造に変換する．この作業
は，分析ワークフローの前処理ステップに当たる．抽出されたツイートをデータフレーム[13]に
変換し，ツイートテキストの文字コードの変換と投稿日時の型変換を行う．lubridate パッ
ケージの ymd_hms 関数を使用すれば，文字列で格納されている投稿日時（created）を日時型
（POSIXct）に簡単に変換できる．以上を行うのが次のコードである．

```
# 抽出されたツイートのリストをデータフレームに変換
trendingTweets.df <- twListToDF(trendingTweets)

# 各ツイートの文字コードを UTF-8 に変換
trendingTweets.df$text <- sapply(trendingTweets.df$text,
                                 function(x) iconv(x, to = "UTF-8"))
# 各ツイートの投稿日時文字列を日時型（POSIXct）に変換
trendingTweets.df$created <- ymd_hms(trendingTweets.df$created)
```

　trendingTweets をデータフレームに変換すると，一つのツイートが一つの行で表され，ツ
イートが持つ各属性が列で表される表形式となる．このデータフレームの例を図 2.5 に示す．

---

[12] ふさわしい検索ワードが複数ある場合は，それらを個別に検索して，抽出したデータを結合すればよい.
[13] データフレームについては 1.3.3 項を参照.

	text	favorited	favoriteCount	replyToSN	created	truncated	replyToSID	id
1	#SISMO M 4.5, Fiji Islands Region https://t.co/x52IT6yhD...	FALSE	0	NA	2016-12-06 09:30:17	FALSE	NA	806068233535000576
2	#SISMO M 4.8, Mariana Islands https://t.co/IgVKrZiOh2 ...	FALSE	0	NA	2016-12-06 09:30:16	FALSE	NA	806068228237627392
3	#SISMO M 4.3, Eastern Honshu, Japan https://t.co/6LSul...	FALSE	0	NA	2016-12-06 09:30:14	FALSE	NA	806068222625619968
4	#SISMO M 4.7, Off East Coast of Honshu, Japan https://t...	FALSE	0	NA	2016-12-06 09:30:13	FALSE	NA	806068216447410176
5	#SISMO M 4.7, Mindanao, Philippines https://t.co/iR1AiY...	FALSE	0	NA	2016-12-06 09:30:11	FALSE	NA	806068208956358656
6	ã€#USGS #Breakingã€ #earthquakeã€€M 1.1 - 4km S of ...	FALSE	0	NA	2016-12-06 09:30:04	FALSE	NA	806068177188720640
7	âœ°éœ±æƒ…å ± [éœ±æº°åœ²] ãƒ˜ã‚«ãƒ©å ã‚Šè¿‘µ [æ...	FALSE	0	NA	2016-12-06 09:29:53	FALSE	NA	806068134721355776
8	[Epicenter] Kagoshima Tokara Islands Offshore [Max Shin...	FALSE	0	NA	2016-12-06 09:29:34	FALSE	NA	806068052697546752

図 2.5 抽出したツイートのリストから変換されたデータフレーム

これで目的の形式のデータが得られた．このデータから知見を引き出すために，分析ワークフローのデータ分析ステップに移ろう．

Twitter トレンドに「地震」が載ったとき，どんなことがわかれば役立つだろうか．それは大きく分けて二つある．「今話題になっている地震はいつどこで起きたか？」と「その情報は信用できるか？」である．ここでは次の四つの問いに答えることに挑戦する．

- 地震はいつ起きたか？
- 地震はどこで起きたか？
- 地震関連のツイートは人間が行っているのか自動投稿か？
- 地震関連のツイートを行うアカウントは信用できるか？

これらの問いは，研究レベルと比較すると簡単すぎると思うかもしれない．しかし，これらの問いに答えることは，より複雑な問いに進むための足がかりとなる．ここでは分析アプローチの説明を目的としているので，これらの簡単な問いに答えることに集中しよう．

この章では，実際のリアルタイムな Twitter データを扱っている．そのため，データをいつ抽出したかによって異なる結果が得られるだろう．

「地震はいつ起きたか？」という問いに答えるために，時間ごとのツイート数を調べることにする．その際，時間ごとのツイート数をヒストグラムで可視化すると結果がわかりやすくなる．

ggplot2 を使ってツイート数のヒストグラムを描くコードを次に示す．このプロットでは，ツイートが多いほど緑になり少ないほど青になるようにグラデーションをつけている．

```
# 時間ごとのツイート数をプロット
ggplot(data = trendingTweets.df, aes(x = created)) +
  geom_histogram(aes(fill = ..count..)) +
  theme(legend.position = "none") +
  xlab("Time") + ylab("Number of tweets") +
  scale_fill_gradient(low = "midnightblue", high = "aquamarine4")
```

出力されるグラフを図 2.6 に示す．このグラフを見ると，午前 3 時頃[14]にピークを示し，午

---

[14] 訳注：Twitter データの created に含まれる時刻は UTC（協定世界時）であることに注意しよう．UTC は基本的に GMT（グリニッジ標準時）と同義である．日本時間として取得したい場合は ymd_hms 関数で変換する際にタイムゾーンの指定（tz="Asia/Tokyo"）を行うとよい．

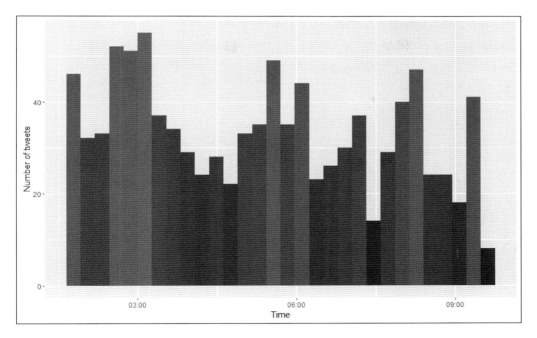

図 2.6 時間ごとのツイート数（口絵参照）

前9時に向かってゆっくりと減少していることがわかる．午前2時から午前4時までに起きた地震を調べてみると，ニュージーランドで最大の揺れが観測されていることを特定できる[15]．

続いて，「地震はどこで起きたか？」という問いに移ろう．この問いに答えるために，地震関連のツイートが最も多く報告されている国を調べてみよう．そのための前処理として，各ツイートとそれが投稿された国を関連付ける必要がある．ツイートデータには，位置情報の属性として緯度（$latitude）と経度（$longitude）が含まれる．これらの属性を使えば，ツイートが投稿された正確な場所が絞り込めるはずである．ただし，その前に，この二つの属性が何個のツイートに埋め込まれているかを確認する必要がある（すべての属性がすべてのツイートで利用できるわけではないことを思い出そう）．

図 2.7 に示すように，1,000 ツイートのうち 90% 以上が緯度と経度を持っていないことがわかる．#残念！

```
> sapply(trendingTweets.df, function(x) sum(is.na(x)))
         text     favorited favoriteCount     replyToSN       created     truncated    replyToSID            id
            0             0             0           991             0             0           994             0
    replyToUID   statusSource    screenName  retweetCount     isRetweet     retweeted     longitude      latitude
           991             0             0             0             0             0           926           926
  quakeCountry   tweetSource
             0             0
```

図 2.7 ツイートの属性と欠損数

---

[15] 訳注：原著の本文中には日付が明記されていないが，図 2.5 のデータフレームと図 2.6 のヒストグラムから，2016年 12 月 6 日の午前 1:30 から午前 9:30 ぐらいまでのデータであることがわかる．

ツイートの位置情報は役に立たないことがわかったので，別のアプローチを考えよう．図 2.8 に #earthquake ハッシュタグのついたツイートの例を示す．このように，地震についてのツイートの多くはテキストに震源地を含んでいる．そこで，ツイートテキストを解析して震源地を抽出しよう．

図 2.8 地震についてのツイートの例

ツイートテキストから震源地の国名を抽出するために，`mapCountry` 関数を作成する．この関数を `$text` 属性に `sapply` 関数を使って適用すれば，各ツイートから震源地の国名を抽出できる．抽出された国名は新しい属性 `$quakeCountry` に格納する．以上を実行するコードは次のようになる．

```r
# ツイートテキストから国名を抽出する関数
mapCountry <- function(text) {
  x <- str_to_lower(text)
  if (str_detect(x, "japan") || str_detect(x, "fukushima")) {
    "japan"
  } else if (...) {
    # 省略（GitHub リポジトリを参照）
  } else {
    "rest_of_the_world"
  }
}

# 地震の発生した国を特定
trendingTweets.df$quakeCountry <- sapply(trendingTweets.df$text,
                                         mapCountry)
```

`mapCountry` 関数で抽出する国名は，地震が起こりやすい国に限定し，該当しない場合は `rest_of_the_world` を返すようにした．この関数を少し変えるだけで，より多くの国名を返すことができる．また，テキスト分析の高度な技術を使えば，もっと正確な情報を得ることができるかもしれない．しかし，とりあえずはこの単純な関数で得られた結果を見てみよう．

ggplot2 を使って国ごとのツイート数の棒グラフを描くコードを次に示す．

```r
# 国ごとのツイート数の棒グラフを描く
ggplot(subset(trendingTweets.df, quakeCountry != "rest_of_the_world"),
       aes(quakeCountry)) +
```

```
geom_bar(fill = "aquamarine4") +
theme(legend.position = "none", axis.title.x = element_blank()) +
ylab("Number of tweets") +
ggtitle("Tweets by Country")
```

結果を図 2.9 に示す．

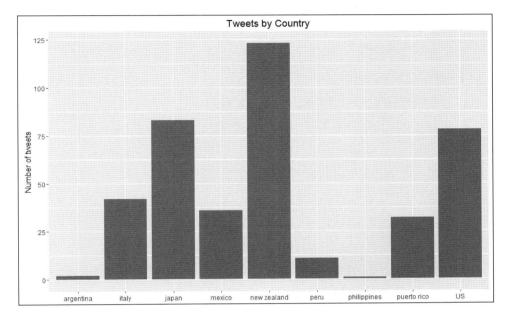

図 2.9　国ごとのツイート数

図 2.9 の棒グラフから，地震に関するツイート数は，ニュージーランドが最多であり，日本とアメリカがそれに続いていることがわかる．ニュージーランドが 1 位となった理由は，2016 年 11 月に起こったマグニチュード 7.8 の大地震[*16]の余震がしばらく続いていたことが原因だろう．一方，日本は地震の多い国の常連である．

わかりやすいように，`rest_of_the_world` に分類されたツイート数はグラフに載せていない．`mapCountry` 関数を修正すれば，地震が最も起こりにくい国を調べるなど，さらに興味深い分析を行うことができるだろう．

ここで，同じデータに対して別の可視化を検討してみよう．データ分析とデータ可視化は密接に関連している．さまざまな可視化を行うことで，データに対する理解が深まり，より多くの知見を引き出すことができる．

震源地とツイートの関係を見やすくするために，同じデータを世界地図にプロットしてみよう．`ggplot2` パッケージの `borders` 関数を使えば，世界地図を簡単に描ける[*17]．また，`ggmap`

[*16] 訳注：Wikipedia の「2016 年北カンタベリー地震」の項目を参照．https://ja.wikipedia.org/wiki/2016年北カンタベリー地震

[*17] 訳注：`borders` 関数で世界地図を描くためには，`maps` パッケージをインストールしておく必要がある．

パッケージの geocode 関数は，Google の位置情報 API を利用して国名を緯度と経度に変換する関数である[*18]．世界地図上の震源地にツイート数に応じた大きさの円を描くコードを次に示す．

```
# ツイートに含まれる国名を地図上の位置に変換
quakeAffectedCountries <-
  subset(trendingTweets.df, quakeCountry != "rest_of_the_world")$quakeCountry
unqiueCountries <- unique(quakeAffectedCountries)
geoCodedCountries <- geocode(unqiueCountries)
country.x <- geoCodedCountries$lon
country.y <- geoCodedCountries$lat

# 世界地図を描く
mapWorld <- borders("world", colour = "gray50", fill = "gray50")
mp <- ggplot() + mapWorld

# それぞれの国の位置に，ツイート数に応じた大きさの円を描く
mp + geom_point(aes(x = country.x, y = country.y), color = "orange",
                size = sqrt(table(quakeAffectedCountries)[unqiueCountries]))
```

結果を図 2.10 に示す．円の大きさはツイート数の多さを示している．

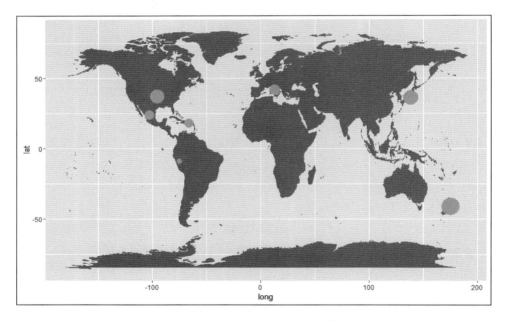

図 2.10　世界地図上のツイート数

[*18] 訳注：geocode 関数を使うには Google Maps Platform（https://cloud.google.com/maps-platform/）で Geocoding API を有効にし，register_google 関数で API キーを登録する必要がある．?register_google でヘルプを見ると，詳細な情報が確認できる．

わずかなコードで，地球上で地震の影響を受けている場所に印をつけることができた．よく見ると，このプロットは環太平洋火山帯（Ring of Fire），すなわち地震の影響を最も受けやすい太平洋沿岸の国々を示している[19]．

次の問いに進もう．2.1.1 項で述べたように，Twitter のユーザーは人間であるとは限らない．Twitter はこの点で Facebook や Tumblr のような他のソーシャルネットワークとはまったく異なる．自動投稿サービスの急増に伴い，人間でないアカウントが情報を広めることは非常に簡単になった．インターネット上には，さまざまなシステム同士をリンクして，自動アラートや自動ツイートを送信するサービスがいくつもある．また，IFTTT[20] や dlvr.it[21] など，ユーザーの代わりにツイートできるサービスを使えば，個人でも地震アラートを簡単に生成できる．

この状況を前提としたとき，次の問いに答えるのは面白いだろう．「地震関連のツイートは，人間の手によるものが多いのか，それとも自動投稿が多いのか？」この問いに答えるためには，ツイートの「ソース」を見るとよい．すなわち，「地震関連のツイートはどのソースによるものが多いか？」を調べる．これにより，ツイートが人間の手によるものか自動投稿かだけでなく，どのデバイス（Android，iPhone，ウェブ）を使って投稿されているかもわかる．地震関連のツイートにおいて，どのデバイスとサービスが最もよく使われているかを見てみよう．

ツイートのソースは $statusSource 属性に格納されている．図 2.7 をもう一度確認すると，この属性はすべてのツイートに含まれていることがわかる．この属性から主なソースを抽出する encodeSource 関数を作成し，ツイートを生成したデバイスやサービスを特定する．

ソースごとのツイート数の棒グラフを描画するコードを次に示す．

```
# statusSource をデバイスやサービスに変換する関数
encodeSource <- function(x) {
  if (str_detect(x, "Twitter for iPhone")) {
    "iphone"
  } else if (...) {
    # 省略（GitHub リポジトリを参照）
  } else {
    "others"
  }
}


# ソース（Android，iPhone，ウェブなど）ごとのツイート数をプロット
trendingTweets.df$tweetSource <- sapply(trendingTweets.df$statusSource,
                                        encodeSource)
ggplot(trendingTweets.df[trendingTweets.df$tweetSource != "others", ],
       aes(tweetSource)) +
  geom_bar(fill = "aquamarine4") +
  theme(legend.position = "none",
        axis.title.x = element_blank(),
        axis.text.x = element_text(angle = 45, hjust = 1)) +
```

----

[19] 訳注：このリングをもう少し見やすくするには，borders("world2") として太平洋を中心とした世界地図を描き，aes(x = country.x %% 360, y = country.y) とするとよい．

[20] https://ifttt.com

[21] https://dlvrit.com

```
ylab("Number of tweets") +
ggtitle("Tweets by Source")
```

結果を図 2.11 に示す.

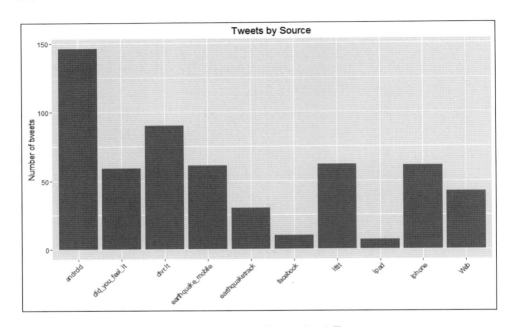

図 2.11　ソースごとのツイート数

やはり，did_you_feel_it や earthquake_mobile など，さまざまな自動投稿サービスによってツイートが生成されている．それでも，Android の棒の高さから，最も多いのは人間であることがわかる．

トレンド分析における最後の問い「地震関連のツイートを行うアカウントは信用できるか？」に移ろう．スマートフォンのおかげで，インターネットはいまや誰の手の中にもある．このような時代では，情報の出どころを特定することは非常に重要である．Twitter では正しい情報も間違った情報もおかまいなしに拡散される．正しい情報を得るために，地震関連のツイートを生成するアカウントを特定してみよう．分析するデータを信頼できるアカウントからのツイートに絞り込むことで，ノイズを減らし，地震に関する正確な情報を得ることができる．このようなノイズ除去はさまざまな分析に応用することができる．

これを実行するために，`stringr` パッケージと `tm` パッケージの関数を使用する．また，`wordcloud` パッケージを使用して結果を可視化する．`tm` パッケージは今後もよく使うので，少し深堀りしておくことを勧める．

まず，ツイートテキストから Twitter ハンドルを抽出してコーパスオブジェクトを準備する．次に，コーパスオブジェクトを使って `wordcloud` 関数でワードクラウドをプロットする．以上を実行するコードを次に示す.

```
# ツイートテキストからハンドルを抽出してコーパスオブジェクトにする
quakeAccounts <- str_extract(trendingTweets.df$text, "@\\w+")
namesCorpus <- Corpus(VectorSource(quakeAccounts))

# カラーパレットを設定
pal <- brewer.pal(9, "YlGnBu")[-(1:4)]

# ワードクラウドを描画
wordcloud(words = namesCorpus,
          scale = c(3, 0.5),
          max.words = 100,
          random.order = FALSE,
          rot.per = 0.10,
          use.r.layout = TRUE,
          colors = pal)
```

図 2.12 Twitter ユーザーのワードクラウド

図 2.12 のワードクラウドより，@quakestoday のツイートが最も多いことがわかる．このハンドルのプロフィールページ（https://twitter.com/quakestoday）を確認すると，アメリカ地質調査所（US Geological Survey; USGS）からデータを取得しており，信頼できる情報源であることがわかった．＃世界は接続されている！

このように，Twitter データを利用することで，シンプルな方法で地球規模の自然現象に対する知見を獲得できた．社会の関心や世界の動向など，さまざまなことに同様のアプローチが使えるだろう．注意点として，以下の 2 点を遵守することで，データ分析という長い道のりで迷子にならずに，価値のある知見を引き出すことができる．

- 分析のゴールを定めるための問いを用意する．
- 分析ワークフローに従って進める．

2.4 感情分析

Twitter はブランドや企業にとっての新しい戦場である．また，Twitter はユーザーが個人的な不満を漏らしたり幸福感を共有したりする場所でもある．幅広いトピックについて共有したいという人間の欲求は，猫の写真から戦争に関する意見まで，まったく異なるレベルのコンテ

ンツを Twitter 上に生み出している.

3億人を超えるユーザーを抱える Twitter は,仮想的な国家と言ってもよい.1分間に数百万のツイートを生成するこの巨大なユーザーベースは,人間の感情や意見を研究するための貴重な材料となる.人間の感情や意見についての研究は,純粋な学問として十分な意義があるだけでなく,ビジネス利用も可能である.このような研究は,ブランド,企業,政府などに多くの価値を提供できる.

実際の分析に入る前に,まず感情分析について簡単に紹介する.感情分析はそれ自体が広大な研究分野であるため,主要な概念のみを簡単に説明する.感情分析に関する詳細な説明は本書の範囲を超える.

▶ 2.4.1 感情分析の基本概念

感情分析における主要な概念と用語を説明しよう.

[1] 主観

主観とは,物事や人物についての人間の感情または意見である.意見という言葉の辞書的な意味は「必ずしも事実に基づいているとは限らない,物事について形成された見解または判断」である.簡単に言えば,意見とは事実がなんであるかに関わらない人間の信念である.主観は,ある人が特定の製品を好む一方で,他の人がその製品を好まない理由となる.

主観的テキストは感情分析の中心的概念である.例えば,「私は本を読むのが好き」は主観的テキストである.これは,「Twitter はソーシャルネットワークである」のような単に事実を述べただけの客観的な文章とは明確に異なることがわかるだろう.感情分析の目的は主観的テキストで表現された感情を明らかにすることである.

[2] 感情の極性

感情分析を行うためには,単語または文章に対して感情の極性を数値にして割り当てる必要がある.この数値を感情の極性スコアという.感情の極性について説明すると,例えば「美味しい」という単語はポジティブな意味で使われるためプラスの極性を持つ.一方「まずい」という単語はネガティブな意味で使われるためマイナスの極性を持つ.これらを数値化して,ポジティブな単語にはプラスの値を,ネガティブな単語にはマイナスの値を割り当てる.連続的な値を割り当てることもあれば,-5 から 5 までの整数など,離散的な値を割り当てることもある.極性スコアが負の方向に大きいほど,その単語はネガティブな度合いが大きく,正の方向に大きいほどポジティブな度合いが大きい.極性スコアが 0 のときはニュートラルな感情を表す.感情の極性は「好き」と「嫌い」のようなラベルであってもよい.極性スコアを使うか極性ラベルを使うかは,ケースバイケースである.

[3] 意見の要約

極性スコアまたは極性ラベルがコーパスの各テキストに割り当てられたあとは,知見を引き出すために意見の要約を行う.例えば,ある映画が観客に好評だったかどうかを判断したいと

きは，その映画に対するレビュー（主観的テキスト）全体が持つ感情を要約することが重要になる．要約はデータに対する理解を深めるための可視化と組み合わされることが多い．

▶ 2.4.2　テキストの特徴量

特徴量は機械学習において中心的な要素の一つである．例えば，株価の予測を行う場合，現在の株価，時間，株価の変化率などを特徴量として，予測を生成するための機械学習アルゴリズムに入力する．

アプローチとして，まずは基本的な特徴量を使ったモデリングから始め，特徴量生成，特徴抽出，特徴選択などのテクニックを使って徐々にモデルを精緻化していくとよい．特徴量生成は，データや既存の特徴量から新たな特徴量を導出して追加するプロセスである．また，特徴抽出と特徴選択は，目的に応じて特徴量の数を削減または縮約するプロセスである．

テキスト分析において一般的に使用される特徴量を以下に示す．

- TF-IDF（term frequency-inverse document frequency）：テキストを構成要素（単語）に分割し，頻度に基づいて数値化する．それぞれの数値は文書全体においてその単語がどれくらい重要かを表す．
- POS（part of speech; 品詞）：ある言語で書かれたテキストは，その言語の文法規則に従う．そこで，自然言語処理（NLP）の観点からセマンティクス（言語の構造と規則）を利用し，それぞれの単語に対して動詞，形容詞，名詞などの品詞を割り当てる．図 2.13 に，文章を品詞に分解する例を示す．品詞ラベルは NLTK ライブラリを使用して割り当てられている（https://www.nltk.org を参照）．

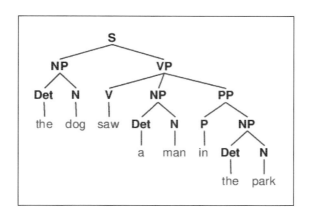

図 2.13　POS タグの例（出典：https://www.nltk.org）

- N グラム：計算言語学では，テキストは連続した単語の列と見なされる．N グラムは N 個の連続した単語のことであり，その頻度が特徴量として使われる．$N = 1$ の場合はユニグラム，$N = 2$ の場合はバイグラムと呼ばれる．

Googleが公開している N グラムをチェックしよう．https://ai.googleblog.com/2006/08/all-our-n-gram-are-belong-to-you.html

上で紹介した特徴量はほんの一部にすぎない．これら基本的なものだけでも大量の特徴量が生成されるが，それでも足りない場合が出てくるだろう．そのような場合に創造性を発揮してデータから新たな特徴量を作成することは，データサイエンティストの役割である．

 世の中の言語が文法規則に従っているとしても，文章を生成するプロセスの解明は依然として困難である．近年，この分野の研究は大きな飛躍を遂げたが，「皮肉」という概念はアルゴリズムを混乱させる．これに関する興味深い論文がいくつかある．

- Chun-Che Peng, Mohammad Lakis and Jan Wei Pan. "Detecting Sarcasm in Text: An Obvious Solution to a Trivial Problem". 2015 (http://cs229.stanford.edu/proj2015/044_report.pdf).
- Dmitry Davidov, Oren Tsur, and Ari Rappoport. "Semi-supervised recognition of sarcastic sentences in Twitter and Amazon". *In Proceedings of the Fourteenth Conference on Computational Natural Language Learning (CoNLL '10)*. Association for Computational Linguistics, 107–116. 2010 (https://www.aclweb.org/anthology/W/W10/W10-2914.pdf).

▶ 2.4.3　Rによる感情分析

感情分析とその主要な概念を説明した．ここからは実際に手を動かしてみよう．

Twitter アカウントを持つ有名人や政治家たちの間で，ファンや支持者と直接メッセージのやりとりを行うことが一般的になった．ここでは，有名人たちの Twitter ハンドルの背後にある性格を理解するために，次の問いを考えよう．

- 有名人や政治家はどんなトピックについてツイートしているか？
- 彼らのツイートの背後にある感情はどんなものか？

ここでは，現在地球上で最も注目を集めている人物であるアメリカ合衆国大統領（President of the United States; POTUS）の公式 Twitter アカウント @POTUS のツイートを分析ワークフローに従って分析し，これらの問いに答えよう．

前節と同様に，`twitteR` パッケージを使って Twitter からデータを収集し，`tm`, `ggplot2` などのパッケージを利用して分析と可視化を行う．さらに，感情分析のために `syuzhet` というパッケージを使用する．

 `syuzhet` は感情分析のための R パッケージである．この見慣れないパッケージ名は，物語をファブラ（fabula）とシュジェート（syuzhet）の二つの要素に分け

る手法にちなんで名づけられた．ファブラは物語における時間軸に沿った流れを指し，シュジェートはそれをどのような順番で見せるかという物語の構成を指す．syuzhet パッケージの作者は，感情分析によって物語の潜在的な構成（シュジェート）が明らかになると主張している．このパッケージにはデフォルトの辞書のほかに，他の研究者が編集した三つの感情辞書が含まれる．詳細は次の GitHub リポジトリを参照してほしい．https://github.com/mjockers/syuzhet

Twitter に接続し，@POTUS のツイートを 1,500 個抽出するコードを次に示す．ツイートを抽出し，テキストを UTF-8 に変換してデータフレームとして返す extractTimelineTweets 関数を作成している．

```r
library(twitteR)
library(stringr)
library(tm)
library(RColorBrewer)
library(wordcloud)
library(syuzhet)
library(ggplot2)

# 認証情報をセット
CONSUMER_KEY    <- "XXXXXXXX"  # API key
CONSUMER_SECRET <- "XXXXXXXX"  # API secret key
ACCESS_TOKEN    <- "XXXXXXXX"  # Access token
ACCESS_SECRET   <- "XXXXXXXX"  # Access token secret

# Twitter に接続
setup_twitter_oauth(consumer_key    = CONSUMER_KEY,
                    consumer_secret = CONSUMER_SECRET,
                    access_token    = ACCESS_TOKEN,
                    access_secret   = ACCESS_SECRET)

# ユーザータイムラインからツイートを抽出する関数
extractTimelineTweets <- function(username, tweetCount){
  twitterUser <- getUser(username)
  tweets <- userTimeline(twitterUser, n = tweetCount, includeRts = TRUE)
  tweets.df <- twListToDF(tweets)
  tweets.df$text <- sapply(tweets.df$text, iconv, to = "UTF-8")
  tweets.df
}

tweetsDF <- extractTimelineTweets("POTUS", 1500)
```

データの収集が完了したので，ワークフローに従って分析を進めよう．最初の問いは「大統領はどんなトピックについてツイートしているか？」である．ワードクラウドはこの問いに答えるための手軽な可視化手法として使える．ただし，ワードクラウドを作る前に，データに前処理を施す必要がある．2.3 節では，地震に関するツイートを生成するハンドルを可視化するためにワードクラウドを作成した．ここではツイートテキストに含まれる単語について可視化したい．

ツイートテキストを単語ベクトルに変換するために，tm パッケージの Corpus 関数と

VectorSource 関数を使う．さらに，tm_map 関数を使ってストップワードの削除や空白の削除などを行う．ストップワードとは，a, an, the など，テキスト内で頻出するが情報をほとんど持たない単語のことである．

ツイートテキストに前処理を施してワードクラウドを作成するコードを以下に示す．

```
nohandles <- str_replace_all(tweetsDF$text, "@\\w+", "")
wordCorpus <- Corpus(VectorSource(nohandles))
wordCorpus <- tm_map(wordCorpus, removePunctuation)
wordCorpus <- tm_map(wordCorpus, content_transformer(tolower))
wordCorpus <- tm_map(wordCorpus, removeWords, stopwords("english"))
wordCorpus <- tm_map(wordCorpus, removeWords, c("amp"))
wordCorpus <- tm_map(wordCorpus, stripWhitespace)

# カラーパレットを設定
pal <- brewer.pal(9, "YlGnBu")[-(1:4)]

# ワードクラウドを描画
wordcloud(words = wordCorpus,
          scale = c(5, 0.1),
          max.words = 1000,
          random.order = FALSE,
          rot.per = 0.35,
          use.r.layout = FALSE,
          colors = pal)
```

結果を図 2.14 に示す．このワードクラウドから，@POTUS が興味を持っているトピックを知ることができる．例えば，「気候」(climate)，「世界」(world)，「健康」(health)，「女性」(women)，「銃」(gun)，「会議」(congress) などである．もちろん，「アメリカ人」または「ア

図 2.14　@POTUS のツイートから作成したワードクラウド

メリカの」（american）という単語は，ワードクラウドの中心に最も大きく現れている．

次に，このユーザーの感情について調べよう．米国大統領を含む国家のリーダーたちが何を考えて行動しているかは，世界情勢を知る上で重要である．彼らの感情を理解することは，彼らの考えを知るための重要な手掛かりとなる．

「米国大統領のツイートの背後にある感情はどんなものか？」という問いに答えるために，@POTUS のツイートに対して感情分析を実行する．そのために，単語の極性辞書を利用する．極性辞書は，単語に対して極性スコア（ポジティブまたはネガティブの度合い）を対応させた辞書である．感情分析では，この極性辞書を利用してテキスト中の単語に極性スコアを付与し，それを集約してテキスト全体の感情スコアを算出する．ここでは @POTUS の各ツイートに対して感情スコアを算出する．

例えば，各ツイートの感情スコアを次の式で定義する[22]．

$$\text{感情スコア} = \frac{\text{ポジティブな単語の}}{\text{極性スコアの合計}} - \frac{\text{ネガティブな単語の}}{\text{極性スコアの合計}}$$

感情スコアの定義として考えられるのは，これだけではない．分析要件に基づいて，より洗練された定義を使うこともできる．例えば，極性スコアの絶対値がある閾値以下ならニュートラルな単語として感情スコアに含めないようにしたり，スコア全体を正規化して感情スコアがある範囲内に収まるようにする，といった定義の仕方が考えられる．

ツイートに対して感情スコアを算出するために，syuzhet パッケージを利用する．get_sentiment 関数はテキストのベクトルを入力すると，各テキストに対する感情スコアを返す．このスコアは実数値をとり，負の値であればネガティブな感情を表し，正の値であればポジティブな感情を表す．

@POTUS の各ツイートに対して感情スコアを算出し，ヒストグラムを描くコードを次に示す．

```
tweetSentiments <- get_sentiment(tweetsDF$text, method = "syuzhet")
tweets <- cbind(tweetsDF, tweetSentiments)

qplot(tweets$tweetSentiments) +
  theme(legend.position = "none") +
  xlab("Sentiment Score") +
  ylab("Number of tweets") +
  ggtitle("Tweets by Sentiment Score")
```

図 2.15 に結果を示す．結果のヒストグラムは 0 より右側に偏っているため，ほとんどのツイートがポジティブであることがわかる．ただし，ネガティブな感情を持つツイートも一定数存在する．@POTUS のツイートがネガティブに偏っていた時期を探すなど，さらなる分析が可能である．

---

[22] 訳注：この定義は間違っている．ネガティブな単語にはマイナスの極性スコアがつくため，感情スコアは単にすべての単語の極性スコアの合計とすればよい．

第 2 章　Twitter —— 140 文字の世界で何が起きているのか

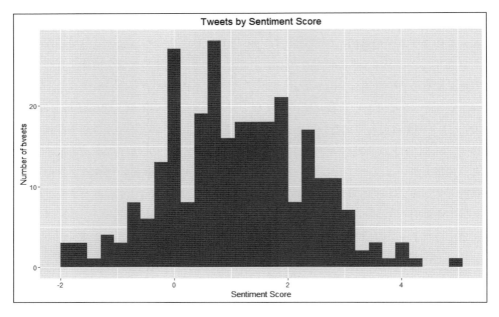

図 2.15　@POTUS のツイートの極性分析

　単語の極性辞書は，https://www.cs.uic.edu/~liub/FBS/sentiment-analysis.html で公開されている．この極性辞書を使えば，ツイートの感情スコアを算出するコードを自分で書くことができる．余裕のある読者は感情スコアを自分で定義し，**syuzhet** パッケージから得られた結果と比較してみよう．

図 2.15 からは，感情の違いを評価することは難しいかもしれない．そこで，感情スコアをポジティブ，ネガティブ，ニュートラルなどのカテゴリに分類してみよう．例えば，感情スコアが 0 から 0.5 までは「ポジティブ」，0.5 以上は「非常にポジティブ」などとして分類する．これにより，同じデータを異なる観点から見ることができ，さらなる知見を引き出せるかもしれない．
ツイートがどのカテゴリに分類されるかを見てみよう．

```
# 感情スコアをカテゴリに変換する関数
encodeSentiment <- function(x) {
  if (x <= -0.5) {
    "very negative"
  } else if (x < 0) {
    "negative"
  } else if (x == 0) {
    "neutral"
  } else if (x < 0.5) {
    "positive"
  } else {  # x >= 0.5
    "very positive"
  }
}
```

```
tweets$sentiment <- sapply(tweets$tweetSentiments, encodeSentiment)
# 各カテゴリに分類されたツイートの数を棒グラフにする
ggplot(tweets, aes(sentiment)) +
  geom_bar(fill = "aquamarine4") +
  theme(legend.position = "none", axis.title.x = element_blank()) +
  ylab("Number of tweets") +
  ggtitle("Tweets by Sentiment")
```

図 2.16 に結果を示す．

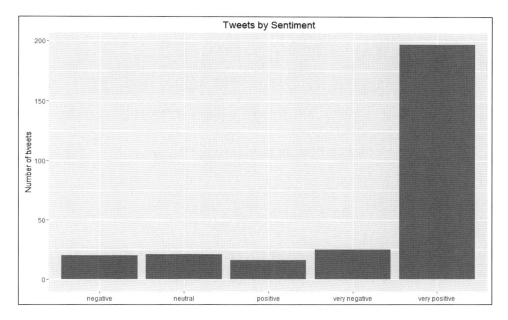

図 2.16　@POTUS のツイートの極性カテゴリ

図 2.16 より，ほとんどのツイートが "very positive"（非常にポジティブ）に分類され，他のカテゴリはそれに比べて少ないことがわかる．#なるほど！

ポジティブ，ネガティブ，ニュートラルだけじゃない

人間の感情はポジティブ，ネガティブ，ニュートラルだけではない．怒り，喜び，恐れ，驚きなど，多くの感情を表現することができる．感情分析の分野では，これらの感情をテキストから抽出するための研究が進んでいる．syuzhet パッケージには，Saif Mohammad & Peter Turney による研究成果である NRC 感情辞書[23]が含まれている．この辞書を使用すると，図 2.17 のような結果が得られる．

---

[23] https://saifmohammad.com/WebPages/NRC-Emotion-Lexicon.htm

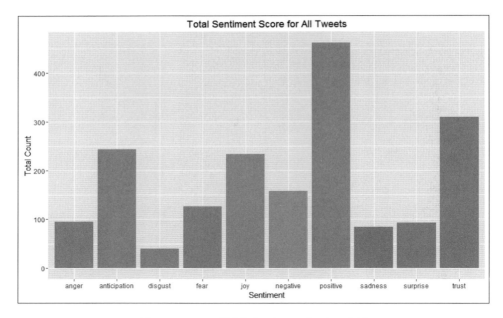

図 2.17　NRC 感情辞書によるツイートの分類

　感情分析を行うための別のアプローチを紹介しておこう．上記では，単語の極性辞書を使ってテキストの感情スコアを算出する方法を説明した．しかし，これは感情分析を行う唯一の方法ではない．よく考えると，感情分析ではツイートテキストをポジティブ，ネガティブ，ニュートラルに分類できればよい．これは，機械学習の観点から見ると，クラス分類問題に相当する（1.5 節参照）．

　機械学習では，クラス分類は教師あり学習問題である．すなわち，手作業や測定を通してラベル付けされた訓練データから，クラスラベルの分類方法を学習する．

　例えば，事前に合意された規則に基づいて，テキストを手作業でポジティブ，ネガティブ，ニュートラルとしてラベル付けする．ラベル付きの訓練データを作成したら，**サポートベクターマシン**（support vector machine; SVM）などのアルゴリズムを使ってモデルを学習し，このモデルを使って新しいテキストにラベルを割り当てることで，上記の感情分析と同じことができる．この方法は，人間が作成する教師データを必要とするため，手間がかかる．しかし，テキストに感情ラベルを割り当てる際の人間の判断基準を学習できるという利点がある．これは，単語の極性辞書に基づく方法では不可能である．また，WordNet, SentiNet, SentiWordNet のようなラベル付きテキストを含むデータセットがいくつか公開されている．これらのデータセットは，機械学習を使った感情分析に利用できる．

　そのほかに，感情分析の分野ではさまざまな研究が行われている．

- **言語学的なヒューリスティクス**：Vasileios Hatzivassiloglou and Kathleen McKeown. "Predicting the semantic orientation of adjectives". *In Proceedings of the Joint ACL/EACL Conference*, 174–181, 1997.

- ブートストラップ：Ellen Riloff and Janyce Wiebe. "Learning extraction patterns for subjective expressions". *In Proceedings of the Conference on Empirical Methods in Natural Language Processing (EMNLP)*, 2003.
- 教師なし学習：Peter Turney. "Thumbs up or thumbs down? Semantic orientation applied to unsupervised classification of reviews". *In Proceedings of the Association for Computational Linguistics (ACL)*, 417–424, 2002.

　ここまでで，ツイートデータに対する感情分析のやり方を説明し，感情分析は極性辞書を使う方法だけでなく，機械学習の手法を使っても同じことができることを紹介した．ところで，この節の最初にワードクラウドを使ったツイートのトピック抽出を行った．これに対しても機械学習（教師なし学習）が使えることを示しておこう．

　階層的クラスタリングは，テキスト情報の階層的グループを生成するために広く使用される教師なし学習アルゴリズムの一つである．階層的クラスタリングを使用すると，類似の単語をまとめてトピックを抽出することができる．階層的クラスタリングのアルゴリズムは，次の三つのステップからなる．

1. 初期化：最初に一度だけ実行するステップ．n 個の単語からなるコーパスに対して，それぞれの単語を一つのクラスタに割り当てる．つまり，n 個の単語からなるデータセットに対して，n 個のクラスタが生成される．

2. マージ：このステップでは，事前に指定した距離に基づき，最も近いクラスタを特定し，一つのクラスタに併合する．このステップにより，クラスタ数は削減される．

3. 計算：現在のクラスタのそれぞれに対して距離を再計算する．

　マージステップと計算ステップは，すべての単語からなる単一のクラスタになるまで繰り返される．階層的クラスタリングという名前からわかるように，このアルゴリズムの出力は階層的構造となる．この階層的構造は，逆さにした木に似ており，デンドログラム（樹形図）と呼ばれる．この木をどの深さで切るかによって分割されるクラスタが変わってくる．根の近くで切ると，分割されたクラスタが表すトピックは一般的なものとなり，木の深いところで切ると細かいトピックを表すようになる．

　ツイートデータに階層的クラスタリングを適用して，結果を見てみよう．まず，tm パッケージを使って単語コーパスから単語文書行列（term-document matrix）を作成する．次に，dist 関数を使って距離行列を計算する（ここでは距離にユークリッド距離を使用しているが，他の距離を使うこともできる）．最後に，hclust 関数を使って階層的クラスタリングを実行し，デンドログラムを描画する．

　単語文書行列はシンプルなデータ構造であり，データセット中のすべての単語が行を表し，文書が列を表す．ある単語が特定の文書に存在するとき，行と列の交差点は 1 となる（他は 0）．単語文書行列は場合によっては 0-1 符号化の代わりに単語の頻度を使うこともある．

実行コードを次に示す．

```
# 単語文書行列を作成
twtrTermDocMatrix <- TermDocumentMatrix(wordCorpus)
twtrTermDocMatrix2 <- removeSparseTerms(twtrTermDocMatrix, sparse = 0.97)
tweet_matrix <- as.matrix(twtrTermDocMatrix2)

# 距離行列
distMatrix <- dist(scale(tweet_matrix))
# 階層的クラスタリングを実行
fit <- hclust(distMatrix, method = "single")
# デンドログラムを描画
plot(fit)
```

出力を図 2.18 に示す．この図はよく似た単語をグループ化しており，ワードクラウドよりも知見を引き出しやすい．例えば，ワードクラウドで見つけたトピック「気候」(climate) は，実際は「気候の変化」(change climate) であり，「健康」(health) は「健康管理」(health care) である．また，ワードクラウドでは見つけられなかった「ホワイトハウス」(white house) というトピックも見つかった．

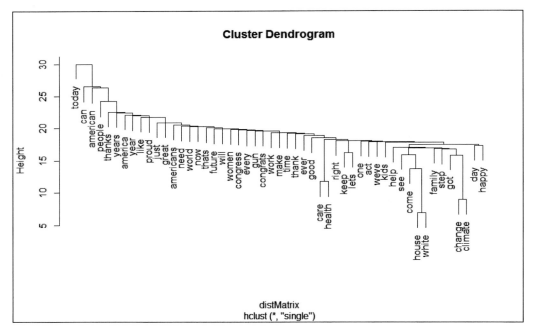

図 2.18　ツイートに含まれる単語のクラスタデンドログラム

この節では，Twitter の実際のデータから有名人（@POTUS）の感情を分析した．感情分析は，`tm`, `stringr`, `syuzhet` のような強力なパッケージを利用することで簡単に実行できた．また，結果を可視化することは，データを理解するのに役立った．感情分析は，主にブランドや企業によって利用される．マーケッターは，感情分析によって製品に対する顧客の認識やフィード

バックを判断し，それに従って戦略を決定する．したがって，感情分析は非常に重要な手法である．

2.5 フォロワーグラフ分析

トレンド分析と感情分析を用いて Twitter データから知見を引き出す方法を学んだ．問いに対する答えを導き出すために，ツイートに含まれるさまざまな属性を使い，さらにはテキストから必要な情報を抽出することまでを行った．この節では，ついに Twitter のネットワークの側面に触れる．#気を引き締めよう！

ソーシャルネットワークの中心にあるのは，ユーザーのネットワークである．このネットワークは，数学的には，ユーザーを頂点（vertex）とし，ユーザー間の関係性を辺（edge）とした「グラフ」として表現できる．ユーザー間の関係性（すなわち辺）の定義はソーシャルネットワークごとに異なる．まずは，Twitter におけるユーザーの関係性について説明しよう．

Twitter には「友達」という概念はない．通常，友達は双方向の関係性である．すなわち，もし「A は B の友達である」が成り立つならば「B は A の友達である」も成り立つ．しかし，Twitter ではユーザーが一方向の関係（フォロー関係）を形成できる．つまり，ユーザーは自分の興味に基づいて任意のユーザーをフォローできる．また，フォローされたユーザーは，フォローバックする義務はない．したがって，Twitter では，「A は B をフォローしている」が成り立つとき「B は A をフォローしている」は必ずしも成り立たない．

「B は A をブロックしている」のような場合については，議論が複雑になるのでここでは考えないことにする．

これは，最初は少し厄介に思えるかもしれない．しかし，よく考えると非常に人間的である．われわれの社会では，有名人に興味を持つ人が多い．そして，彼らの個性に興味をひかれ，もっと彼らを知りたいと思うだろう．ユーザーの関係性がフォロー関係に基づくとき，ユーザーは有名人からフォローされなくても有名人をフォローできる．これは素晴らしい利点である．@KatyPerry には 9400 万人のフォロワーがいるが[24]，そのすべてをフォローバックしなければならないとしたらどうなるか，想像してみてほしい．

ここでは有名人を使って説明したが，フォロー関係の利点は一般ユーザーの場合でも成り立つことに注意しよう．

Twitter におけるトレンドや感情などと同様に，このフォロー関係も研究者を魅了してきた．それでは，いよいよフォロワーグラフを実際に作ってみよう．

---

[24] 訳注：この数字は原著出版時のものである．翻訳時点では @KatyPerry には 1 億人以上のフォロワーがいる．

フォロワーグラフは数学的にはグラフ理論におけるグラフそのものである．ここでは，辺や頂点などの基本的な概念のみを使用する．グラフ理論についてもっと学ぶことで，より高度な概念が利用できるようになり，Twitter のフォロワーグラフに対してさらに面白い分析を行えるようになるだろう．

ここでは，特定のユーザーのフォロワーグラフを描画して分析する．

説明のため，著者自身の Twitter ハンドルを利用する．また，プライバシーに考慮してフォロワーの名前を匿名化する．Twitter API には使用回数に制限があるため，フォロワーグラフを作成する際には制限を超えないように注意しよう．#慎重に使おう！

まずは，いつもどおり必要なパッケージを読み込み Twitter に接続する．次に `getUser` 関数を使ってユーザーオブジェクトを取得し，`getFollowers` メソッドによりフォロワーのハンドルを取得する．以上を実行するコードを次に示す．

```
library(twitteR)
library(data.table)
library(igraph)
library(RColorBrewer)

# 資格情報をセット
CONSUMER_KEY    <- "XXXXXXXX"  # API key
CONSUMER_SECRET <- "XXXXXXXX"  # API secret key
ACCESS_TOKEN    <- "XXXXXXXX"  # Access token
ACCESS_SECRET   <- "XXXXXXXX"  # Access token secret

# Twitter に接続
setup_twitter_oauth(consumer_key    = CONSUMER_KEY,
                    consumer_secret = CONSUMER_SECRET,
                    access_token    = ACCESS_TOKEN,
                    access_secret   = ACCESS_SECRET)

# ユーザーオブジェクトを取得
coreUserName <- "Rghv_Bali"
twitterUser <- getUser(coreUserName)

# フォロワーを抽出
twitterUser_follower_IDs <- twitterUser$getFollowers(retryOnRateLimit = 10)

# データフレームに変換
twitterUser_followers_df <-
  rbindlist(lapply(twitterUser_follower_IDs, as.data.frame))
```

データ収集が完了したら，グラフの作成に進むことができる．しかし，コアとなるユーザーを中心にフォロワーが周りを取り囲んでいるだけのグラフを作っても面白くない．そこで，フォロワーを 1 段深く抽出する．つまり，コアユーザーのフォロワーに対して，彼らのフォロワーも抽出する．

Rでネットワークグラフを作成するには，`igraph` パッケージが強力である．`igraph` パッケージはネットワークグラフを作成するための複数の方法を提供する．ここでは，`from` と `to` の2列からなるデータフレームを用意してネットワークグラフを作成する．このデータフレームの各行は，あるユーザーから別のユーザーへの辺を表す．

上のコードで抽出したフォロワーの中には，しばらくツイートしていないアカウントやスパムアカウントが混じっている．ネットワークグラフを見やすくするために，これらのアカウントを除去しよう．アカウントを除去する基準は好きに決めてよい（もちろんまったく除去しなくてもよい）．こうして得られたフォロワーに対して，`for` ループを使ってフォロワーのフォロワーを抽出する．

```
# フォロワーから余分なユーザーを除去
filtered_df <- subset(twitterUser_followers_df, followersCount < 100 &
                      statusesCount > 100 & statusesCount < 5000 &
                      protected == FALSE)
filtered_follower_IDs <- filtered_df$screenName

# 辺（フォロー関係）を格納するデータフレームを初期化
edge_df <- data.frame(from = filtered_follower_IDs,
                      to = "core_user",
                      stringsAsFactors = FALSE)

# ユーザー名からそのフォロワーを抽出する関数
get_follower_list <- function(userName) {
  twitterUser <- getUser(userName)
  twitterUserFollowerIDs <- twitterUser$getFollowers(retryOnRateLimit = 1)
  sapply(twitterUserFollowerIDs, screenName)
}

# データフレームに追加する関数
append_to_df <- function(dt, elems) {
  rbindlist(list(dt, elems), use.names = TRUE)
}

# フォロワーのフォロワーを抽出し，辺のデータフレームに追加
counter <- 1
for (follower in filtered_follower_IDs) {
  # フォロワーのフォロワーを抽出
  followerScreenNameList <- get_follower_list(follower)

  print(paste("Processing completed for:", follower,
              "(", counter, "/", length(filtered_follower_IDs), ")"
  ))
  # 辺のデータフレームに追加
  edge_length <- length(followerScreenNameList)
  edge_df <- append_to_df(edge_df,
                          list(from = followerScreenNameList,
                               to = rep(follower, edge_length)))
  counter <- counter + 1
}
edge_df[edge_df$from == coreUserName, "from"] <- "core_user"
```

結果として作成されるデータフレームを図2.19に示す．各行はフォロー関係を表している．

第 2 章　Twitter —— 140 文字の世界で何が起きているのか

	from	to
1	user_2	core_user
2	user_4	core_user
3	user_6	core_user
4	user_12	core_user
5	user_10	core_user
6	user_9	core_user
7	user_13	core_user
8	user_1	core_user
9	user_7	core_user
10	user_14	core_user

図 2.19　辺（フォロー関係）のデータフレーム

　辺のデータフレームの準備ができたので，これを使って igraph オブジェクトを作成する．
igraph の simplify 関数によって，辺の重複とループを削除する．コアユーザーに印をつける
ために，頂点のサイズを変更する．

```
# ネットワークオブジェクトを作成
net <- graph.data.frame(edge_df, directed = TRUE)

# ネットワークを簡素化する
net <- simplify(net, remove.multiple = FALSE, remove.loops = TRUE)

# 頂点のサイズを調整
deg <- degree(net, mode = "all")
V(net)$size <- deg * 0.05 + 1
V(net)[name == "core_user"]$size <- 15

# 頂点の色を設定
pal3 <- brewer.pal(10, "Set3")

# フォロワーグラフを描画
plot(net,
     edge.arrow.size = 0.01,
     vertex.label = ifelse(V(net)$size >= 15, V(net)$name, NA),
     vertex.color = pal3)
```

　結果のフォロワーグラフを図 2.20 に示す．
　このグラフをよく観察すると，コアユーザーのフォロワーの間には，フォロー関係（辺）が
ほとんどないことがわかる．また，頂点のサイズはフォロワーの人気度を表す．正確には，各
頂点に入ってくる辺の数と出ていく辺の数を考慮して頂点のサイズを決定している．人気のあ
るフォロワー同士でも，その関係性は薄いことがわかる．
　Twitter に友達という概念はないが，フォローした相手にフォローバックされると，相互フォ
ローとなり友達関係のようになる．core_user が誰と相互フォローになっているかを調べるこ

72

2.5 フォロワーグラフ分析

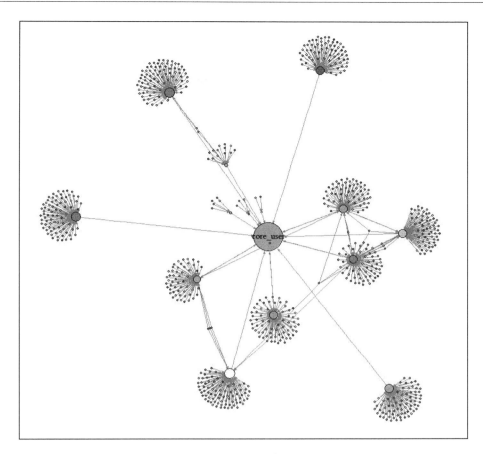

図 2.20　フォロワーグラフの例

とは面白いだろう．実際，国家のリーダーが誰をフォローしているのかを特定すると，そこからある種の政治的知見を引き出せるかもしれない．

グラフを作成する igraph パッケージには便利な関数がある．ends 関数は，辺と頂点の両方のイテレータセットを生成する．この関数はフォロワーのリストから core_user が誰をフォローバックしているのかを特定するのに役立つ．

　　イテレータはコンテナ（例えばリスト）を横断するのを助けるオブジェクトである．イテレータは R に固有のものではなく，最新のほとんどのプログラミング言語で利用できる．igraph パッケージはトラバース，抽出，更新などを容易にするために，頂点と辺のイテレータを提供する．

友達（相互フォロー）の頂点を特定するコードを次に示す．

```
# 「友達」を特定
friendVertices <- ends(net, es = E(net)[from("core_user")])[, 2]
```

友達の頂点のリストができたので，フォロワーの中で友達を強調するためにフォロワーグラフに変更を加える．友達間の辺を赤くし，頂点にラベルをつけるコードを次に示す．

```
# 友達に core_user を追加
friendVertices <- append(friendVertices, "core_user")

# 頂点の色を設定
vcol <- rep("gray80", vcount(net))
vcol[which(V(net)$name %in% friendVertices)] <- "gold"

# 辺の色を設定
ecol <- rep("grey80", ecount(net))
ecol[which(V(net)$name %in% friendVertices)] <- "red"

# 辺の幅を設定
ew <- rep(2, ecount(net))
ew[which(V(net)$name %in% friendVertices)] <- 4
```

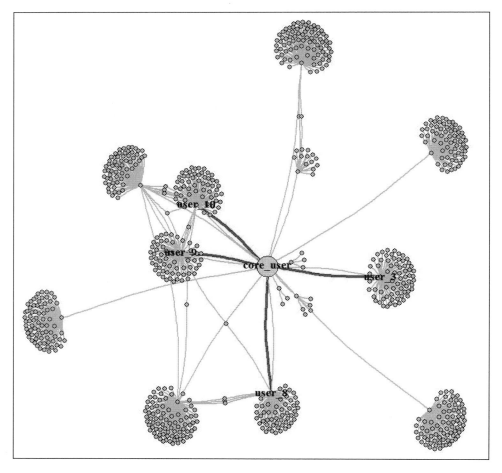

図 2.21 「友達」を強調したフォロワーグラフ（口絵参照）

```
# 友達グラフを描画
plot(net,
     vertex.color = vcol,
     edge.color = ecol,
     edge.width = ew,
     edge.arrow.mode = 0,
     vertex.label = ifelse(V(net)$name %in% friendVertices,
                           V(net)$name, NA),
     vertex.label.color = "black",
     vertex.label.font = 2,
     edge.curved = 0.1
)
```

出力されるグラフを図 2.21 に示す．

フォロワーグラフ分析は，Twitter のようなソーシャルネットワークをグラフ理論の観点から理解するのに役立つ．この分析でどのような問いに答えることができるかわかっただろう．問いへのアプローチ方法がわかれば，ここで説明した方法ですぐに答えにたどり着ける．

　　図 2.21 のグラフは図 2.20 と若干異なる．これは igraph パッケージが実行のたびにランダムなレイアウトを生成するためである．igraph パッケージの詳細については，公式サイト (http://igraph.org/r/doc/) のドキュメントを読んでほしい．

2.6 Twitter データに関する課題

1.2.3 項では，ソーシャルネットワークのデータを分析する上での課題について述べた．そこで述べられた課題は，データの規模と速度というビッグデータの問題と，アクセシビリティ，データ品質に関連していた．

ここでは，Twitter データの分析における課題を再確認する．

- アクセシビリティ：Twitter は成長を続けるソーシャルネットワークであり，数百万のユーザーと数千のサードパーティアプリをサポートしている．利用制限やガバナンス基準はしだいに厳しくなりつつある．API を利用する際はルールを念頭に置き，乱用は避けなければならない．
- プライバシー：ソーシャルネットワークはユーザーにプライバシー設定を提供するが，十分とは言えない．実際のデータの分析を実行する際には，結果の公開と知見の共有においてプライバシーに配慮する必要がある．
- API の変化：Twitter には強力な API があり，これを使って Twitter データを活用できる．twitteR パッケージは Twitter API と R をシームレスに接続して利用するのに役立つ．しかし，Twitter API はしだいに変化していくため，パッケージがその変化に対応できていない可能性がある．そこで，パッケージが古くなっていないかチェックを続け，

第 2 章　Twitter ── 140 文字の世界で何が起きているのか

API の変化に対応していく必要がある[25].
- **データ**：ツイートはいまや単なる 140 文字のテキストではなく，ハイパーリンク，画像，顔文字，動画などで構成されるリッチメディアに進化している．この章では，ツイートテキストとその属性（時間や場所）を使って分析を行った．他のリッチコンテンツを分析するには，それらに対する深い理解が必要になる．

　これらは，Twitter（または他のソーシャルネットワーク）の分析を行う際に直面する課題の一部である．本章で紹介した分析事例は，どれも同じワークフローに従っているにもかかわらず，知見を引き出すために必要な前処理は，さまざまであった．Twitter の分析には多くの課題があるが，本章で行った分析を通して会得したアプローチやテクニックには価値があるだろう．

2.7 ┃ まとめ

　ツイートは単なる 140 文字のテキストではなく，多くのメタデータを含んでいる．そのため，Twitter データはソーシャルネットワークから知見を得るための非常にたくさんの情報を提供する．この章では，さまざまな概念に触れ，実際の Twitter データを使ってさまざまな分析を行った．まず，Twitter API とそのオブジェクトについて学んだ．次に，Twitter アプリを作成し，twitteR パッケージを使って Twitter API に接続して，Twitter データを取得する方法を説明した．ハッシュタグがどのように利用されるかを理解し，トレンドについて調査する方法を学んだ．また，感情分析の事例も取り扱った．この事例を通して，感情分析の主要な概念を理解し，@POTUS のツイートを利用して，ツイートに含まれる感情を明らかにした．また，階層クラスタリングとデンドログラムを用いて，ツイートのトピックを抽出した．最後の事例では，ネットワーク分析の観点から Twitter におけるフォロー関係を分析した．これらの分析のために R のさまざまなパッケージを用いた．ソーシャルメディア分析全般，特に Twitter データの分析における課題を再確認してこの章を締めくくった．この章で行った分析は，引き続き行うソーシャルメディア分析の足がかりとなるだろう．

　以降の章でも，この章と同様の分析ワークフローを用いて，ソーシャルネットワークデータを分析していく．#さあゲームを始めよう！

---

[25] 訳注：実際，twitteR パッケージは 2015 年以降更新されておらず，API の変化に対応できていない．そのため，最近では rtweet パッケージを使うのが主流である．本章で twitteR パッケージを使用している部分はすべて rtweet パッケージを使って同じことができる．rtweet パッケージの使用方法については，『R ユーザのための RStudio［実践］入門』（技術評論社, 2018）が詳しい．

第3章

Facebookにおける ソーシャルネットワークと ブランドエンゲージメントの分析

Facebook Graph API の大幅な仕様変更により，本章の分析の要となる Rfacebook パッケージは現在使用不能となっている．実際に分析を行う際は，本章における分析の流れを踏まえつつ，自身で API を介してデータを取得する必要があることに留意されたい．

前章では，マイクロブログプラットフォームとして最も有名なサービスである Twitter について，その多彩な側面のうちの主要な部分を分析した．本章では，SNS の中で最も有名な Facebook に迫ってみたい．1 か月当たり 18 億人以上に及ぶアクティブユーザー，180 億ドルを超える年間収益，Oculus や WhatsApp，Instagram といった有名企業の破格の買収劇などで，Facebook は現在においても SNS の主流であり続けている．

Facebook のデータを詳細に見る前に，Facebook が生まれた経緯を簡単に振り返ってみよう．多くの有名な製品，ビジネス，組織と同様，Facebook もまた，つつましく生み出された．2004 年にマーク・ザッカーバーグは，大学生同士を繋ぐオンラインソーシャルネットワークとして，TheFacebook（URL は thefacebook.com）を生み出した．当初このソーシャルネットワークはハーバード大学の学生のみを対象としていたが，1 か月のうちに他の有名大学の学生にもその対象を広げていった．

2005 年には URL が facebook.com に変更され，Facebook はその対象を一般企業にも拡大した．そして 2006 年に，Facebook は 13 歳以上で有効なメールアドレスを持つ者であれば誰でも利用できるようになった．

図 3.1 に，2005 年と 2017 年の Facebook のトップページを示す．

第 3 章　Facebook におけるソーシャルネットワークとブランドエンゲージメントの分析

図 3.1　Facebook のトップページ

　Facebook は一義的にはウェブサイトであるが，ウェブアプリケーションであり，また携帯機器の主要な OS 向けにアプリも出している．つまるところ，Facebook は単なるソーシャルネットワークのウェブサイトというだけでなく，友達，フォロワー，Facebook ページという機能を介して人や組織を繋ぐ極めて巨大なソーシャルネットワークを有するプラットフォームなのである．

　Facebook の "Graph API" を介して，Facebook の実データにアクセスし，さまざまな分析を実行することができる．ユーザー，企業，ブランド，ニュースチャンネル，各種メディア，小売店などが，コンテンツの提供や消費の基盤として Facebook を日々利用している．この活動は多種多様なデータを生成し，API を介してユーザーに提供されている．ソーシャルメディア分析の観点からは，これは大変魅力的である．なぜなら，これらのデータには API を通じて R のパッケージでアクセスすることができ，これによってさまざまな側面を分析できる可能性が得られるからである．

　本章は，あなたが大量のコンテンツに圧倒されないように，以下の主要なトピックに絞り，順を追って説明していく．

- Facebook データへのアクセス方法
- 個人間のソーシャルネットワークの分析
- イギリスのサッカークラブにおけるソーシャルネットワークの分析
- イギリスのサッカークラブにおけるブランドエンゲージメントの分析

　本章では，Facebook のデータを取得，分析，可視化する際に Rfacebook, igraph, ggplot2 の各パッケージを利用する．また，本章の分析はあなたが Facebook のアカウントを持ち，API を介してデータを取得できる権限があることを前提としている．しかし，アカウントを持っていなくても，がっかりすることはない．本章において習得できる分析の流れは，Facebook に限定するものではなく，他のソーシャルネットワークやエンゲージメントの分析にも通じるものである．

3.1 Facebook データにアクセスする

Facebook のデータにアクセスし，データを取得する方法については，書籍やウェブ上にさまざまな情報が溢れている．公式な方法としては Facebook Graph API があり，これは，Graph API explorer などを使い低レベルな形で HTTP を介して直接 Facebook Graph API を利用するものと，Rfacebook のような高レベルの抽象化されたインターフェイスを利用するものに分けられる．

> Graph API を利用する以外の方法として，Facebook に登録された Netvizz や GetNet といったアプリを利用する方法がある．GetNet は，両者の開発者である Lada Adamic が自身のソーシャルネットワーク分析の講義の中で利用したものである．残念ながら，Facebook がアクセス権限およびプライバシー設定に関する API を大幅に変更してしまったため，現在 GetNet は利用できない．本書では Netvizz を利用する．

非公式な方法として，ウェブスクレイピングやクローリングを利用するものがある．しかし，商用目的でデータを利用する際，このような形でのデータ取得は Facebook のデータ利用規約に抵触するため，避けなければならない．本節は，Graph API，およびそれを利用する Rfacebook パッケージについて理解し，Graph API と Rfacebook 経由の両方でデータを取得できるようになることを目的とする[1]．

▶ 3.1.1 Graph API を理解する

Graph API を利用するにあたって，API を利用できるアカウントを用意する必要がある．API はさまざまな形でアクセス可能である．https://developers.facebook.com/apps/ にアクセスし，アプリケーションを作成しよう．そして，Rfacebook パッケージの fbOAuth 関数を利用して OAuth のアクセストークン（期限の長いもの）を作成する．これによって，R は Graph API を呼び出せるようになる．さらに，このトークンをローカルに保存しておくことで，継続した呼び出しも可能となる．より手軽な方法として，期限の短い（2時間）アクセストークンを，Facebook Graph API explorer（https://developers.facebook.com/tools/explorer）で生成し，一時的なアクセストークンを得る方法もある．

Facebook Graph API explorer は，図 3.2 のような画面である．画面にある "Get User Access Token"（ユーザーアクセストークンを取得）をクリックすると，パーミッションのリスト（ユーザー，イベント，グループ，ページなど）のチェックボックスが提示される．これらのチェックボックスを必要に応じて選択し，下部に表示される "Get User Access Token" ボタンを押す．これで新しいアクセストークンが生成され，これをコピーして利用することで，R からデータを取得することができる．

---

[1] 訳注：Rfacebook は現在は機能しない．

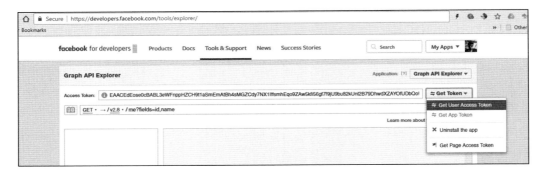

図 3.2　Facebook Graph API explorer の画面

ここで，先に進む前に，Graph API explorer について詳しく見ておこう．Graph API explorer を利用することで，ウェブブラウザから直接 API にアクセスできる．これはちょっとした探索的な分析を行う際に便利である．Graph API explorer の一部は，先に示した図 3.2 のとおりである．本書はバージョン 2.8 の時期に書かれており，画面では GET コールの隣に"v2.8" と表示されている．なお，Graph API は，Facebook が以下の三つのカテゴリからなる巨大なソーシャルグラフであることにちなんで名づけられた．

- ノード：ノードはユーザー，ページ，写真などを指す．ノードは他のノードと接続する．
- エッジ：エッジはノード間を接続するものであり，ソーシャルグラフの根幹をなす．エッジは友達間の関係やフォロワー同士の関係を表現する．
- フィールド：フィールドはノードの属性，つまり性質を表す．一例として，ユーザーの住所，誕生日，氏名などが挙げられる．

先述したように API は HTTP に即しており，ノードやエッジに関して HTTP の GET リクエストを投げることができる．リクエスト先は graph.facebook.com である．各ノードは固有識別子（ID）を持ち，以下のスニペットのように，これを利用したクエリにより，ノードの情報を得られる．

```
GET graph.facebook.com
  /{node-id}
```

ノードの ID に加えてエッジの名前を指定することで，エッジに関する情報も取得できる．

```
GET graph.facebook.com
  /{node-id}/{edge-name}
```

以下にその一例を示す．図 3.3 のスクリーンショットは，ユーザー自身のプロフィール情報を得る例である．

図 3.3 ユーザーのプロフィールを Graph API explorer を介して取得する例

さて，イギリスのトップサッカーリーグであるプレミアリーグの Facebook ページから，ページ ID を利用して「いいね」の数を得る例を考えてみよう．これまでの例と同様に，図 3.4 に示すリクエストを投げる．

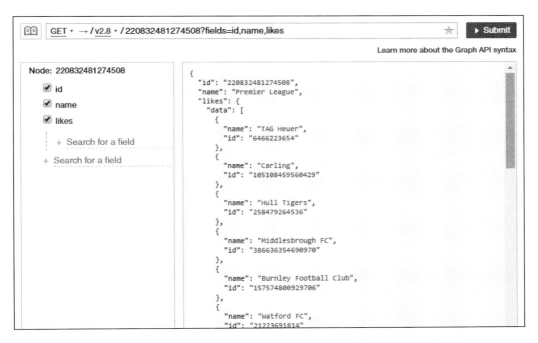

図 3.4 Graph API explorer を介して Facebook ページの情報を取得する例

得られる結果には，プレミアリーグの Facebook ページのノード ID およびページ名，いいねの数が示される．なお，API のレスポンスは JSON フォーマットであり，分析の際にパースしやすいものとなっている．

Facebook のソーシャルグラフから情報を得る際は，Facebook Query Language（FQL）という SQL ライクな言語を利用する方法もあるが，残念なことに Facebook はこの言語を廃止しようとしている[*2]ため，本書では取り扱わない．

[*2] 訳注：Facebook API 2.0 へのバージョンアップ（2016 年 8 月）に伴い廃止された．

第 3 章 Facebook におけるソーシャルネットワークとブランドエンゲージメントの分析

さて，いくつかの使用例を経て，Graph API について理解が深まったところで，次は Rfacebook パッケージの利用法に進もう．

▶ 3.1.2 Rfacebook パッケージ

R を用いて Facebook からデータを取得し分析する際，前項で紹介したようなウェブブラウザからのデータ取得は手間がかかるため，R から直接データを取得できるような仕組みが必要である．幸い，R には Pablo Barberá が開発した Rfacebook パッケージがある．これは CRAN からインストールでき，開発中の最新版は GitHub から入手できる．以下のスニペットは，CRAN もしくは GitHub からのインストールを実行するものである．なお，GitHub からインストールする際には，devtools パッケージが必要である．

```
# CRAN からインストールする場合
install.packages("Rfacebook")
```

```
# GitHub からインストールする場合
library(devtools)
install_github("pablobarbera/Rfacebook/Rfacebook")
```

パッケージをインストールできたら，library(Rfacebook) と入力してパッケージをロードし，先に取得したアクセストークンを用いてデータを取得する準備をする．以下のコードは，前項で学んだ操作を R で実行したものである．

```
> token = 'XXXXXX'
> me <- getUsers("me", token=token)
> me$name
[1] "Dipanjan Sarkar"
> me$id
[1] "1026544"
```

このパッケージの美点の一つに，得られた結果がデータフレームの形に整えられていることが挙げられる．したがって，Graph API から通常 JSON で得られる結果を改めてパースする必要がない．また，このパッケージはヘルプが充実しており，ユーザーの個人プロフィールや，Facebook ページ，グループの情報を得るための高レベルの関数が豊富である．ここで，Rfacebook と同様に Facebook からデータを取得するアプリケーションである Netvizz について見てみよう．

▶ 3.1.3 Netvizz について

Netvizz は Bernhard Rieder によって開発されたツールであり，Facebook ページやグループについてのデータを取得し，リンクの統計情報や，いいねを押すことで繋がっているページ間のソーシャルネットワークを抽出することができる．Netvizz は https://apps.facebook.com/netvizz/ から利用でき，あなたの情報をアプリに登録することで，図 3.5 のような画面が確認できるだろう．

82

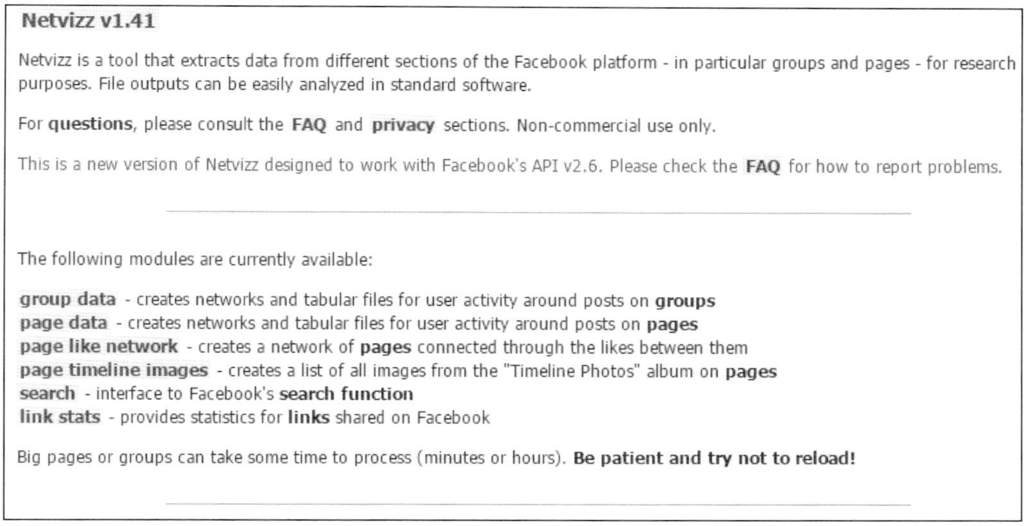

3.1 Facebook データにアクセスする

```
Netvizz v1.41

Netvizz is a tool that extracts data from different sections of the Facebook platform - in particular groups and pages - for research
purposes. File outputs can be easily analyzed in standard software.

For questions, please consult the FAQ and privacy sections. Non-commercial use only.

This is a new version of Netvizz designed to work with Facebook's API v2.6. Please check the FAQ for how to report problems.


The following modules are currently available:

group data - creates networks and tabular files for user activity around posts on groups
page data - creates networks and tabular files for user activity around posts on pages
page like network - creates a network of pages connected through the likes between them
page timeline images - creates a list of all images from the "Timeline Photos" album on pages
search - interface to Facebook's search function
link stats - provides statistics for links shared on Facebook

Big pages or groups can take some time to process (minutes or hours). Be patient and try not to reload!
```

図 3.5　Netvizz のインターフェイス

図 3.5 からわかるように，あなたがデータ取得の際に実行したい操作に応じて，さまざまなリンクが表示される．このツールを使って，いろいろな操作を試してみてほしい．本書でも，ページ間のいいねのネットワークについて分析する際に，Netvizz の機能を利用する．

▶ 3.1.4　データアクセスの際に注意すべきポイント

Facebook からデータを取得する際は，いくつか注意すべきポイントがある．以下に，そのポイントと対処法を列挙する．

- Facebook は常に進化しており，データにアクセスするための API も更新を続けている．そのため，過去の API は大きく変更されたり，廃止されたりすることがある（例えば，FQL の廃止）．
- API を用いて取得できるデータのスコープについては，Facebook の仕様変更やプライバシーポリシーの変更により影響を受ける．例えば，過去は可能だった，API を介しての友達についてのデータ取得は，現在は実行できない[3]．
- Facebook API を利用するライブラリやツールは，Facebook API の仕様変更から大きな影響を受ける．これは，Rfacebook パッケージや Netvizz も同様である．Lada Adamic の開発したアプリである GetNet は，Facebook がアプリの作成方法およびアプリが要するパーミッションについて大きく変更を加えたため，その更新が中止されてしまった．この問題については http://thepoliticsofsystems.net/2015/01/the-end-of-netvizz/ を確認するとよい．

---

[3] 訳注：2018 年 4 月 5 日のアナウンスに伴い，個人に関する情報を取得できなくなった．詳しくは以下を参照．
https://ja.newsroom.fb.com/news/2018/04/restricting-data-access/

第 3 章　Facebook におけるソーシャルネットワークとブランドエンゲージメントの分析

　このような問題があるため，本書でデータ取得に利用しているコードは，数年は機能したとしても API の変更が加わることで将来的に機能しなくなるかもしれない．もし，この問題を乗り越えて Facebook データを分析していこうとするなら，分析に利用したデータは，事例に応じて，個人的なネットワークを除いた形で提供する必要があるだろう[4]．その際，個人名はプライバシー保護の観点から匿名化する必要がある．

　Graph API とそのアクセス方法について理解したところで，いよいよソーシャルネットワークについて分析を進めることにしよう．

3.2 | 個人間のソーシャルネットワーク分析

　先述したように，Facebook は巨大なソーシャルグラフであり，何十億ものユーザー，ブランド，組織がその中で繋がっている．あなたの Facebook アカウントに目を向けてみよう．直接繋がっている友達がいて，その友達がそれぞれまた別の友達と繋がっている．彼らのうち何人かはあなたの友達だろう．あなたとその友達らは，それぞれネットワーク上ではノードであり，その繋がりはエッジとなる．本節では，あなたが友達らと形成するネットワークを対象にし，ネットワークの性質を分析する方法を学ぶ．

　分析に進む前に，以下のコードに示すように，必要な R のパッケージをロードしよう．また，ここで Graph API のアクセストークンを token という変数に格納し，保存しておく．

```
library(Rfacebook)
library(gridExtra)
library(dplyr)
# Graph API のアクセストークンを取得する
token = 'XXXXXXXXXX'
```

　なお，本節のコードについては，著者が公開しているコードのうち fb_personal_network_analysis.R を参照してほしい[5]．

▶ 3.2.1　基本的な記述統計

　本節では，個人間のソーシャルネットワークから基本情報およびそれについての記述統計を得る方法について学ぶ．まずは，以下のコードを実行して，われわれ自身の情報を得るところから始めよう．

```
# ユーザーの個人的な情報を得る
me <- getUsers("me", token=token,
                private_info = TRUE)
> View(me[c('name', 'id', 'gender', 'birthday')])
```

---

[4] 訳注：個人名以外にも匿名化が必要な情報が存在する可能性がある．現行法を参照されたい．

[5] 訳注：Facebook のポリシー変更により，Rfacebook パッケージが機能しないため，本コードはそのままでは実行できないことに注意．

84

このコードを実行すると，Facebook から取得したわれわれの個人的な情報がデータフレームの形で得られる．View 関数を用いて，データフレームの内容をスプレッドシートスタイルのビューアで確認してみよう（図 3.6）．

	name	id	gender	birthday
1	Dipanjan Sarkar	1020 6544	male	12/18/1990

図 3.6 Facebook から取得したユーザーの個人的な情報

次に，友達についての情報を取得してみよう．ただし，現在 Graph API によるアクセスを許可している友達についての情報しか得られないことに注意してほしい[6]．したがって，友達リストに含まれるすべての友達についての情報が得られるわけではない．以下のコードでは，プライバシーに配慮して，友達の名前は仮名にしている．

```
anonymous_names <- c('Johnny Juel', 'Houston Tancredi',...,
                     'Julius Henrichs', 'Yong Sprayberry')
# 友達についての情報を取得
friends <- getFriends(token, simplify=TRUE)
friends$name <- anonymous_names
# 先頭の数行を表示
> View(head(friends))
```

このコードを実行することで，図 3.7 のように Facebook から得られた友達リストの先頭の数行を確認できる．

	name	id
1	Johnny Juel	57025
2	Houston Tancredi	5875
3	Eddie Artist	6225
4	Paula Bauder	10152
5	Noble Towe	7100
6	Ira Denman	716

図 3.7 Facebook から得られた友達リスト（一部）

さて，ここから出身地や性別といった友達の個人的な情報について，記述統計を求めてみよう．

```
# 友達についての情報を取得
friends_info <- getUsers(friends$id, token, private_info = TRUE)
```

---

[6] 訳注：2018 年 5 月のバージョン 3.0 で，性別，年齢層にアクセス許可が必要となった．

85

第 3 章　Facebook におけるソーシャルネットワークとブランドエンゲージメントの分析

```
# 友達の性別を集計
> View(table(friends_info$gender))
```

このコードを実行すると，友達の性別の集計が得られる（図 3.8）．私のネットワークについて言えば，Graph API のアクセスを許可している友達の中では男性が多い．

1	female	3
2	male	37

図 3.8　性別の集計

```
# 友達の現在地を集計
> View(table(friends_info$location))
```

このコードを実行すると，友達の現在地の集計がデータフレームの形で取得できる（図 3.9）．

1	Bangalore, India	18
2	Kansas, US	5
3	Manchester, UK	4
4	Melbourne, Australia	3
5	Mumbai, India	3
6	Noida, India	2
7	Malaysia	2
8	Singapore	2

図 3.9　現在地の集計

```
# 友達の交際ステータスについての情報を得る
> View(table(friends_info$relationship_status))
```

このコードを実行して得られた結果（図 3.10）からは，私の友達は既婚者がそこそこいることがわかる（私も年をとったものだ！）．

1	In a relationship	10
2	Married	13
3	Single	17

図 3.10　交際ステータスの集計

交際ステータスと性別でクロス集計をしたい場合は，以下のようなコードになる．

```
# 友達の交際ステータスを性別とクロス集計する
> View(table(friends_info$relationship_status, friends_info$gender))
```

得られた結果（図 3.11）からは，性別と交際ステータスについての分布を把握できる．

1	In a relationship	female	0
2	Married	female	2
3	Single	female	1
4	In a relationship	male	10
5	Married	male	11
6	Single	male	16

図 3.11　交際ステータスと性別の集計

▶ 3.2.2　互いに興味のある事柄について分析する

Facebook はユーザーの興味を公表し，特定のトピックについて同様の関心を持つ人々を Facebook ページの形で明らかにするという意味で，面白いプラットフォームである．本項では，私の友達が互いに興味のあるトピックについて，彼らがいいねを押している Facebook ページを確認し，私がそれらに対して同様にいいねを押しているかどうかを見ていく．そして，そこから何らかの洞察を得たい．

まずは，友達がいいねを押しているページの情報を取得し，結合する関数を定義しよう．

```
# いいねが押されているページを抽出
get_friends_likes <- function(id, token){
  df <- try(getLikes(user=id, token=token, n=1000))
  if(inherits(df, "try-error"))
  {
  # エラーハンドリング用の操作を，必要に応じてここに挿入する
  # ここではエラーを起こしていないデータのみが欲しいので，何も操作を行わない
  }else{
return(df)
  }
}
```

次に，友達の id ごとに先の関数を適用して，友達ごとのページ単位のいいねの数を取得する．

```
# 友達の id を取得
ids <- friends$id
# 友達ごとのページ単位のいいねを取得
likes_df <- data.frame()
for (id in ids){
  likes_df <- rbind(likes_df, get_friends_likes(id, token))
}
```

87

第 3 章　Facebook におけるソーシャルネットワークとブランドエンゲージメントの分析

Graph API に対して許可を与えていないユーザーは，エラーとなるだろう．許可を与えているユーザーについては，ページごとのいいねの数が得られ，データフレーム（`likes_df`）の形で結果が保存される．次に，友達全員にわたってページごとのいいねを集計し，最もいいねが押されているページを確認しよう．

```
# ページ単位でいいねを集計
friend_likes <- tbl_df(likes_df) %>% count(names, sort=TRUE)
friend_likes <- as.data.frame(friend_likes)
colnames(friend_likes) <- c('names', 'freq')

# 友達全員にわたって，いいねが押されたページ数を確認
> nrow(friend_likes)
 [1] 4822

# 友達全員にわたって，いいねの数が多いページのトップ10を表示
> View(head(friend_likes[order(friend_likes$freq, decreasing=TRUE),],10))
```

このコードを実行すると，私の友達のいいねの数が多い Facebook ページのトップ 10 が得られる（図 3.12）．

	names	freq
1	Facebook	12
2	IIIT Bangalore	11
3	Sachin Tendulkar	10
4	Premier League	8
5	Swami Vivekananda	8
6	A.R. Rahman	8
7	The Hindu	8
8	La Liga	8
9	Bill Gates	7
10	Coursera	7

図 3.12　いいねの数が多い Facebook ページのトップ 10

最もいいねを押されているページは Facebook だが，サッカーが好きな友達も多いように見える（私と同じく！）．また，私の出身大学や，有名人のページ（Sachin Tendulkar, Swami Vivekananda, A.R. Rahman, Bill Gates）もリストに見える．

さて，当初の目的は，これらのページのうち私がいいねを押しているページの数を把握し，私と私の友達とで，ともにいいねを押しているページから何らかの洞察を得ることだった．以下のコードを実行して，この目的を達成しよう．

```
# 私のいいねを取得
my_likes <- get_friends_likes("me", token)
# 私がいいねを押しているページ数
> nrow(my_likes)
[1] 1765

# 私と私の友達がともにいいねを押しているページを取得
my_liked_pages <- my_likes$names
common_likes <- friend_likes[friend_likes$names %in% my_liked_pages,]

# ともにいいねを押しているページの総数
> nrow(common_likes)
[1] 402

# ともにいいねを押しているページのうち，いいね数がトップ10のリスト
> View(head(common_likes[order(common_likes$freq, decreasing=TRUE),],10))
```

このコードの結果から，私と私の友達とがともにいいねを押しているページ数は，402であることがわかる（私の友達がいいねを押しているページ数は4,822）．また，私と私の友達がともにいいねを押しているページのトップ10も得られる（図3.13）．

	names	freq
2	Facebook	12
3	IIIT Bangalore	11
5	Sachin Tendulkar	10
6	Premier League	8
10	La Liga	8
17	Swami Vivekananda	8
20	Coursera	6
21	Google	6
22	Indian Cricket Team	6
23	Intel	6

図 3.13　私と私の友達がともにいいねを押しているページのトップ 10

あなたも自身のデータで確認し，友達と共通の興味が何かを見つけてみてほしい．はたして，あなたと同様の興味を持つ友達はいるだろうか？

▶ 3.2.3　友達ネットワークグラフを構築する

Facebookにおける友達ネットワークグラフを構築し，以降の節での分析や可視化に用いることとする．以下のコードを実行して，友達ネットワークグラフを作ってみよう．

```
# パッケージをロード
library(igraph)
```

第 3 章　Facebook におけるソーシャルネットワークとブランドエンゲージメントの分析

```
# 友達のネットワークを取得
> friend_network <- getNetwork(token, format="adj.matrix")
|================================================| 100%
# 友達の名前を仮名化
anonymize_names <- function(friend_network, names=anonymous_names){
  rownames(friend_network) <- names
  colnames(friend_network) <- names
  return(friend_network)
}
friend_network <- anonymize_names(friend_network=friend_network)

# 私とのみ繋がっている（他の友達と繋がっていない）友達の数を把握
singletons <- rowSums(friend_network)==0
# 他の友達と繋がっていない友達の数を把握
> table(singletons)
singletons
FALSE   TRUE
   36      4

# 他の友達と繋がっていない友達を除外
friend_network_graph <- graph.adjacency(friend_network[!singletons,!singletons])
```

このコードを実行すると，`igraph` クラスのオブジェクトが得られる．これには友達ネットワークグラフが格納されており，以下のコードのようにして，その詳細を確認できる．

```
> # igraph オブジェクトの詳細を確認
> str(friend_network_graph)
IGRAPH DN-- 36 136 --
+ attr: name (v/c)
+ edges (vertex names):
Houston Tancredi -> Noble Towe
Eddie Artist -> Paula Bauder, Johann Paul........
```

この出力より，私のネットワークには 36 のノードと 136 のエッジがあることが確認できる．このグラフの性質について詳細を検討していく前に，このグラフを可視化する．

▶ 3.2.4　友達ネットワークグラフを可視化する

本項では，前項で作成した友達ネットワークグラフを可視化する．以下のコードを実行してみよう．

```
tkplot(friend_network_graph,
       vertex.size = 15,
       vertex.color="lightblue",
       vertex.frame.color= "white",
       vertex.label.color = "black",
       vertex.label.family = "sans",
       edge.width=1,
       edge.arrow.size=0,
       edge.color="black",
       edge.curved=TRUE,
       layout=layout.fruchterman.reingold)
```

実行結果は図 3.14 のようになる．この出力はインタラクティブであり，ノードを動かすなどの操作ができる．各ノードがそれぞれどのくらいのノードと接続しているか，目視で確認してみよう．最も影響力のある人は誰だろうか？

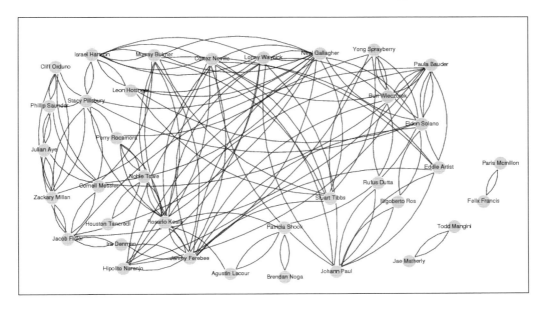

図 3.14　友達ネットワークグラフの可視化

このグラフからは，大勢を占める一つの群と，相互に繋がっているが他の人とは繋がっていない二つの小さな群があることがわかる．

▶ 3.2.5　ノードの性質を分析する

ノードの観点では，ソーシャルネットワークには，各ノードの重要度（影響力）や，ネットワークにおける情報伝達の方法といった，さまざまな性質がある．前項で可視化したグラフを思い出してほしい．ここからは，次数（degree）（もしくは次数中心性），近接中心性（closeness），媒介中心性（betweenness）など，グラフが持つ固有の性質について分析を進める．これらの分析も，可視化したグラフを眺めて，これらの性質が実際のグラフの性質を表していることを確認しながら進めてほしい．なお，これらの指標は，グラフにおける中心性や重要性と呼ばれることもある．

[1]　次数

ノードの次数は，隣接するノードと接続しているエッジの数で表現される．有向性グラフの場合，次数はそのノードに入ってくるエッジの数（入次数; indegree）と，そのノードから出ていくエッジの数（出次数; outdegree）の合計となる．以下のコードは，これらの指標を取得する．

第 3 章　Facebook におけるソーシャルネットワークとブランドエンゲージメントの分析

```
# ノードにおける次数を得る
degree_fng <- degree(friend_network_graph, mode="total")
degree_fng_df <- data.frame(Name=V(friend_network_graph)$name,
                            "Degree"=as.vector(degree_fng))
degree_fng_df <- degree_fng_df[order(degree_fng_df$Degree, decreasing=TRUE),]
# ノードにおける入次数を得る
indegree_fng <- degree(friend_network_graph, mode="in")
indegree_fng_df <- data.frame(Name=V(friend_network_graph)$name,
                              "Indegree"=as.vector(indegree_fng))
indegree_fng_df <- indegree_fng_df[order(indegree_fng_df$Indegree,
                                          decreasing=TRUE),]
# ノードにおける出次数を得る
outdegree_fng <- degree(friend_network_graph, mode="out")
outdegree_fng_df <- data.frame(Name=V(friend_network_graph)$name,
                               "Outdegree"=as.vector(outdegree_fng))
outdegree_fng_df <- outdegree_fng_df[order(outdegree_fng_df$Outdegree,
                                           decreasing=TRUE),]
```

　これで，次数の観点から，どのノードが最も影響力があるかを確認できる．以下のコードは，次数ごとのノード数を集計する．次数が高くなるほど，そのノードが他のノードに対して影響力を持つ可能性が増す．なぜなら，そのノードは多くのノード，つまり多くの人に繋がっているからである．以下の出力から，最大の次数（15）を持つノードが二つあることがわかる．

```
# 次数単位のノードの集計表を得る
> table(degree_fng)
degree_fng
 2  3  4  5  6  7  8  9 10 11 12 13 14 15
 6  1  3  1  5  2  3  3  3  2  3  1  1  2
```

　degree_distribution 関数は，先の集計表で得られた最大次数に 1 を加えた要素数の数値型ベクトルを生成する．このベクトルの最初の要素は次数 0 の相対頻度，次の要素は次数 1 というように，各次数に対応した相対頻度が得られる．

```
> degree_distribution(friend_network_graph)
   [1] 0.00000000 0.00000000 0.16666667 0.02777778 0.08333333
   [6] 0.02777778 0.13888889 0.05555556 0.08333333 0.08333333
  [11] 0.08333333 0.05555556 0.08333333 0.02777778 0.02777778 0.05555556
```

　この結果からは，最も頻度が高い次数は 2 と 6 である．以下のコードからは，次数，入次数，出次数が多いノードのトップ 10 が得られる．

```
# 次数のトップ10
if (dev.cur()!=1){dev.off()}
grid.table(head(degree_fng_df, 10),
           rows=NULL)
# 入次数のトップ10
if (dev.cur()!=1){dev.off()}
grid.table(head(indegree_fng_df, 10),
           rows=NULL)
# 出次数のトップ10
if (dev.cur()!=1){dev.off()}
```

92

```
grid.table(head(outdegree_fng_df, 10),
          rows=NULL)
```

　このコードを実行すると，図 3.15 のような三つの表が得られる．この表から，誰が他の人と最も多く繋がっているかが把握できる．この表と先の可視化グラフを見比べてみよう．

Name	Degree	Name	Indegree	Name	Outdegree
Neal Gallagher	15	Eddie Artist	5	Neal Gallagher	10
Jamey Ferebee	15	Paula Bauder	5	Jamey Ferebee	10
Rosario Keala	14	Phillip Saunder	5	Rosario Keala	9
Cortez Neville	13	Eldon Solano	5	Cortez Neville	8
Eldon Solano	12	Lonny Waynick	5	Eldon Solano	7
Lonny Waynick	12	Cornell Messier	5	Lonny Waynick	7
Murray Bulmer	12	Neal Gallagher	5	Murray Bulmer	7
Paula Bauder	11	Leon Hottinger	5	Paula Bauder	6
Stacy Pillsbury	11	Stacy Pillsbury	5	Stacy Pillsbury	6
Jacob Fidler	10	Burl Wieczorek	5	Jacob Fidler	5

図 3.15　次数が高い友達トップ 10

[2]　近接中心性

　近接中心性（closeness）はノードの中心性の指標の一つであり，情報が特定のノードに到着するまでの長さを示す．ここでは，正規化した近接中心性の値を計算する．各ノードの近接中心性は，各ノードから他のすべてのノードへのそれぞれ最短距離を合計したものの逆数に，ノード数の総計 −1 を乗じたものとして計算される．この指標については，より大きなグラフを取り扱う次節で，詳細に検討する．ここでは，あるノードの近接中心性の値が高ければ高いほど，そのノードがネットワークにおいて中心に位置し，影響力が大きくなるであろうことだけを覚えておいてほしい．

```
# 近接中心性を計算
closeness_fng <- closeness(friend_network_graph, mode="all", normalized=TRUE)
closeness_fng_df <- data.frame(Name=V(friend_network_graph)$name,
  "Closeness"=as.vector(closeness_fng))
closeness_fng_df <- closeness_fng_df[order(closeness_fng_df$Closeness,
  decreasing=TRUE),]
if (dev.cur()!=1){dev.off()}
grid.table(head(closeness_fng_df, 10),rows=NULL)
```

　このコードを実行すると，図 3.16 のように，近接中心性が高い順に 10 人の友達が抽出される．

第 3 章　Facebook におけるソーシャルネットワークとブランドエンゲージメントの分析

Name	Closeness
Neal Gallagher	0.1758794
Cortez Neville	0.1758794
Jamey Ferebee	0.1741294
Eldon Solano	0.1724138
Rosario Keala	0.1724138
Murray Bulmer	0.1715686
Lonny Waynick	0.1699029
Stacy Pillsbury	0.1699029
Cornell Messier	0.1674641
Paula Bauder	0.1658768

図 3.16　近接中心性が高い友達トップ 10

[3]　媒介中心性

　媒介中心性もまた中心性指標の一つであり，仲介の可能性を示すものである．各ノードにおける媒介中心性は測地線の数，すなわち他のノード間の最短経路がそのノードを通る数として定義される．つまり，あるノードが他のノードに最短距離で向かう際に，通過しなければならないノードであるかどうかを示す．Facebook ページのネットワークについて分析する次節で，媒介中心性を数学的に定義する．以下は，友達ネットワークグラフにおける媒介中心性を計算するコードである．

```
# 媒介中心性を計算
betweenness_fng <- betweenness(friend_network_graph)
betweenness_fng_df <- data.frame(Name=V(friend_network_graph)$name,
  "Betweenness"=as.vector(betweenness_fng))
```

Name	Betweenness
Rosario Keala	160.91726
Zackary Millan	110.83373
Stacy Pillsbury	110.41687
Paula Bauder	109.17143
Eldon Solano	99.08433
Jacob Fidler	96.87500
Jamey Ferebee	84.67063
Lonny Waynick	84.56091
Cortez Neville	82.50397
Israel Hartson	77.05833

図 3.17　媒介中心性が高い友達トップ 10

```
betweenness_fng_df <- betweenness_fng_df[order(betweenness_fng_df$Betweenness,
    decreasing=TRUE),]
if (dev.cur()!=1){dev.off()}
grid.table(head(betweenness_fng_df, 10), rows=NULL)
```

このコードを実行すると，媒介中心性が高い，つまり最も多くの情報を持ちうる友達のトップ 10 が得られる（図 3.17）．

以上の指標間で何か相関は見られただろうか？ 可視化した結果はノード間の関係性を理解する一助になっただろうか？ 次の節では，これらの論点について，別の事例を取り上げて議論する．先の質問に対する答えをすぐにチェックしたい読者は，次の節のコードを実行して確認してみよう．

▶ 3.2.6　ネットワーク内のコミュニティを分析する

ソーシャルネットワークにおいては，各ノードはノード間の関係性に基づいて繋がっている．ここで，ノードの繋がりの緊密さにはムラがあり，他のノード群に比べて，より緊密に繋がっているノード群が存在する．これは，実社会におけるコミュニティと同様に，ソーシャルネットワーク内のコミュニティと呼ばれる．ソーシャルネットワーク内のコミュニティを検出し，分析する方法にはさまざまなものがある．ここではそのいくつかを紹介しよう．

[1]　クリーク

グラフ理論において，グラフ内のノードの一群の中で，すべてのノードがその群の中の他のノードと隣接しているとき，その群のことをクリーク（clique）と呼ぶ．これは，この群，つまりこのサブグラフが完全グラフであることを示す．グラフにおける最大のクリークは，その他のクリークであることはない．なぜなら，もしそれが成立するなら，そのクリークは最大のクリークよりも多くのノードを有することになってしまうからである．ソーシャルネットワークにおいて，クリーク，つまりすべてのノードが隣接し合っているサブグラフは，構成員すべてが互いを知っている群であることを意味する．以下の簡単な例で，このようなサブグラフについて考えてみよう．

- A は B と C の友達である．
- B は C の友達でもある．
- D は B と C の友達だが，A の友達ではない．

これは，このサブグラフが，A，B，C，もしくは B，C，D をそれぞれノードとして持つ最大クリークを有することを意味する．もし D が A の友達となったなら，全結合のグラフになるため，最大クリークを構成するノードは A，B，C，D となり，そのサイズは 4 となる．

以下は，最大クリークのサイズを得るコードである．

```
> clique_num(friend_network_graph)
[1] 4
```

第3章　Facebook におけるソーシャルネットワークとブランドエンゲージメントの分析

以下のコードでは，サイズが 4 であるクリークを取得できる．

```
> cliques(friend_network_graph, min=4, max=4)
[[1]]
+ 4/36 vertices, named:
[1] Phillip Saunder Cornell Messier Stacy Pillsbury Cliff Orduno
[[2]]
+ 4/36 vertices, named:
[1] Neal Gallagher Murray Bulmer  Jamey Ferebee  Stuart Tibbs
[[3]]
+ 4/36 vertices, named:
[1] Neal Gallagher Cortez Neville Jamey Ferebee  Stuart Tibbs
```

私の友達ネットワークには，三つのクリークがあり，これは先の可視化結果で見たとおりである．これらの人々は互いに友達関係にあり，クリークの定義とも合致する．

[2]　コミュニティ

ここでは，他に比べて緊密に繋がっている友達で形成されるコミュニティを，igraph パッケージに含まれる，貪欲法によるモジュラリティの算出アルゴリズムを用いて抽出する．これは，他に比べて密に接続しているサブグラフはモジュラリティが最大になるという性質を利用したものである．モジュラリティとは，あるグラフの中で異なるサブグラフがどれだけ共存しているかを示す指標であり，それらコミュニティ間の距離を表す．

```
# ネットワークグラフからコミュニティを構築
friend_network_graph <- graph.adjacency(friend_network[!singletons,!singletons],
                                         mode='undirected')
layout <- layout_with_fr(friend_network_graph,
                         niter=500, start.temp=5.744)
fc <- cluster_fast_greedy(friend_network_graph)

# コミュニティの詳細を確認
communities <- data.frame(layout)
names(communities) <- c("x", "y")
communities$cluster <- factor(fc$membership)
communities$name <- fc$names
```

このコードを実行すると，貪欲法によりコミュニティが算出され，各ノードが所属するコミュニティのラベルが得られる．得られた結果は以下のように分析する．

```
# コミュニティごとのノード数を集計
> table(communities$cluster)

 1  2  3  4  5  6
11  6  8  7  2  2

# コミュニティごとの友達の名前を確認
> groups(fc)
$'1'
 [1] "Eddie Artist" "Paula Bauder" "Eldon Solano" "Rufus Dutta" "Burl Wieczorek"
 [6] "Hipolito Naranjo" "Cortez Neville" "Jamey Ferebee" "Rigoberto Ros"
```

96

```
  "Yong Sprayberry"
[11] "Johann Paul"
$`2`
[1] "Lonny Waynick" "Neal Gallagher" "Leon Hottinger" "Murray Bulmer" "Stuart Tibbs"
"Israel Hartson"
$`3`
[1] "Ira Denman" "Phillip Saunder" "Julian Aye" "Cornell Messier" "Stacy Pillsbury"
[6] "Zackary Millan" "Jacob Fidler" "Cliff Orduno"
$`4`
[1] "Houston Tancredi" "Noble Towe" "Patricia Shook" "Perry Rocamora" "Brendan Noga"
[6] "Agustin Lacour" "Rosario Keala"
$`5`
[1] "Todd Mangini" "Jae Matherly"

# モジュラリティを算出
> modularity(fc)
[1] 0.3795085
```

以下のコードは，友達ネットワークにおいて得られたコミュニティを可視化する．こうすることで，コミュニティについて多角的な視点から理解を深めることができる．

```
library(ggplot2)
comm_plot <- ggplot(communities, aes(x=x, y=y, color=cluster, label=name))
comm_plot <- comm_plot + geom_label(aes(fill = cluster), colour="white")
comm_plot
```

図 3.18 において，各コミュニティはそれぞれ色分けされている．

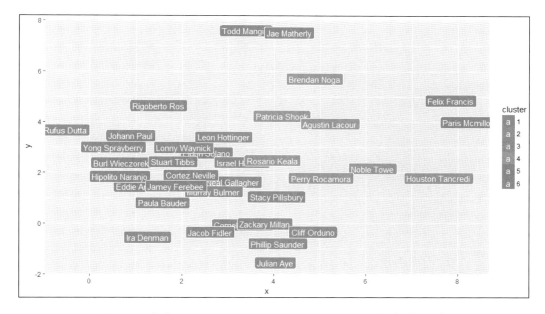

図 3.18　友達ネットワークにおけるコミュニティの可視化（口絵参照）

第 3 章　Facebook におけるソーシャルネットワークとブランドエンゲージメントの分析

以下のコードを実行すると，ネットワークの全体を描画でき，各コミュニティがそこに内包されている様子を確認できる．

```
plot(fc, friend_network_graph,
    vertex.size=15,
    vertex.label.cex=0.8,
    vertex.label=fc$names,
    edge.arrow.size=0,
    edge.curved=TRUE,
    vertex.label.color="black",
    layout=layout.fruchterman.reingold)
```

図 3.19 は，実行結果として得られる，コミュニティを内包した友達ネットワークの図である．

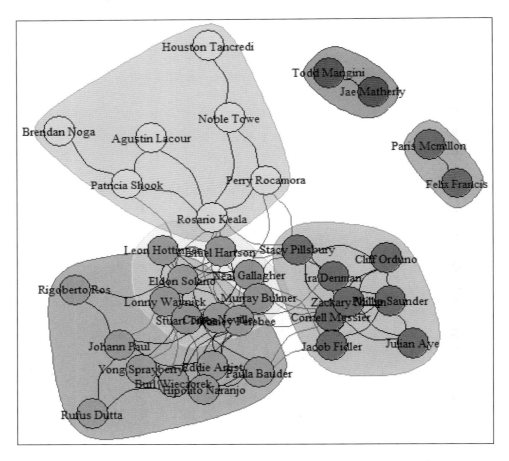

図 3.19　コミュニティを内包した友達ネットワークの全体像（口絵参照）

この図においては，コミュニティがそこに属する人々とともに，枠に囲われた形で色分けされている．あなたのネットワークを同様に可視化すると，それぞれのコミュニティに対する何らかの構成理由が見つかるだろうか？

3.3 イギリスのサッカークラブのソーシャルネットワーク分析

先の節では，小規模な個人間のソーシャルネットワークを分析し，ソーシャルネットワークについての基本的な概念について理解した．本節ではより大きなソーシャルネットワークを扱う．これは直接的，間接的にイギリスのサッカーに関連する Facebook のブランドページのものである．具体的には，イギリスのサッカーにおけるトップリーグであるイングランド・プレミアリーグ（EPL）を扱う．

 イングランド・プレミアリーグは，メンバー権を持つ 20 のサッカークラブで構成される．プレミアリーグのシーズンは毎年 8 月から翌年の 5 月までであり，各クラブは 38 試合ずつ行う．

図 3.20 は，2016～2017 年シーズンにおけるイングランド・プレミアリーグの公式ロゴである．

図 3.20 プレミアリーグのロゴ

プレミアリーグに関連する Facebook ページのネットワークは大規模であり，これを分析することで，ソーシャルネットワークについてより深く理解することができるだろう．早速本題に入ろう．本節におけるコードは，著者が公開しているコードのうち，fb_pages_network_analysis.R にまとめているので，適宜参照してほしい[7]．

ネットワークデータの抽出には，Netvizz を利用する．対象とするページは，プレミアリーグの公式ページ（https://www.facebook.com/premierleague/）であり，このページの ID は 220832481274508 である．Netvizz を開いて，Facebook ページのいいねネットワーク抽出機能でデータを抽出しよう（図 3.21）．

抽出したネットワークデータは，gdf ファイルとして利用できる．ただし，gdf ファイルはそのままだと ID の数値が大きすぎて R で扱う際に支障をきたすため，著者が若干修正を加えたファイルを別途用意した．この修正にあたって，著者はグラフの可視化プラットフォームとして有名な Gephi（https://gephi.org/）を利用した．著者が修正したデータは gml ファイルとして出力し，"pm.gml" というファイル名で，本章のコードとともに提供している．以降は，この "pm.gml" のデータを利用して分析を進める．

---

[7] 訳注：Facebook のポリシー変更により，Rfacebook パッケージが機能しないため，本コードはそのままでは実行できないことに注意．

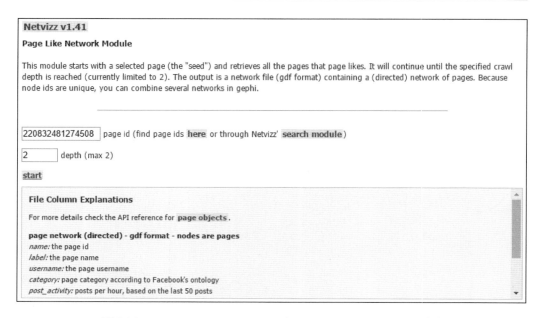

図 3.21　Netvizz の Facebook ページのいいねネットワーク抽出画面

分析を始めるにあたって，以下のコードのように，まず必要なパッケージをロードし，Facebook ページのソーシャルネットワークをファイルから読み込む．

```
# 関連パッケージを読み込む
library(Rfacebook)
library(gridExtra)
library(igraph)
library(ggplot2)

# グラフを読み込む
pl_graph <- read.graph(file="pl.gml", format="gml")
```

▶ 3.3.1　プレミアリーグの Facebook ページにおける記述統計

本項ではプレミアリーグの Facebook ページに関するソーシャルネットワークにおける記述統計を扱う．まずはノードとエッジの総数を算出するところから始めよう．

```
# グラフオブジェクトの内容を確認
> summary(pl_graph)
IGRAPH D--- 582 2810 --
+ attr: id (v/n), label (v/c), graphics (v/c), fan_count (v/c),
| category (v/c), username(v/c), users_can_post (v/c),
| link (v/c), post_activity (v/c), talking_about_count (v/c),
| Yala (v/c), id (e/n), value (e/n)
```

このソーシャルネットワークには，各 Facebook ページに対応した 582 のノードと 2,810 のエッジがあることが確認できる．先に扱った個人のソーシャルネットワークとは規模が大違

3.3 イギリスのサッカークラブのソーシャルネットワーク分析

いである．以下のコードは，このソーシャルネットワークデータを抽出した際に得られたメタ
データから，各 Facebook ページについての基本統計量を算出し，データフレームとして整形
する．

```
pl_df <- data.frame(id=V(pl_graph)$id,
                    name=V(pl_graph)$label,
                    category=V(pl_graph)$category,
                    fans=as.numeric(V(pl_graph)$fan_count),
                    talking_about=as.numeric(V(pl_graph)$talking_about_count),
                    post_activity=as.numeric(V(pl_graph)$post_activity),
                    stringsAsFactors=FALSE)
> View(pl_df)
```

このコードを実行して得られる結果の一部が，図 3.22 の表である．

	id	name	category	fans	talking_about	post_activity
1	10	Premier League	Sports League	39301910	634081	0.31
2	20	TAG Heuer	Jewelry/Watches	2823063	30796	0.14
3	30	Carling	Food & Beverage Company	200508	12078	0.03
4	40	Hull Tigers	Sports Team	1000560	40500	0.23
5	50	Middlesbrough FC	Sports Team	431967	25042	0.29
6	60	Burnley Football Club	Sports Team	352042	3279	0.19
7	70	Watford FC	Sports Team	362231	11308	0.11
8	80	AFC Bournemouth	Sports Team	326942	12651	0.54
9	90	Leicester City Football Club	Sports Team	6554721	218176	0.51
10	100	Crystal Palace Football Club	Sports Team	1004518	18338	0.27

図 3.22 プレミアリーグの Facebook ページの記述統計（一部）

さて，今度はこのネットワークにおける統計量をいくつか算出しよう．

```
# カテゴリ別のページ数のトップ10
if (dev.cur()!=1){dev.off()}
grid.table(as.data.frame(sort(table(pl_df$category), decreasing=TRUE)[1:10]),
           rows=NULL, cols=c('Category', 'Count'))

# ファンのいいねの数が多いページのトップ10
if (dev.cur()!=1){dev.off()}
grid.table(pl_df[order(pl_df$fans, decreasing=TRUE),
           c('name', 'category', 'fans')][1:10,], rows=NULL)

# 言及されている数が多いページのトップ10
if (dev.cur()!=1){dev.off()}
grid.table(pl_df[order(pl_df$talking_about, decreasing=TRUE),
           c('name', 'category', 'talking_about')][1:10,], rows=NULL)

# 投稿の数が多いページのトップ10
if (dev.cur()!=1){dev.off()}
grid.table(pl_df[order(pl_df$post_activity, decreasing=TRUE),
           c('name', 'category', 'post_activity')][1:10,], rows=NULL)
```

第 3 章　Facebook におけるソーシャルネットワークとブランドエンゲージメントの分析

　このコードを実行すると，図 3.23 のように，カテゴリ別のページ数，ファンのいいねの数，言及されている数，投稿の数のそれぞれトップ 10 を示す四つの表が得られる．

Category	Count		name	category	fans
Athlete	151		Cristiano Ronaldo	Athlete	118925300
Sports Team	77		FC Barcelona	Sports Team	95491169
Community	31		Manchester United	Sports Team	72214897
Product/Service	26		UEFA Champions League	Sports League	60636892
Non-Profit Organization	21		Neymar Jr.	Athlete	59214746
Company	20		David Guetta	Musician/Band	54789663
Local Business	16		Chelsea Football Club	Sports Team	47253090
Games/Toys	15		Nike Football	Product/Service	42498785
Sports League	14		Nike Football	Product/Service	42498683
Travel Company	13		Nike Football	Product/Service	42498679

name	category	talking_about		name	category	post_activity
Cristiano Ronaldo	Athlete	3532172		SportPesa Care	Product/Service	21.74
FC Barcelona	Sports Team	1633078		GiveMeSport - Football	News/Media Website	10.54
Manchester United	Sports Team	1618239		Virgin Media	Telecommunication Company	9.94
Chelsea Football Club	Sports Team	1301568		Neymar Jr.	Athlete	8.77
UEFA Champions League	Sports League	1168555		Delta	Travel Company	2.83
Neymar Jr.	Athlete	1085169		Juan Mata	Athlete	2.37
Etihad Stadium	Stadium	1043577		The Sims	Games/Toys	2.23
Sergio Ramos	Athlete	1027324		Sky Sports	TV Network	2.18
LaLiga	Sports League	970684		ESPN UK	Media/News Company	2.02
Stamford Bridge	Stadium	862744		Sergio Ramos	Athlete	1.67

図 3.23　カテゴリ別のページ数，ファンのいいねの数，言及されている数，投稿の数のそれぞれのトップ 10

　ページごとのファンの数（いいねの数）と，ページに言及している人の数の相関はどうなっているだろうか．次のコードを実行して可視化してみよう．

```
# ページごとのファンの数と，ページに言及している人の数の相関を調べる
clean_pl_df <- pl_df[complete.cases(pl_df),]
rsq <- format(cor(clean_pl_df$fans, clean_pl_df$talking_about) ^2, digits=3)
corr_plot <- ggplot(pl_df, aes(x=fans, y=talking_about))+ theme_bw() +
  geom_jitter(alpha=1/2) +
  scale_x_log10() +
  scale_y_log10() +
  labs(x="Fans", y="Talking About") +
  annotate("text", label=paste("R-sq =", rsq), x=+Inf, y=1, hjust=1)
corr_plot
```

　このコードを実行すると，図 3.24 の散布図が得られる．表示されている R-sq（R^2 値）は相関の指標である．この散布図および R^2 値から，ページごとのファンの数とページに言及する人の数には強い相関があることがわかる．

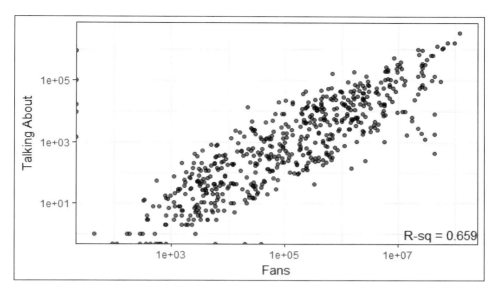

図 3.24　ページのファンの数とページに言及している人数の相関状況の可視化

▶ 3.3.2　プレミアリーグネットワークを可視化する

　ここからは，先に扱った友達ネットワークと同様に，プレミアリーグネットワークについて可視化する．しかし，このネットワークは 580 のノードを持つため，すべてを一度にプロットしてしまうと非常に込み入った図になってしまい，有用な示唆が得られにくい．そこで，次数でフィルタをかけてプロットすることにする．ここでは 30 以上の次数を持つノードのみを可視化する．

```
# 次数でフィルタをかけてプロット
degrees <- degree(pl_graph, mode="total")
degrees_df <- data.frame(ID=V(pl_graph)$id,
                         Name=V(pl_graph)$label,
                         Degree=as.vector(degrees))
ids_to_remove <- degrees_df[degrees_df$Degree < 30, c('ID')]
ids_to_remove <- ids_to_remove / 10

# グラフにフィルタをかける
filtered_pl_graph <- delete.vertices(pl_graph, ids_to_remove)

# グラフをプロット
tkplot(filtered_pl_graph,
       vertex.size = 10,
       vertex.color="orange",
       vertex.frame.color= "white",
       vertex.label.color = "black",
       vertex.label.family = "sans",
       edge.width=0.2,
       edge.arrow.size=0,
       edge.color="grey",
       edge.curved=TRUE,
       layout = layout.fruchterman.reingold)
```

第 3 章 Facebook におけるソーシャルネットワークとブランドエンゲージメントの分析

このコードを実行すると，相互にいいねを押している形で繋がっているページ間のネットワークが，図 3.25 のプロットのような形で図示される．

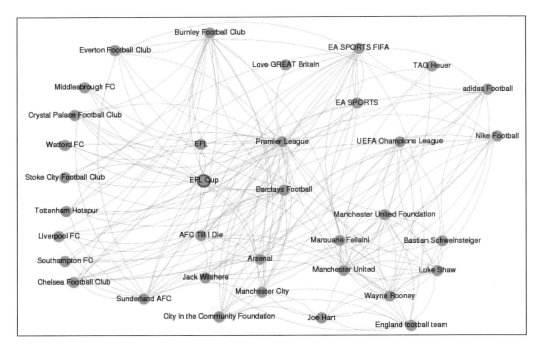

図 3.25 プレミアリーグネットワークの可視化

この図から，プレミアリーグがチャンピオンズリーグやヨーロッパリーグといった他のサッカーリーグや，サッカークラブ，選手，スポンサーの Facebook ページと繋がっている様子が確認できる．以降で，影響力のあるページの発見やコミュニティの把握といった詳細な分析を進める際には，常にこの図に立ち返ろう．

▶ 3.3.3 ネットワークの性質についての分析

本項は，プレミアリーグのネットワークからいくつかの指標を算出し，有用な知見を引き出すことを目的とする．ネットワーク分析の指標としては，ネットワークの直径（diameter），密度（density），推移性（transitivity），コア度（coreness）などが挙げられる．基本的な方向性として，ネットワークの構造やその構成要素について検討を進めていく[8]．

[1] ネットワークの直径

ネットワークの直径は，最長の測地線の長さ，つまりエッジの数でノード間の距離を算出した際の最長距離として定義される．この事例は有向性グラフであることを前提とすると，直径は以下のコードで得られる．

---

[8] 訳注：ここでは基本的なネットワーク分析の指標の算出方法のみを扱っている．実際の分析の際は，他のネットワークと指標を比較して結果を解釈する必要がある．

104

3.3　イギリスのサッカークラブのソーシャルネットワーク分析

```
# ネットワークの直径を取得
> diameter(pl_graph, directed=TRUE)
[1] 7

# ネットワーク内で最長の経路を取得
> get_diameter(pl_graph, directed=TRUE)$label
[1] "Sports Arena Hull" "Hull Tigers" "Teenage Cancer Trust"
[4] "Celtic FC" "Dafabet UK" "Premier League" "Carling"
[8] "Alice Gold"
```

この事例の直径は 7 であり，最長の経路を構成するノードも取得できた．

[2]　ページ間の距離

ここで扱っているソーシャルネットワークグラフにおいて，各ノードは Facebook ページと対応しており，このノード間の距離を算出することで，ネットワーク全体での距離の平均が得られる．以下のコードを実行して，ページ間の距離を算出しよう．

```
# 二つのノード間の平均距離を取得
> mean_distance(pl_graph, directed=TRUE)
[1] 3.696029

# 注目のページ間の距離を算出
node_dists <- distances(pl_graph, weights=NA)
labels <- c("Premier League", pl_df[c(21, 22, 23, 24, 25), 'name'])
filtered_dists <- node_dists[c(1,21,22,23,24,25), c(1,21,22,23,24,25)]
colnames(filtered_dists) <- labels
rownames(filtered_dists) <- labels
if (dev.cur()!=1){dev.off()}
grid.table(filtered_dists)
```

このコードを実行すると，注目のページ（上位のサッカークラブ）とプレミアリーグのページ間との距離が得られる．実行結果は図 3.26 に示すとおりである．

	Premier League	Manchester United	Manchester City	Liverpool FC	Arsenal	Chelsea Football Club
Premier League	0	1	1	1	1	1
Manchester United	1	0	2	2	2	2
Manchester City	1	2	0	2	2	2
Liverpool FC	1	2	2	0	2	2
Arsenal	1	2	2	2	0	2
Chelsea Football Club	1	2	2	2	2	0

図 3.26　プレミアリーグの Facebook ページと他の関連するページとの距離

[3]　密度

ネットワークグラフの密度は，グラフのノード間に存在しうる最大エッジ数に対する実際のエッジ数の比として表され，数学的には以下のように表現される．

$$\mathrm{ND}(G) = \frac{|E|}{|V| \times |V| - 1}$$

105

ここで ND(G) は，グラフ $G(V, E)$ における密度を表す．V はノード（頂点），E はエッジであり，$|E|$ はグラフにおけるエッジの総数，$|V|$ はノードの総数を示す．以下のコードは，プレミアリーグネットワークの密度を取得するとともに，上記の数式の検証をしている．

```
# グラフの密度を算出
> edge_density(pl_graph)
[1] 0.008310118

# 密度の数式による結果と比較
> 2801 / (582*581)
[1] 0.008283502
```

[4] 推移性

ネットワークの推移性は，クラスタ係数（clustering coefficient）としても定義されているものであり，隣接するノードが接続しうる確率である．例えば，ページ A がページ B と接続しており，ページ B がページ C と接続しているとき，A が C に接続しうる確率はどのくらいだろうか？ 以下のコードは，われわれが現在扱っているネットワークにおける推移性を計算する．

```
# 推移性（クラスタ係数）を算出
> transitivity(pl_graph)
[1] 0.163949
```

[5] コア度

コア度はネットワーク内でどのノードが中心にあり，どのノードが辺縁に位置するのかを理解する際に有用な指標である．コア度は，以下の二つの手順に従って計算する k コア分解（k-core decomposition）を用いて算出される．

- グラフにおける k コアとは，構成ノードが k 以上の次数を持つサブグラフのうち最大のものを表す．
- あるノードが k コアのサブグラフには属するが，$k+1$ コアのサブグラフには属さないとき，k をそのノードのコア度とする．

以下は，プレミアリーグネットワークにおける各ページのコア度を算出するコードである．

```
# コア度を算出
page_names <- V(pl_graph)$label
page_coreness <- coreness(pl_graph)
page_coreness_df = data.frame(Page=page_names, PageCoreness=page_coreness)

# 最大のコア度
> max(page_coreness_df$PageCoreness)
[1] 11
```

以下のコードを実行して，コア度の観点から，重要なページとそうでないページを確認してみよう（図 3.27）．

```
# コア度の高いページを確認
View(head(page_coreness_df[
  page_coreness_df$PageCoreness == max(page_coreness_df$PageCoreness),],20))

# コア度の低いページを確認
View(head(page_coreness_df[
  page_coreness_df$PageCoreness == min(page_coreness_df$PageCoreness),],20))
```

Core Pages			Periphery Pages		
	Page	PageCoreness		Page	PageCoreness
1	Premier League	11	34	Henrik Lundqvist	1
6	Burnley Football Club	11	37	Cara Delevingne	1
10	Crystal Palace Football Club	11	38	La Carrera Panamericana	1
11	West Ham United	11	39	Patrick Dempsey	1
12	Southampton FC	11	40	Dempsey Racing	1
14	Everton Football Club	11	52	The Carling Local at V Festival	1
15	Nike Football	11	57	Tigers Trust	1
16	West Bromwich Albion	11	59	Hull Tigers Commercialâ€™	1
17	Tottenham Hotspur	11	60	Hull Tigers Arabic	1
18	Swansea City Football Club	11	61	Andy Dawson Testimonial	1
19	Sunderland AFC	11	84	Safehands Nursery at Barnoldswick	1
20	Stoke City Football Club	11	88	Liv Fox Photography	1
21	Manchester United	11	89	Split Screen Wedding Dreams	1
22	Manchester City	11	94	Alex O'Neill Photography	1
23	Liverpool FC	11	95	Pier Fun Casinos Event Management Ltd	1

図 3.27　コア度が高い/低い Facebook ページ

図 3.27 から，プレミアリーグに所属するサッカークラブは，プレミアリーグの Facebook ページと同様に高いコア度を持っていることがわかる．一方，コア度が低いページとして，国，スポンサー，地域や都市，有名人のさまざまなページが，プレミアリーグの Facebook ページと関係を持っていることがわかる．これらのページは，他のページに比べると繋がりの数が少なく，影響度も低い．

▶ 3.3.4　ノードの特性について調べる

ここからは，友達ネットワークを扱ったときと同様に，影響力のあるページを探すために，新しいものも含めてさまざまな中心性の指標を検討していく[9]．

---

[9] 訳注：ここでは複数の中心性の指標が紹介されている．各指標の解釈を把握した上で，分析の目的に応じて使い分けてほしい．

107

第3章 Facebook におけるソーシャルネットワークとブランドエンゲージメントの分析

[1] 次数

前節で述べたように，ノードの次数は，隣接するノードとのエッジの数で定義され，入次数と出次数の合計に等しい．したがって，あるノード（ページ）の次数が大きいほど，ネットワークにおけるページの影響力は大きくなり，その逆も同様である．重要で影響力の高いページは，情報をつかむと，他のページよりも素早くその情報を拡散させていく．以下のコードは，各ページの次数を算出する．

```
# 次数を算出
degree_plg <- degree(pl_graph, mode="total")
degree_plg_df <- data.frame(Name=V(pl_graph)$label, Degree=as.vector(degree_plg))
degree_plg_df <- degree_plg_df[order(degree_plg_df$Degree, decreasing=TRUE),]
```

次は近接中心性を計算しよう．

[2] 近接中心性

近接中心性は，あるノードから他のノードに情報を伝達する際にかかる距離を意味する．理論的には，あるノードから他のノードに到達するまでの最短距離の総計として定義される．この距離の総計が大きいほど，そのノードはネットワークの中心から外れることになる．なお，正規化された近接中心性は，ノードの総計から 1 を引いた数を，最短距離の総計の逆数に乗じて計算される．数学的には以下のように表現される．

$$\mathrm{Cl}(x) = \frac{|V-1|}{\sum_{i=1}^{|V|} \mathrm{sdist}(i,x) \forall (i \neq x)}$$

ここで $\mathrm{Cl}(x)$ はノード x の近接中心性を示す．$\mathrm{sdist}(i,x)$ はノード x とノード i の最短距離を示し，$|V|$ はこのネットワークのノードの総計を示す．ノード（ページ）x においてこのスコアが高ければ高いほど，x の中心性は高く，影響力も高まる．以下のコードは，各ページの近接中心性を算出する．

```
# 近接中心性を算出
closeness_plg <- closeness(pl_graph, mode="all", normalized=TRUE)
closeness_plg_df <- data.frame(Name=V(pl_graph)$label,
                               Closeness=as.vector(closeness_plg))
closeness_plg_df <- closeness_plg_df[order(closeness_plg_df$Closeness,
                                     decreasing=TRUE),]
```

次に，各ページの媒介中心性を算出し，各指標の値を比較して，その相関について検討しよう．

[3] 媒介中心性

あるノードにおける媒介中心性は，測地線の数，つまりノード間の最短経路がそのノードを通過する数として定義される．数学的には以下のように表現される．

$$\mathrm{Bw}(x) = \sum_{i,j \in V} \frac{\mathrm{nsdist}(i,j)_x}{\mathrm{nsdist}(i,j)}$$

Bw(x) はノード x における媒介中心性を示す．nsdist$(i,j)_x$ はネットワーク内のノード集合 V に属する i と j の最短経路が x を通過する数であり，nsdist(i,j) はネットワーク全体における最短経路の数を示す．以下のコードは，プレミアリーグネットワークにおける各ページの媒介中心性を算出する．

```
# 媒介中心性
betweenness_plg <- betweenness(pl_graph)
betweenness_plg_df <- data.frame(Name=V(pl_graph)$label,
                                 Betweenness=as.vector(betweenness_plg))
betweenness_plg_df <- betweenness_plg_df[order(betweenness_plg_df$Betweenness,
                                 decreasing=TRUE),]
```

さて，以下のコードを実行して，次数，媒介中心性，近接中心性の観点から，影響力のある Facebook ページのトップ10を確認しよう．

```
# 次数，近接中心性，媒介中心性の各指標におけるトップ10を表示
View(head(degree_plg_df, 10))
View(head(closeness_plg_df, 10))
View(head(betweenness_plg_df, 10))
```

このコードを実行して得られる三つの表を一つにまとめたものが，図3.28である．次数，近接中心性，媒介中心性の観点から影響力のある Facebook ページがわかるだろう．

	Name	Degree		Name	Closeness		Name	Betweenness
22	Manchester City	109	1	Premier League	0.5340074	1	Premier League	96082.15
24	Arsenal	92	19	Sunderland AFC	0.4874161	22	Manchester City	32242.45
15	Nike Football	91	6	Burnley Football Club	0.4805624	19	Sunderland AFC	24583.19
19	Sunderland AFC	91	26	Barclays Football	0.4723577	24	Arsenal	22258.68
25	Chelsea Football Club	90	129	EFL Cup	0.4611111	6	Burnley Football Club	21872.56
1	Premier League	85	366	606	0.4469231	15	Nike Football	21232.93
21	Manchester United	84	243	EA SPORTS FIFA	0.4418251	21	Manchester United	19781.41
6	Burnley Football Club	82	150	The Offside Rule (We Get It!) Podcast	0.4411541	243	EA SPORTS FIFA	19013.00
14	Everton Football Club	65	156	The H and C News Football Pie League	0.4365139	25	Chelsea Football Club	18181.46
23	Liverpool FC	59	22	Manchester City	0.4342302	2	TAG Heuer	16698.68

図 3.28　次数，近接中心性，媒介中心性の観点から見て影響力があるページ

三つの表において共通して出現するページが確認できただろうか？　これらの指標間に相関関係はありそうだろうか？　これらの問いについて少し考えてみた後，答えを探ってみることにしよう．

[4]　中心性指標間の相関を可視化する

友達ネットワークについて分析した際，複数の中心性指標の相関関係を可視化し，相関係数を算出した．本節でも同様に，可視化と相関係数の算出をしてみよう．

```
plg_df <- data.frame(degree_plg, closeness_plg, betweenness_plg)
# 次数と近接中心性
rsq <- format(cor(degree_plg, closeness_plg) ^2, digits=3)
```

```
corr_plot <- ggplot(plg_df, aes(x=degree_plg, y=closeness_plg)) +
  theme_bw() +
  geom_jitter(alpha=1/2) +
  scale_y_log10() +
  labs(x="Degree", y="Closeness") +
  annotate("text", label=paste("R-sq =", rsq), x=+Inf, y=1, hjust=1)
corr_plot
```

このコードを実行すると，図 3.29 のように，R^2 値を添えた散布図が得られる．R^2 値は，次数と近接中心性の相関係数を 2 乗したものである．

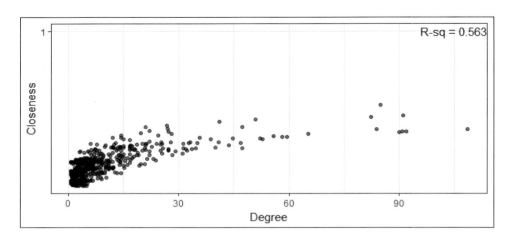

図 3.29　次数と近接中心性の相関関係の可視化

この図から，次数と近接中心性の間には強い相関関係があることが確認でき，相関係数も 0.75（R^2 値 0.563 の根）と，それを裏づける結果となっている．次に，次数と媒介中心性についても検討してみよう．

```
# 次数と媒介中心性
rsq <- format(cor(degree_plg, betweenness_plg) ^2, digits=3)
corr_plot <- ggplot(plg_df, aes(x=degree_plg, y=betweenness_plg)) +
  theme_bw() +
  geom_jitter(alpha=1/2) +
  scale_y_log10() +
  labs(x="Degree", y="Betweenness") +
  annotate("text", label=paste("R-sq =", rsq), x=+Inf, y=1, hjust=1)
corr_plot
```

このコードを実行すると，R^2 値を添えた，次数と媒介中心性の散布図が得られる（図 3.30）．

この図から，次数と媒介中心性は強い相関関係にあり，相関係数も 0.72（R^2 値 0.515 の根）と高いことがわかる．

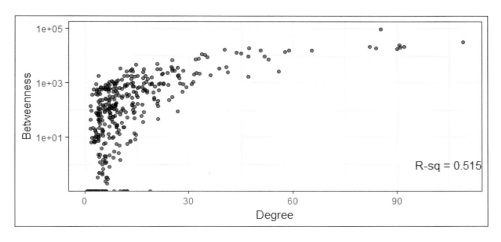

図 3.30 次数と媒介中心性の相関関係の可視化

[5] 固有ベクトル中心性

固有ベクトル中心性とは，グラフの隣接行列における第1固有ベクトルを指す．これは，各ノードの中心性が，そのノードに接続するノードの中心性に比例するという前提のもとで計算される．したがって，高い固有ベクトル中心性を持つページは，多くのページに繋がったページと繋がっていると言える．簡単に言えば，固有ベクトル中心性は，多くのノードと接続したノードとどれだけ接続しているかを示す指標である．以下のコードを実行して，固有ベクトル中心性を求めてみよう．

```
# 固有ベクトル中心性を算出
evcentrality_plg <- eigen_centrality(pl_graph)$vector
evcentrality_plg_df <- data.frame(Name=V(pl_graph)$label,
                                  EVcentrality=as.vector(evcentrality_plg))
evcentrality_plg_df <- evcentrality_plg_df[order(evcentrality_plg_df$EVcentrality,
                                           decreasing=TRUE),]
View(head(evcentrality_plg_df, 10))
```

	Name	EVcentrality
1	Premier League	1.0000000
21	Manchester United	0.9756104
22	Manchester City	0.9193786
24	Arsenal	0.7601505
262	Wayne Rooney	0.7497510
15	Nike Football	0.7217245
25	Chelsea Football Club	0.6871378
19	Sunderland AFC	0.6842139
445	UEFA Champions League	0.6432694
6	Burnley Football Club	0.6300486

図 3.31 固有ベクトル中心性の観点から見て影響力があるページ

第3章 Facebook におけるソーシャルネットワークとブランドエンゲージメントの分析

このコードを実行すると，固有ベクトル中心性の観点から見て影響力が高い Facebook ページのトップ 10 が得られる（図 3.31）．興味深いことに，この表に挙がっているページは，どれも高い次数を持っている．固有ベクトル中心性と次数の間には強い相関があるのだろうか？ ぜひ手を動かして検討してみてほしい．

[6] ページランク

ページランクは，特定のノードに一つのメッセージが到達する確率にほぼ一致する．これは Google の創設者である Sergey Brin と Lawrence Page により発明された Google PageRank アルゴリズムによって計算される．数学的には以下のように表現される．

$$
PR(p_x) = \frac{1-d}{N} + d \sum_{p_i \in M(p_x)} \frac{PR(p_i)}{L(p_i)}
$$

この式において，p_x はネットワーク内のノードを示す．N はネットワーク内のノードの総数であり，d はダンピングファクタと呼ばれ，通常 0.85 に設定される．$M(p_x)$ は p_x に接続しているノードの集合であり，$L(p_i)$ は p_i から別のページへの接続数である．詳細は，オリジナルの論文（http://infolab.stanford.edu/~backrub/google.html）を参照してほしい．以下のコードは，各ノードについてページランクを算出する．

```
# PageRank を算出
pagerank_plg <- page_rank(pl_graph)$vector
pagerank_plg_df <- data.frame(Name=V(pl_graph)$label,
                              PageRank=as.vector(pagerank_plg))
pagerank_plg_df <- pagerank_plg_df[order(pagerank_plg_df$PageRank, decreasing=TRUE),]
View(head(pagerank_plg_df, 10))
```

図 3.32 の表は，ページランクの観点から見て重要なページのトップ 10 を示している．この表から，アディダスやナイキがサッカークラブと並んで影響力を持っていることが確認できる．

	Name	PageRank
15	Nike Football	0.027226678
24	Arsenal	0.019968333
21	Manchester United	0.018352130
25	Chelsea Football Club	0.017139476
22	Manchester City	0.013780236
558	adidas Football	0.013302024
245	PSG - Paris Saint-Germain	0.011784058
1	Premier League	0.011723774
445	UEFA Champions League	0.009690068
264	Nike	0.008748710

図 3.32 ページランクの観点から見て影響力があるページ

3.3 イギリスのサッカークラブのソーシャルネットワーク分析

[7] HITS オーソリティスコア

HITS（hyperlink-induced topic search）オーソリティスコアは，Jon Kleinberg が開発したアルゴリズムであり，ページランクのようにウェブページのランク付けを行う際に用いられる．各ノードにおける HITS オーソリティスコアは M をネットワークの隣接行列としたとき，$M^T M$ の主固有ベクトルとして得られる．以下のコードを実行すると，HITS オーソリティスコアのトップ 10 が得られる（図 3.33）．

```
# HITS オーソリティスコアを算出
hits_plg <- authority_score(pl_graph)$vector
hits_plg_df <- data.frame(Name=V(pl_graph)$label,
                          AuthScore=as.vector(hits_plg))
hits_plg_df <- hits_plg_df[order(hits_plg_df$AuthScore, decreasing=TRUE),]
View(head(hits_plg_df, 10))
```

	Name	AuthScore
21	Manchester United	1.0000000
24	Arsenal	0.9619702
1	Premier League	0.9178324
22	Manchester City	0.8847690
25	Chelsea Football Club	0.8299846
14	Everton Football Club	0.6517946
17	Tottenham Hotspur	0.6220038
23	Liverpool FC	0.5799794
459	England football team	0.5277520
18	Swansea City Football Club	0.4647856

図 3.33　HITS オーソリティスコアの観点から見て影響力があるページ

図 3.33 の結果を見ると，プレミアリーグのページ以外はすべてサッカークラブのページとなっており，非常に興味深い．

[8] 隣接するページ

`igraph` パッケージの `neighbor` 関数を用いると，あるページに隣接するページを確認できる．以下のコードを実行して，プレミアリーグおよびサウサンプトン FC（Saints FC）の Facebook ページに隣接するページを確認してみよう．

```
# プレミアリーグに隣接するページを得る
> pl_neighbours <- neighbors(pl_graph, v=which(V(pl_graph)$label=="Premier League"))
> pl_neighbours
+ 26/582 vertices:
 [1]  2  3  4  5  6  7  8  9 10 11 12 13 14 15 16 17 18 19 20 21 22 23 24 25 26 27

> pl_neighbours$label
 [1] "TAG Heuer" "Carling""Hull Tigers""Middlesbrough FC"
```

113

第 3 章　Facebook におけるソーシャルネットワークとブランドエンゲージメントの分析

```
 [5] "Burnley Football Club" "Watford FC" "AFC Bournemouth"
 "Leicester City Football Club"
 [9] "Crystal Palace Football Club" "West Ham United" "Southampton FC"
 "Love GREAT Britain"
[13] "Everton Football Club" "Nike Football" "West Bromwich Albion"
"Tottenham Hotspur"
[17] "Swansea City Football Club" "Sunderland AFC" "Stoke City Football Club"
"Manchester United"
[21] "Manchester City" "Liverpool FC" "Arsenal" "Chelsea Football Club"
[25] "Barclays Football" "EA SPORTS"

# サウサンプトン FC に隣接するページを得る
> pl_neighbours <- neighbors(pl_graph, v=which(V(pl_graph)$label=="Southampton FC"))
> pl_neighbours
+ 19/582 vertices:
 [1]  26 126 185 186 187 188 189 190 191 192 193 194 195 196 197 198 199 200 201

> pl_neighbours$label
 [1] "Barclays Football" "The Emirates FA Cup" "JAcrAcmy Pied"
 [4] "Virgin Media" "Under Armour (GB, IE)" "Radhi JaA ?di"
 [7] "Oriol Romeu Vidal" "NIX Communications Group" "JosAc Fonte"
[10] "OctaFX" "Florin Gardos" "Harrison Reed"
[13] "Ryan Bertrand" "Garmin" "James Ward-Prowse"
[16] "Benali's Big Race" "Southampton Solent University - Official"
"Sparsholt Football Academy"
[19] "Saints Foundation"
```

　それぞれのページに隣接するページを見ると，さまざまな発見があるだろう．プレミアリーグに隣接するページは，サッカークラブもしくはスポンサーであり，一方，サウサンプトン FCに隣接するページは選手やスポンサーが多い．

▶ 3.3.5　ネットワークのコミュニティを分析する

　友達ネットワークの分析と同様，プレミアリーグネットワークにおいても，他所に比べて緊密に繋がっているコミュニティを抽出し，分析してみよう．

[1]　クリーク

　友達ネットワークの分析で触れたように，クリークとは，あるグラフにおいて，互いに接続したノードで構成されるグラフの部分集合（サブグラフ）であり，最大クリークはそのうちノード数が最大のものを指す．以下のコードを実行して，プレミアリーグネットワークにおける最大クリークを確認しよう．

```
# 最大クリークのサイズを取得
> clique_num(pl_graph)
[1] 10

# サイズ10のクリークの数を取得
> count_max_cliques(pl_graph, min=10, max=10)
[1] 2
```

114

```
# 最大クリークを構成するページを取得
clique_list <- cliques(pl_graph, min=10, max=10)
for (clique in clique_list){
  print(clique$label)
  cat('\n\n')
}
```

このコードを実行すると，10 のページで構成される二つのクリークが得られる．結果は図3.34 に示すとおりである．

```
[1] "Manchester United"          "Adnan Januzaj"                "Wayne Rooney"       "Juan Mata"
[5] "Bastian Schweinsteiger"     "David De Gea"                 "Luke Shaw"          "Daley Blind"
[9] "Marouane Fellaini"          "Manchester United Foundation"


[1] "Manchester United"          "Wayne Rooney"                 "Juan Mata"          "Bastian Schweinsteiger"
[5] "David De Gea"               "Luke Shaw"                    "Daley Blind"        "Chevrolet FC"
[9] "Marouane Fellaini"          "Manchester United Foundation"
```

図 3.34　サイズ 10 のクリーク

各クリークを構成するページに，何か関係性が見つかっただろうか？ マンチェスター・ユナイテッドのファンならわかるかもしれない．これらのクリークはマンチェスター・ユナイテッドに密接に関係する選手やスポンサー，団体ばかりで構成されており，これらのページがクリークを構成している理由をよく示している．

[2]　コミュニティ

ここでは igraph パッケージの fast greedy clustering algorithm を用いて，コミュニティを検出する．なお，ノード数が多いと可視化が困難になるため，重要なページのみを残してグラフのサイズを削減することにしよう．以下に，次数が低いノードを除くコードを示す．

```
# 次数に基づいて重要なノードのみを残す
degrees <- degree(pl_graph, mode="total")
degrees_df <- data.frame(ID=V(pl_graph)$id,
                         Name=V(pl_graph)$label,
                         Degree=as.vector(degree_plg))
ids_to_remove <- degrees_df[degrees_df$Degree < 30, c('ID')]
ids_to_remove <- ids_to_remove / 10

filtered_pl_graph <- delete.vertices(pl_graph, ids_to_remove)
fplg_undirected <- as.undirected(filtered_pl_graph)
```

次に，fast greedy clustering algorithm を適用する．これは，（友達ネットワーク分析でも扱った）モジュラリティを最大化するアルゴリズムである．

```
# fast greedy clustering algorithm を実行
fgc <- cluster_fast_greedy(fplg_undirected)
layout <- layout_with_fr(fplg_undirected, niter=500, start.temp=5.744)
communities <- data.frame(layout)
names(communities) <- c("x", "y")
communities$cluster <- factor(fgc$membership)
```

第 3 章　Facebook におけるソーシャルネットワークとブランドエンゲージメントの分析

```
communities$name <- V(fplg_undirected)$label

# 各コミュニティのノード数を取得
> table(communities$cluster)
 1  2  3
15 10 10

# 各コミュニティに所属するノード（ページ）名を取得
community_groups <- unlist(lapply(groups(fgc),
  function(item){
    pages <- communities$name[item]
    i <- 1; lim <- 4; s <- ""
    while(i <= length(pages)){
      start = i
      end = min((i+lim-1),
                length(pages))
      s <- paste(s,paste(pages[start:end],
                         collapse=", "))
      s <- paste(s, "\n")
      i=i+lim
    }
    return(substr(s, 1, (nchar(s)-2)))
  })
)
if (dev.cur()!=1){dev.off()}
grid.table(community_groups)
```

このコードを実行すると，コミュニティとそれを構成するページを示した図 3.35 のような出力が得られる．

Premier League, Middlesbrough FC, Burnley Football Club, Watford FC Crystal Palace Football Club, Love GREAT Britain, Everton Football Club, Tottenham Hotspur Sunderland AFC, Stoke City Football Club, Liverpool FC, Chelsea Football Club Barclays Football, EFL, EFL Cup
TAG Heuer, Southampton FC, Manchester United, Wayne Rooney Bastian Schweinsteiger, Luke Shaw, Marouane Fellaini, Manchester United Foundation UEFA Champions League, adidas Football
Nike Football, Manchester City, Arsenal, EA SPORTS EA SPORTS FIFA, Jack Wilshere, Joe Hart, City in the Community Foundation England football team, AFC Till I Die

図 3.35　コミュニティとそれを構成するページ

以下のコードを実行して，モジュラリティの値を確認しよう．

```
# モジュラリティの値を取得
> modularity(fgc)
[1] 0.2917283
```

3.3 イギリスのサッカークラブのソーシャルネットワーク分析

さらに，以下のコードを実行して，コミュニティを可視化してみよう．

```
# コミュニティを可視化
comm_plot <- ggplot(communities, aes(x=x, y=y, color=cluster, label=name))
comm_plot <- comm_plot + geom_label(aes(fill = cluster), colour="white")
comm_plot
```

このコードを実行すると，コミュニティごとに色分けした図 3.36 が得られる．

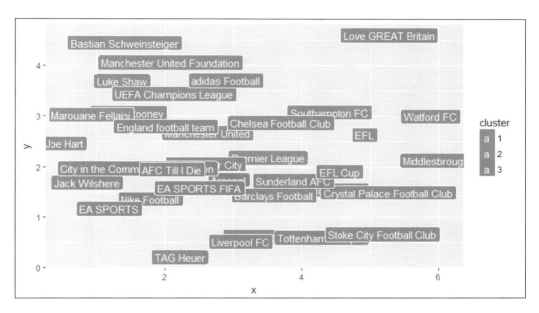

図 3.36　プレミアリーグネットワークにおけるコミュニティの可視化（口絵参照）

さらに，以下のコードを実行し，コミュニティに加えて，ページおよびその繋がりも含め，ネットワーク全体を可視化してみよう（図 3.37）．

```
plot(fgc, fplg_undirected,
     vertex.size=15,
     vertex.label.cex=0.8,
     vertex.label=fgc$names,
     edge.arrow.size=0,
     edge.curved=TRUE,
     vertex.label.color="black",
     layout=layout.fruchterman.reingold)
```

図 3.37 を見て，なぜこのようなコミュニティが形成されているか，思い当たる理由はあるだろうか？ ここで，`igraph` パッケージの `cluster_edge_betweenness` 関数を用い，edge betweenness clustering algorithm を試してみよう．実行方法は，これまでのコードを参照してほしい．このアルゴリズムで得られるコミュニティは，先のコミュニティとどんな違いがあるだろうか？ そして，なぜそのような違いが現れたのだろうか？

第 3 章　Facebook におけるソーシャルネットワークとブランドエンゲージメントの分析

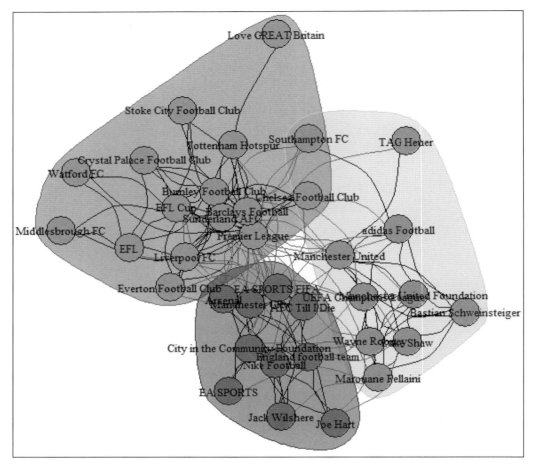

図 3.37　プレミアリーグネットワークにおけるコミュニティおよび重要なページの可視化（口絵参照）

3.4　イギリスのサッカークラブの Facebook ページにおけるブランドエンゲージメントの分析

　ここからは，引き続き Facebook ページを題材としつつ，ブランドエンゲージメントに焦点を当てた分析を進めていく．企業が持つ Facebook ページはブランドであり，そのフォロワーと適切な関係を保つことが非常に重要である．本節では，プレミアリーグの三つのトップサッカークラブの Facebook ページを対象に，ブランドエンゲージメントを分析する．具体的には，Facebook ページのデータを用いながら，投稿の傾向や，影響力のあるユーザーについて分析と可視化を進めていく．なお，ここでは ggplot2 パッケージを用いて作成した複数のプロットを，独自に定義した multiplot 関数を利用して構成していく．この関数は multiple_plots.R ファイル内に定義しているので，以下のように他のパッケージと一緒にロードしておいてほしい．

118

3.4 イギリスのサッカークラブの Facebook ページにおけるブランドエンゲージメントの分析

```
library(Rfacebook)
library(ggplot2)
library(scales)
library(dplyr)
library(magrittr)
source('multiple_plots.R')
```

　なお，本節の分析で用いるコードは，本書のサポートサイトに公開している fb_page_data_analysis.R ファイルにあるので，適宜参照してほしい[10].

　まずは Facebook ページのデータを取得するところから始めよう．

▶ 3.4.1　データを取得する

　Facebook ページのデータを取得する際は，Rfacebook パッケージの getPage 関数を用いる[11]. 以下のコードは，プレミアリーグにおける三つの有名サッカークラブの Facebook データを取得する．この三つのクラブは有名であるほかに，互いにライバル関係にあり，これらがこの 3 チームを選んだ理由である．ここでは，2014/1/1〜2017/1/17 の投稿を取得している．なお，2015〜2016 シーズンのいくつかの投稿については，Facebook のプライバシー関連の問題で取得できていない．今後の分析は，取得できたデータについて進めていく．

```
# これまで利用してきた Facebook のユーザートークンを利用
token = 'XXXXXXXXX'

# ページ単位の統計情報を取得
man_united <- getPage(page='manchesterunited', n=100000,
                      token=token,since='2014/01/01',
                      until='2017/01/17')
man_city <- getPage(page='mancity', n=100000,
                    token=token,since='2014/01/01',
                    until='2017/01/17')
arsenal <- getPage(page='Arsenal', n=100000,
                   token=token,since='2014/01/01',
                   until='2017/01/17')

# 今後の分析のためにデータを保存
save(man_united, file='man_united.RData')
save(man_city, file='man_city.RData')
save(arsenal, file='arsenal.RData')
```

　ここで取得した各投稿のデータは，GitHub で本章のファイルとともに公開している．これらのデータを R にロードする際は，以下のコードを実行する．

---

[10] 訳注：Facebook のポリシー変更により，Rfacebook パッケージが機能しないため，本コードはそのままでは実行できないことに注意．

[11] 訳注：Facebook の API 変更に伴い，Rfacebook パッケージは現在機能しない．したがって，ここからの分析は，GitHub で原著コードとともに公開されている man_united.RData, man_city.RData, arsenal.RData を利用して進めてほしい．これらのデータをロードする方法は，本項で後述される．

119

第 3 章　Facebook におけるソーシャルネットワークとブランドエンゲージメントの分析

```
# 分析用データをロード
load('man_united.RData')
load('man_city.RData')
load('arsenal.RData')
```

▶ 3.4.2　データを整形する

R にデータをロードしたら，データを整形していこう．データにおいて必要な列を選別し，さらに，タイムスタンプの書式を整え，他の分析に必要な項目を追加していく．以下のコードにより，これらの整形を行う．

```
# データフレームを結合して必要な列を選ぶ
colnames <- c('from_name', 'created_time', 'type',
              'likes_count', 'comments_count', 'shares_count',
              'id', 'message', 'link')
page_data <- rbind(man_united[colnames], man_city[colnames], arsenal[colnames])
names(page_data)[1] <- "Page"
# 投稿時刻のフォーマットを揃える
page_data$created_time <- as.POSIXct(page_data$created_time,
  format = "%Y-%m-%dT%H:%M:%S+0000", tz = "GMT")
# 時間に関連する列を追加
page_data$month <- format(page_data$created_time, "%Y-%m")
page_data$year <- format(page_data$created_time, "%Y")
```

こうして得られた投稿データについて，総レコード数を確認してみよう．

```
# 総レコード数
> nrow(page_data)
[1] 12537
```

さあ，次の項からはより詳細な分析に入っていこう．

▶ 3.4.3　各ページの投稿数を可視化する

ここでは，各サッカークラブの Facebook ページにおける総投稿数を，ggplot2 パッケージの助けを借りて可視化してみよう．

```
# Facebook ページごとの投稿数を可視化
post_page_counts <- aggregate(page_data$Page, by=list(page_data$Page), length)
colnames(post_page_counts) <- c('Page', 'Count')
ggplot(post_page_counts, aes(x=Page, y=Count, fill=Page)) +
  geom_bar(position = "dodge", stat="identity") +
  geom_text(aes(label=Count),  vjust=-0.3, position=position_dodge(.9), size=4) +
  scale_fill_brewer(palette="Set1") +
  theme_bw()
```

このコードを実行すると，図 3.38 のように，各サッカークラブのページの総投稿数が可視化される．

120

3.4 イギリスのサッカークラブの Facebook ページにおけるブランドエンゲージメントの分析

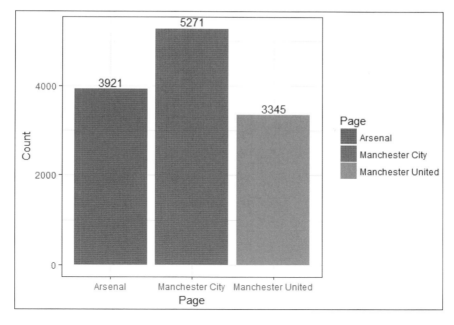

図 3.38　各クラブの投稿数

この図を見ると，マンチェスター・シティの総投稿数が最も多いことがわかる．驚くことに，マンチェスター・ユナイテッドは，ファンや，このクラブに言及する人が多いにもかかわらず，投稿数が少ない．これには二つの理由が考えられる．一つは，マンチェスター・ユナイテッドの投稿は他の二つのページに比べると，実際に投稿頻度が少ないという本質的な理由，そしてもう一つは，3.4.1 項でも述べたように，ここで分析対象としたデータの一部がプライバシーの問題で取得できていないという，データの問題である．

▶ 3.4.4　投稿種類別の投稿数を可視化する

次に，写真，ビデオ，リンクといった投稿種類別の投稿数を可視化しよう．

```
# 投稿種類別の投稿数を可視化
post_type_counts <- aggregate(page_data$type, by=list(page_data$Page,
                              page_data$type), length)
colnames(post_type_counts) <- c('Page', 'Type', 'Count')
ggplot(post_type_counts, aes(x=Page, y=Count, fill=Type)) +
  geom_bar(position = "dodge", stat="identity") +
  geom_text(aes(label=Type), vjust=-0.5, position=position_dodge(.9), size=3) +
  scale_fill_brewer(palette="Set1")  +
  theme_bw()
```

このコードを実行すると，投稿種類別の投稿数を示した図 3.39 のような図が得られる．結果を見ると，各ページともに，ファンのエンゲージを獲得するために写真やビデオといったメディアを利用している状況がうかがえる．

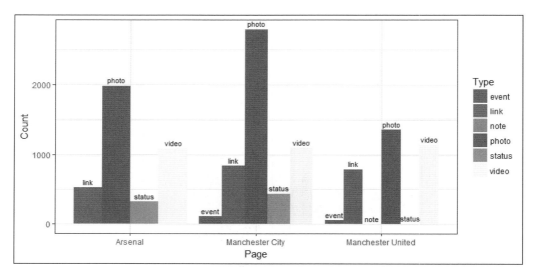

図 3.39　投稿種類別の投稿数

▶ 3.4.5　投稿種類別の平均いいね数を可視化する

　ここでは，各ページのユーザーエンゲージメントを可視化していこう．まず，各ページの投稿数当たりのいいねの数（平均いいね数）を投稿種類別に算出し，可視化する．一般に，平均いいね数が高いほど，そのページにおけるファンのエンゲージメントは高いと言える．これを投稿種類別に算出することで，どのような媒体がよりいいねを獲得できるかを把握できる．

```
# 投稿種類別に平均いいね数を取得
likes_by_post_type <- aggregate(page_data$likes_count,
                                by=list(page_data$Page, page_data$type), mean)
colnames(likes_by_post_type) <- c('Page', 'Type', 'AvgLikes')
ggplot(likes_by_post_type, aes(x=Page, y=AvgLikes, fill=Type)) +
  geom_bar(position = "dodge", stat="identity") +
  geom_text(aes(label=Type),  vjust=-0.5, position=position_dodge(.9), size=3) +
  scale_fill_brewer(palette="Set1")  +
  theme_bw()
```

　このコードを実行すると，投稿種類別の平均いいね数が図 3.40 のように可視化される．実に興味深い結果となった．図から，マンチェスター・ユナイテッドのファンがどれだけアクティブであるかが見えてくる．他のサッカークラブに比べると，平均いいね数が圧倒的に多い．これは，マンチェスター・ユナイテッドが他に比べて多くのファンを獲得しており，Facebook ページはフォロワーから高いユーザーエンゲージメントを得ていることを示している．まさにマンチェスター・ユナイテッドに栄光あれ，である．ほかにも，この結果から，写真が各投稿種類の中で最もいいねを獲得していることがわかる．

3.4 イギリスのサッカークラブの Facebook ページにおけるブランドエンゲージメントの分析

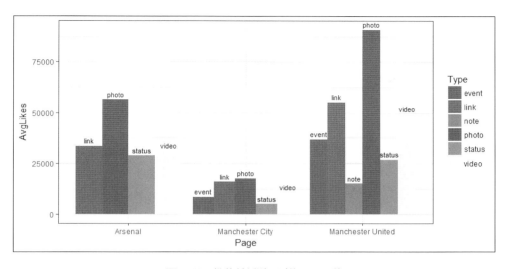

図 3.40　投稿種類別の平均いいね数

▶ 3.4.6　投稿種類別の平均シェア数を可視化する

別のユーザーエンゲージメントの指標として，各 Facebook ページにおける平均シェア数を投稿種類別に算出し，クラブ間で比較しよう．

```
# 投稿種類別の平均シェア数を取得
shares_by_post_type <- aggregate(page_data$shares_count,
                                 by=list(page_data$Page, page_data$type), mean)
colnames(shares_by_post_type) <- c('Page', 'Type', 'AvgShares')
ggplot(shares_by_post_type, aes(x=Page, y=AvgShares, fill=Type)) +
  geom_bar(position = "dodge", stat="identity") +
  geom_text(aes(label=Type),  vjust=-0.5, position=position_dodge(.9), size=3) +
  scale_fill_brewer(palette="Set1")  +
  theme_bw()
```

このコードを実行すると，図 3.41 のように，投稿種類別の平均シェア数を可視化した結果が得られる．マンチェスター・ユナイテッドが他のクラブに比べて平均シェア数が高いことについて，もはや驚きはない．しかし，先の平均いいね数を可視化した図と比べて，図 3.41 には興味深いパターンが見られることに気づいただろうか？ 明らかにビデオが写真よりもシェアされているのである．これはユーザーの行動の面白い一面を表している．ファンはその友達や別のファンに対して，選手のトレーニングの光景や，試合のハイライト，クラブの日常を撮った短時間のビデオをシェアする傾向が強く，結果として，ビデオの平均シェア数が高くなっているのである．

第 3 章　Facebook におけるソーシャルネットワークとブランドエンゲージメントの分析

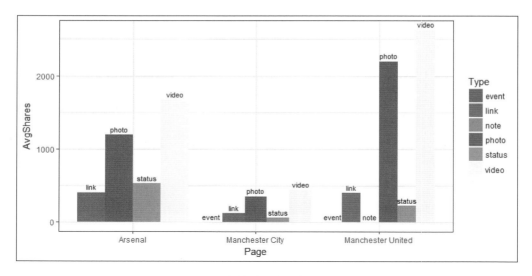

図 3.41　投稿種類別の平均シェア数

▶ 3.4.7　ページエンゲージメントの推移を可視化する

さて，ここではページエンゲージメントとして，投稿数の推移を可視化しよう．

```
# 投稿数の推移を可視化
page_posts_df <- aggregate(page_data[['type']],
                          by=list(page_data$month, page_data$Page), length)
colnames(page_posts_df) <- c('Month', 'Page', 'Count')
page_posts_df$Month <- as.Date(paste0(page_posts_df$Month, "-15"))
ggplot(page_posts_df, aes(x=Month, y=Count, group=Page)) +
  geom_point(aes(shape=Page)) +
  geom_line(aes(color=Page)) +
  theme_bw() + scale_x_date(date_breaks="3 month", date_labels='%m-%Y') +
  ggtitle("Page Engagement over time")
```

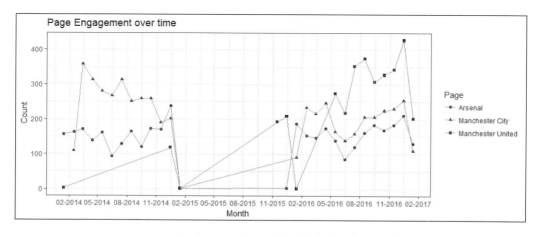

図 3.42　ページエンゲージメント（投稿数）の推移

3.4 イギリスのサッカークラブの Facebook ページにおけるブランドエンゲージメントの分析

　このコードを実行すると，各ページにおける投稿数の推移が，図 3.42 のように可視化される．2015 年の投稿数の落ち込みは，先に述べたプライバシー問題により取得できなかった投稿が多数あったためである．これを無視すると，まず 2014 年の段階ではマンチェスター・シティとアーセナルの投稿数が多いことが確認できる．しかし，マンチェスター・ユナイテッドが徐々に追い上げて，2016 年には 3 チームの中で最多の投稿数となっている．

▶ **3.4.8　ユーザーエンゲージメントの推移を可視化する**

　次は，マンチェスター・ユナイテッド（以下，MU），アーセナル（AFC），マンチェスター・シティ（MC）の各ページにおけるユーザーエンゲージメントを，各投稿におけるいいね数，シェア数，コメント数を用いて可視化する．

```
## ユーザーエンゲージメントの推移を可視化
# 各指標を算出する関数を定義
aggregate.metric <- function(metric, data) {
  m <- aggregate(data[[paste0(metric, "_count")]], list(month = data$month), mean)
  m$month <- as.Date(paste0(m$month, "-15"))
  m$metric <- metric
  return(m)
}

# ページごとに指標を計算
mu_df <- subset(page_data, Page=="Manchester United")
mu_stats_df.list <- lapply(c("likes", "comments", "shares"), aggregate.metric,
                           data=mu_df)
mu_stats_df <- do.call(rbind, mu_stats_df.list)
mu_stats_df <- mu_stats_df[order(mu_stats_df$month), ]

afc_df <- subset(page_data, Page=="Arsenal")
afc_stats_df.list <- lapply(c("likes", "comments", "shares"), aggregate.metric,
                            data=afc_df)
afc_stats_df <- do.call(rbind, afc_stats_df.list)
afc_stats_df <- afc_stats_df[order(afc_stats_df$month), ]
mc_df <- subset(page_data, Page=="Manchester City")
mc_stats_df.list <- lapply(c("likes", "comments", "shares"), aggregate.metric,
                           data=mc_df)
mc_stats_df <- do.call(rbind, mc_stats_df.list)
mc_stats_df <- mc_stats_df[order(mc_stats_df$month), ]

# ページごとに算出した指標を可視化
p1 <- ggplot(mu_stats_df, aes(x=month, y=x, group=metric)) +
  geom_point(aes(shape = metric)) +
  geom_line(aes(color = metric)) +
  theme_bw() + scale_x_date(date_breaks="3 month", date_labels='%m-%Y') +
  scale_y_log10("Avg stats/post", breaks = c(10, 100, 1000, 10000, 50000)) +
  ggtitle("Manchester United")
p2 <- ggplot(afc_stats_df, aes(x=month, y=x, group=metric)) +
  geom_point(aes(shape = metric)) +
  geom_line(aes(color = metric)) +
  theme_bw() + scale_x_date(date_breaks="3 month", date_labels='%m-%Y') +
  scale_y_log10("Avg stats/post", breaks = c(10, 100, 1000, 10000, 50000)) +
  ggtitle("Arsenal")
```

```
p3 <- ggplot(mc_stats_df, aes(x=month, y=x, group=metric)) +
  geom_point(aes(shape = metric)) +
  geom_line(aes(color = metric)) +
  theme_bw() + scale_x_date(date_breaks="3 month", date_labels='%m-%Y') +
  scale_y_log10("Avg stats/post", breaks = c(10, 100, 1000, 10000, 50000)) +
  ggtitle("Manchester City")

# 各プロットをまとめて表示
multiplot(p1, p2, p3)
```

以上のコードを実行すると，各ページのユーザーエンゲージメントの推移を可視化した，図 3.43 のような図が得られる．

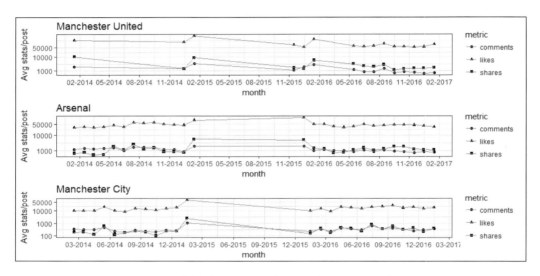

図 3.43　指標別に見たユーザーエンゲージメントの推移

この図から，MU と AFC が，MC に比べて高いユーザーエンゲージメントを獲得していることがわかる．

▶ **3.4.9　いいねを多く集めた投稿を把握する**

ここでは，最もバイラルだった投稿を把握するために，各年で最も多くのいいねを集めた投稿を抽出してみよう．

```
# 最もいいねを多く集めた投稿を年別に集計
trending_posts_likes <- page_data %>%
                       group_by(Page, year) %>%
                       filter(likes_count == max(likes_count))
trending_posts_likes <- as.data.frame(trending_posts_likes)
View(trending_posts_likes[,c('Page', 'year', 'month', 'type', 'likes_count',
    'comments_count', 'shares_count','message', 'link')])
```

このコードを実行すると，図 3.44 のような表が得られる．

	Page	year	month	type	likes_count	comments_count	shares_count	message
1	Manchester United	2017	2017-01	photo	366400	2504	9381	Two Premier League awards in December! <ed><U+00A...
2	Manchester United	2016	2016-12	photo	656353	6601	29237	Congratulations to Cristiano Ronaldo... Ballon d'Or win...
3	Manchester United	2015	2015-12	photo	801468	21413	34063	Happy birthday, Sir Alex!
4	Manchester United	2014	2014-12	photo	601320	16598	13978	Happy birthday, Sir Alex Ferguson! We hope you have a ...
5	Manchester City	2017	2017-01	photo	85490	515	1659	<ed><U+00A0><U+00BD><ed><U+00B2><U+0099>
6	Manchester City	2016	2016-07	video	300005	17245	76050	When Pep Guardiola stunned City fan Braydon Bent! <e...
7	Manchester City	2015	2015-01	photo	74606	1047	2443	Wishing all City fans a very happy New Year! Here's to a ...
8	Manchester City	2014	2014-06	photo	228690	7189	5088	Feliz cumpleaños Sergio! Join us in wishing Sergio Ague...
9	Arsenal	2017	2017-01	photo	169899	2772	11838	That's what we <U+2764><U+FE0F><U+FE0F> to see! ...
10	Arsenal	2016	2016-06	photo	354423	3317	13556	Rest in peace, Champ.
11	Arsenal	2015	2015-12	photo	143412	871	2283	NA

図 3.44　各年で最もいいねを集めた投稿

この表を見ると，MU の愛すべき伝説の監督アレックス・ファーガソンの誕生日に関する投稿が，最も多くいいねを集めていることがわかる．MC はセルヒオ・アグエロの誕生日に関する投稿へのいいねが最も多い．また，新コーチのジョゼップ・グアルディオラについての投稿も，極めて多くのいいねを集めている．AFC のカバーフォトは 2015 年に最も多くいいねを集めている．

3.4.10　シェア数が最多の投稿を把握する

ここでは，シェア数の観点から最もフォロワーに好まれた投稿を把握し，先のいいね数による分析と違いがあるかどうかを検討してみよう．以下のコードを実行すると，各年に最も多くシェアされた投稿を把握できる．

```
# 最も多くシェアされた投稿を把握
trending_posts_shares <- page_data %>%
                         group_by(Page, year) %>%
                         filter(shares_count == max(shares_count))
trending_posts_shares <- as.data.frame(trending_posts_shares)
View(trending_posts_shares[,c('Page', 'year', 'month', 'type', 'likes_count',
     'comments_count', 'shares_count','message', 'link')])
```

このコードを実行すると，図 3.45 のような表が得られる．

	Page	year	month	type	likes_count	comments_count	shares_count	message	link
1	Manchester United	2017	2017-01	video	262038	3247	14986	On this day in 2008 - <U+26BD><U+FE0F><U+26BD>...	https://www.fac
2	Manchester United	2016	2016-05	photo	327285	17059	137536	We are delighted to announce Jose Mourinho is our ne...	https://www.fac
3	Manchester United	2015	2015-12	photo	801468	21413	34063	Happy birthday, Sir Alex!	https://www.fac
4	Manchester United	2014	2014-01	photo	269723	3191	20394	Happy New Year, from everyone at Manchester United.	https://www.fac
5	Manchester City	2017	2017-01	photo	79888	10518	7020	FT | Everton 4-0 City Ugh.	https://www.fac
6	Manchester City	2016	2016-07	video	300005	17245	76050	When Pep Guardiola stunned City fan Braydon Bent! <e...	https://www.fac
7	Manchester City	2015	2015-01	photo	74606	1047	2443	Wishing all City fans a very happy New Year! Here's to a ...	https://www.fac
8	Manchester City	2014	2014-07	photo	27941	2659	29643	SHARE TO WIN: Share this photo and you could be one ...	https://www.fac
9	Arsenal	2017	2017-01	video	76750	4663	27510	This is amazing... watch Arsenal and Dunking Devils war...	https://www.fac
10	Arsenal	2016	2016-01	video	263978	11998	48981	No Per? No problem - Theo finds a fan for his celebrator...	https://www.fac
11	Arsenal	2015	2015-12	photo	131529	3063	7484	Happy New Year to Arsenal fans around the world!	https://www.fac
12	Arsenal	2014	2014-05	photo	266363	8825	44301	NA	https://www.fac

図 3.45　各年で最もシェアされた投稿

第3章　Facebook におけるソーシャルネットワークとブランドエンゲージメントの分析

いいね数の場合との違いに気づいただろうか？ 3 クラブともに，新年の挨拶に関する投稿が多くシェアされている．MU と MC については，新コーチ参画の投稿に対するシェア数も多い．ほかに気づいたことはあるだろうか？ MC について言えば，2017 年の Everton への大敗（0 対 4）が最もショッキングな出来事であり，多くシェアされている．

▶ 3.4.11　注目の投稿における影響力のあるユーザーを把握する

いくつか注目の投稿をピックアップして，その投稿に対するコメントから，最も影響力のあるユーザーは誰かを特定してみよう．ここでは単純に，各コメントに対するいいね数を算出し，いいねが多いコメントをつけたユーザーほど高い影響力を持つと見なす．以下のコードは，MU と AFC の投稿からそれぞれ注目の投稿を一つ選び，それらに対するコメントを抽出する[12]．

```
# コメントデータを投稿から抽出
mu_top_post_2015 <- getPost(post='7724542745_10153390997792746', token=token,
                            n=5000, comments=TRUE)
afc_top_post_2014 <- getPost(post='20669912712_101523503372162713', token=token,
                             n=5000, comments=TRUE)

# 今後の分析のためにデータを保存
save(mu_top_post_2015, file='mu_top_post_2015.RData')
save(afc_top_post_2014, file='afc_top_post_2014.RData')
```

このコードを実行して得られるデータは，本章のコードとともに公開している．そのデータをロードすることで，以下のコードのように，データ取得のステップは省いた形で分析することもできる．

```
# 先のコメントデータをロード
load('mu_top_post_2015.RData')
load('afc_top_post_2014.RData')

# MU の投稿で最も影響力の高いユーザーを得る
> mu_top_post_2015$post[, c('from_name', 'message')]
          from_name                         message
1 Manchester United Happy birthday, Sir Alex!
mu_post_comments <- mu_top_post_2015$comments
View(mu_post_comments[order(mu_post_comments$likes_count, decreasing=TRUE),]
    [1:10, c('from_name', 'likes_count', 'message')])
```

このコードを実行すると，図 3.46 のように，コメントのいいね数に基づいて判定された，最も影響力のあるユーザーのトップ 10 が得られる．

AFC の投稿においても，同様の分析を実行してみよう．

```
# AFC の投稿で最も影響力の高いユーザーを得る
> afc_top_post_2014$post[, c('from_name', 'message')]
from_name                                                        message
  Arsenal Alexis Sanchez in his new PUMA #Arsenal training kit!\n\n#SanchezSigns
```

---

[12] 訳注：Rfacebook パッケージが機能しないため，以降の分析は原著者が公開しているデータを利用してほしい．

3.4 イギリスのサッカークラブの Facebook ページにおけるブランドエンゲージメントの分析

	from_name	likes_count	message
1	Vu Nguy<U+1EC5>n Thanh Tu<U+1EA5>n	4153	Happy birthday to the greatest of all time !!!
4	Đ<U+1ED6> KIM PHÚC	1103	Happy birthday Sir Alex <3
3	Ariwa Michael Odinakachukwu	485	happy birthday sir come back...we need you
2	Okweni Nelson Ogheneovo	476	Happy birthday grt man that man united even miss
8	Yappey Calo	244	Happy birthday Maax Mohamed . The biggest fan of Ma...
3466	Vaishnavi Desai	147	happy birthday sir Alex....u r the best n ull alwz be...man...
5	Ernie Mcracken	88	Happy birthday sir Alex Miss you so much Not a day goe...
7	Matt Gill	88	Happy birthday Sir Alex, a legend for Manchester United...
6	Pankaj Singh	84	On your Birthday, Sir Alex, I am going to present my smal...
196	Lenq Nesh	41	Happy Birthday To The Legend Sir Alex Ferguson <3 Plea...

図 3.46　MU の注目の投稿において最も影響力を持ったユーザー

```
afc_post_comments <- afc_top_post_2014$comments
View(afc_post_comments[order(afc_post_comments$likes_count, decreasing=TRUE),]
    [1:10, c('from_name', 'likes_count', 'message')])
```

このコードを実行すると，図 3.47 のように，AFC の投稿における影響力のあるユーザーのトップ 10 が得られる．

	from_name	likes_count	message
2	Alex Peters	1578	Please tell me I wasnt the only one to be constantly chec...
1	Albeiro Molano	1145	grande alexis 100%
5	Promise Kofi Quampah	207	
6	Kim Akim Joachim	176	arsenal is always on my mind
3	Damon Selman-Carrington	172	As a Barcelona fan I am really excited by this move. Sanc...
4	Alex Dougherty	154	"biggest mistake of his life " That's exactly what everyon...
7	Griffin Lee	94	James Blasina omg finally a world class striker
8	Tom Immins	85	Ramsey to Ozil, Ozil to Walcott, Walcott to Sanchez...GO...
9	Iqbal Umar	71	
10	Jack Parkes	34	

図 3.47　AFC の注目の投稿において最も影響力を持ったユーザー

コメントは，すべてアレクシス・サンチェスが AFC との契約にサインしたことを称賛するものであった．

本節の分析は，このデータを用いて実行できる分析のごく簡単なものにすぎない．いろいろな切り口で分析を行い，面白い結果が得られるか確認してみよう．

129

3.5 まとめ

まず，あなたがここまでこの章を読み切ったことを称賛したい．われわれは Facebook のデータに眠る金脈からさまざまな知見を引き出すという長い旅に出たところである．この章では，まず Graph API と Rfacebook パッケージを用いて，Facebook から効率良くデータを抽出し，整形する方法を学んだ．いくつかの事例を通して，Graph API の基本的な使い方を学び，われわれ自身の友達ネットワークを分析した．さらに，igraph パッケージを用いて，ソーシャルネットワーク分析の基礎を学んだ．そして，これらの基礎のもと，さらに大きいソーシャルネットワークとして，プレミアリーグに関する Facebook ページの分析を行い，ソーシャルネットワーク分析のより発展的な内容を学んだ．最後に，さまざまな属性や指標を用いて，Facebook ページにおけるユーザーエンゲージメントを分析した．ここでは，影響力のある投稿やユーザーを分析する方法も学んだ．この章を通して，あなたは Graph API を効率的に扱う方法を学び，Facebook データから有用な知見を得るための可視化について学んできた．ぜひ，本章のコードをあなたの目的に合わせて修正し，さまざまな分析を試してみてほしい．

第4章

Foursquareのデータ分析

Foursquareは探索と発見をするためのソーシャルプラットフォームである．Foursquareは履歴，属性情報，位置情報といったユーザーの情報を用いて，ユーザーが興味を持ちそうな場所を提案する．簡単に言えば，Foursquareはある場所に関して集約された知識を，個人の嗜好に合わせて盛りつけて提示するアプリである．「私はどうしたらいい？」というあなたの質問に答え，そしてどう活動すべきかを決めてくれる．

本章では，Foursquareから得られるデータから，ユーザーの行動に関する有用な知見を得るための方法を学ぶ．そして，複数の事例を通して，データから浮かんでくる仮説検証について学ぶ．

本章がカバーしている内容をまとめると，以下のとおりである．

- Foursquareのデータを理解し，APIの操作方法を学ぶ．
- 有名都市のカテゴリごとのトレンドを検討し，データに基づく簡単なレコメンドシステムを作る．
- 感情分析を行い，より発展的な分析に繋げる．
- 次の目的地に関するグラフ（next venue graph）を検討し，知見を得る．
- Foursquareデータの難点（とりわけそのJSON）について議論する．

本章では，Foursquareのデータを用いて，ビジネス上の課題に関連する事例を主に取り上げていく．その一つとしてレコメンドシステムを構築し，そのほかの課題も適宜取り扱う．また，重要な話題として，データラングリング（data wrangling）[1]がある．これはリアルワールド

---

[1] 訳注：データラングリングとは，データを収集し整形していく一連の前処理を指す．

データを扱う分析においては非常に重要なものであり，次章以降でも引き続き取り扱うトピックである．

4.1 Foursquare のアプリ概要とデータ

Foursquare は，2009 年に Dennis Crowley と Naveen Selvadurai によって開発された．これは Crowley が学生時代に開発した同様のサービスである Dodgeball の改良版である．Dodgeball は，ユーザーがその近所にいる別のユーザーと電話（主に SMS メッセージを利用）を介して交流できるサービスだった．Foursquare はこの思想を引き継ぎ，スマートフォン上でこれを実行できるようにした．そして，その目玉の一つが GPS の利用だった．

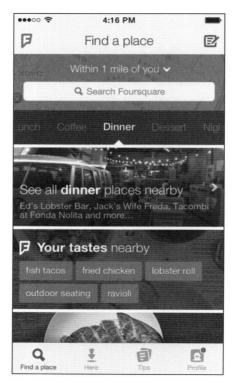

図 4.1 Foursquare のメイン画面（By Source (WP:NFCC#4), Fair use https://en.wikipedia.org/w/index.php?curid=43651932）

Foursquare が最初に注目されたきっかけは，チェックイン機能だった．これは，ユーザーが場所（venue）をシェアする機能であり，Facebook のチェックイン機能と類似している．しかし，バージョン 8.0 以降の Foursquare では，この機能は削除されている．

4.1 Foursquare のアプリ概要とデータ

Foursquare データの特徴はチップ（tips）である．チップは Twitter のツイートのようなもので，ユーザーはその場所について，他のサイトにあるような長い自由記述のレビューではなく，簡要な文を残すことを求められる．

チェックインデータについて覚えておいてほしいのは，現在の Foursquare はチェックイン機能を提供していないため，場所に対するチェックイン情報は，もはや現状を反映したものではないという点である．とはいえ，以下の項で取り扱うように，場所に関する知見を得る上ではいまだ有用である．

▶ 4.1.1 Foursquare の API ── データを得る

有名なソーシャルメディアはすべて，サードパーティがデータにアクセスするための API を提供している．これらの API の目的は，プログラマーにデータを提供し，データを活用したプロダクトを開発できるようにすることである．Foursquare もこれらの例に違わず，API を提供している．

ここで，本章でも取り扱う Foursquare API の主要なエンドポイントを見てみよう．

- **Venues**：Foursquare が提供するデータにおいて最も主要なものであり，ユーザーが興味を寄せた場所に関する情報が格納されている．これには，その場所の連絡先，位置情報，統計情報，認証の有無などが含まれる．各場所には，その場所に関する情報の管理を認められた管理者がいる．
- **Users**：ユーザーについての情報を提供する．Twitter と同様，Foursquare のユーザーはエンティティとして定義されている．最近このエンドポイントは制限が厳しくなり，友達の情報しか取得できないようになった．
- **Check-ins**：最も重要なエンドポイントである．Foursquare 利用時のチェックインに関するメタデータが格納されており，場所，ユーザー，タイムスタンプなどで構成される．
- **Tips**：チップはユーザーが場所に残した少ない文字数のレビューである．このエンドポイントは，場所に残されたチップに関するメタデータを提供する．
- **Events**：場所の管理者は，その場所に関するイベントを投稿できる．このエンドポイントにより，イベントに関する情報をすべて取得できる．サードパーティアプリの立場から言えば，これらのイベント情報はユーザーに対する提案として利用できる．

これらの API にはドキュメントが用意されているので，より詳細な情報についてはそちらを参照してほしい．API の仕様の理解は，これからの分析においてデータを理解する上できっと助けになるだろう．

▶ 4.1.2 アプリを登録する

これまでの章と同様に，分析はまず API を利用するためのアプリの登録から始まる．他のソーシャルメディアのアプリと同様，Foursquare は OAuth ベースの認証の仕組みを持つ．なお，法的な問題が生じないように，API を利用する前にデータアクセスに関する規約を一読し

133

第 4 章　Foursquare のデータ分析

ておくことを強く勧める．

アプリの登録手順は以下のとおりである（図 4.2）．

1. Foursquare のアカウントを作成する（まだ持っていない場合）．
2. アプリの管理コンソールにログインする（https://foursquare.com/developers/apps）．
3. ログインしたら "Create a new app button" をクリックし，必要情報を記入して，"Create App" をクリックする．これでアプリの登録は完了である．

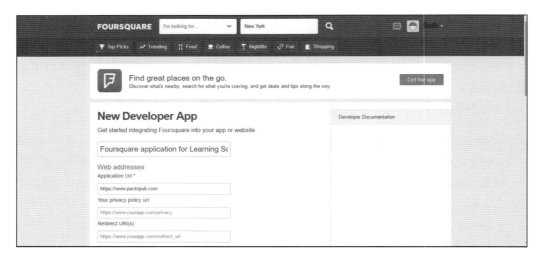

図 4.2　Foursquare のアプリ登録画面

アプリの登録が終わったら，登録したアプリの詳細に関するページを確認しよう（図 4.3）．このページには，データアクセスを行う上で必要な情報が表示されている．それは CLIENT_ID と CLIENT_SECRET である．すべての API コールにはこの二つの情報が必要であり，Foursquare の開発チームが API アクセスの情報を収集・監視するために利用されている．

これでデータアクセスに必要な情報は揃った．以降は，目的に応じて必要なデータに対応した API エンドポイントを利用していく．

 API を用いたデータアクセスにおいて留意すべき点として，データ利用におけるフェアユースポリシーがある．あなたのアカウントが，アクセス制限や，さらには凍結処置などのペナルティを受けないように，データ利用に関してどのようなルールがあるかを確認しておこう．

4.1 Foursquare のアプリ概要とデータ

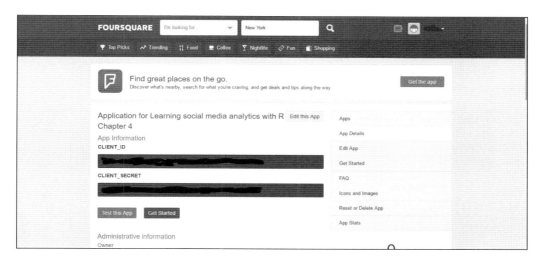

図 4.3 登録した Foursquare のアプリの詳細

▶ 4.1.3 データにアクセスする

ここまでのプロセスは，これまでの章で扱ってきたデータアクセスのプロセスと非常に似ていた．これは目的が類似しているからである．本書の出版時点で，Foursquare にはデータアクセスを簡単にしてくれるような R パッケージはない[*2]ため，Foursquare データは API を通じて直接取得する必要がある．そして，今回のデータアクセスのプロセスにおいて，ここが最も複雑なステップである．

API を通じてデータを取得する際の一般的なプロセスは，以下のとおりである．

1. 必要なデータに対応する API のエンドポイントを探す．
2. CLIENT_ID と CLIENT_SECRET を用いてデータアクセスに必要な URL を作成する．
3. その URL を用いて JSON レスポンスを取得する．
4. 得られた JSON レスポンスを表形式のフォーマットに整形する．

Foursquare API を用いてデータを取得するプロセスに入る前に，JSON データの操作方法について学んでおこう．JSON データは簡便に作成できるフォーマットである一方，パースに難があることで有名である．JSON データをうまく活用するために，いったん JSON データを取り出すステップを踏んでみたい．これは JSON データのパースを学ぶ上で良い導入になるだろう．

▶ 4.1.4 JSON を R で扱う

Foursquare API エンドポイントは，われわれのクエリに対して JSON フォーマットでデータを返す．JSON（JavaScript object notation）とは，その柔軟性と簡便性ゆえ広く使われている，データ交換用のフォーマットである．

[*2] 訳注：2019 年 8 月現在も同様である．

135

第 4 章　Foursquare のデータ分析

ここでは一例として，Foursquare において場所（venue）データの整理に利用されている
カテゴリをすべて抽出する処理を取り上げる．まず，必要な R パッケージをロードするとこ
ろから始めよう．ここでは dplyr パッケージ，tidyjson パッケージ，magrittr パッケージ，
RCurl パッケージを用いる．

```
library(dplyr)
library(tidyjson)
library(magrittr)
library(RCurl)
```

[1]　カテゴリのデータを取得する―― JSON のパースとデータ抽出の基礎

ここで欲しいデータは，Foursquare におけるすべてのカテゴリである．API ドキュメント
を確認すると，目的のエンドポイントは以下であることがわかる．

https://api.foursquare.com/v2/venues/categories?v=20131016

この API の URL はこれだけでは機能しないため，CLIENT_ID と CLIENT_SECRET の情
報を追加する必要がある．したがって，以下のコードのようにパラメータを与えた URL を準備
して，CLIENT_ID と CLIENT_SECRET を付与する．

```
# Foursquare で用いられているカテゴリを抽出
json_res <- NULL

# 認証に必要な情報
token="xxxxxxxxxxxxxxxxxxxxxxxxxxxxxxxxxxxxxxxxxxxxxxxxx"
secret="xxxxxxxxxxxxxxxxxxxxxxxxxxxxxxxxxxxxxxxxxxxxxxxxx"

# API エンドポイントの URL を作成
uriTemplate <- "https://api.foursquare.com/v2/venues/categories?v=20131016&client_
id=%s&client_secret=%s"

# 認証に必要な情報で API エンドポイントの URL を更新
apiurl <- sprintf(uriTemplate, token,secret)

# JSON レスポンスを得る
json_res <- getURL(apiurl, .mapUnicode=TRUE)
```

API 用の URL が準備できたら，getURL 関数を用いて，JSON レスポンスを得る．得られ
たレスポンスには meta, notifications, response の三つのオブジェクトが格納されてい
る．meta には API リクエストのメタデータが，notifications には分析者向けというより
Foursquare を用いたアプリ開発者向けの情報が格納されている．response オブジェクトに
は，われわれが必要としているデータが格納されている．各 API はそれぞれ異なる response
オブジェクトを持つため，利用する API に対応したコードを書く必要がある．response オブ
ジェクトをパースする前に，適正なレスポンスが返ってきているかを，meta オブジェクトに含
まれるメタデータ情報により確認しておこう．

```
# meta オブジェクトを確認
json_res %>% enter_object("meta") %>% spread_values(result = jnumber("code"))
```

このコードは，tidyjson パッケージのおかげで非常に簡潔になっている．われわれは今後パースを行っていく際の基礎として，求めるデータがこのコードによって得られる仕組みを理解しておく必要がある．そこで，このコードの働きを，順を追って解説しよう．

全体の JSON レスポンスは，図 4.4 のような構造を持つ．

```
⊟ {
  "meta": ⊟ {
    "code": 200,
    "requestId": "58a05a0ddb04f577fb8a600d"
  },
  "notifications": ⊟ [
    ⊟ {
      "type": "notificationTray",
      "item": ⊟ {
        "unreadCount": 0
      }
    }
  ],
  "response": ⊟ {
    "categories": ⊟ [
      ⊟ {
        "id": "4d4b7104d754a06370d81259",
        "name": "Arts & Entertainment",
```

図 4.4　カテゴリ取得に関する JSON レスポンス

上記のコードは，図 4.4 の JSON の meta オブジェクトの中に入り，われわれが必要とする，code に含まれている数値情報を抽出している．必要があれば，同様の方法で，JSON オブジェクトにおける type の情報を抽出することも可能である．これを例に，上記のコードをもう少し詳しく説明しよう．

この JSON には，meta, notifications, response の三つのオブジェクトが格納されている．type を得るには，notifications オブジェクトに入って，type の文字列を抽出することになる．まず，enter_object("notifications") とすることで，notifications オブジェクトに入ることができる．続けて，spread_values(type_value = jstring("type")) とすることで，type の情報を文字列として抽出できる．一連のコードを見返すと，その流れがクリアになるだろう．

他の Foursquare API については，https://developer.foursquare.com/docs/api/endpoints を参照してほしい．ここの情報をもとにコードを書くことで，より適切なコードになるだろう．

ここまでの操作は，meta オブジェクトに含まれる一つの情報を抽出するという非常に簡単なものだった．これが，ネストされたオブジェクトや配列を取り出すとなると，若干難しくなる．

第4章　Foursquare のデータ分析

われわれにとって重要な情報は response オブジェクトに格納されている.

ここで，response オブジェクトの構造を確認しよう（図 4.5）.

```
"response": ⊟ {
  "categories": ⊟ [
    ⊟ {
      "id": ▪▪▪▪▪▪▪▪▪▪▪▪▪▪6270491049",
      "name": "Arts & Entertainment",
      "pluralName": "Arts & Entertainment",
      "shortName": "Arts & Entertainment",
      "icon": ⊞ {},
      "categories": ⊟ [
        ⊞ {},
        ⊞ {},
        ⊞ {},
        ⊟ {
          "id": "▪▪▪▪▪▪▪▪▪▪▪▪▪▪▪41991749",
          "name": "Art Gallery",
          "pluralName": "Art Galleries",
          "shortName": "Art Gallery",
          "icon": ⊟ {
            "prefix": "https://ss3.4sqi.net/img/categories_v2/arts_entertainment/artgaller
",
            "suffix": ".png"
          },
          "categories": ⊟ []
        },
```

図 4.5　ネストされた JSON オブジェクト

response オブジェクトはカテゴリの配列を格納しており，これらのカテゴリのキーの一つは
またカテゴリのリストとなっている．きっと複雑に思えるだろう．これはネストされた JSON
であり，最初のカテゴリは大カテゴリで，そこにネストされたカテゴリは，大カテゴリの下位
に位置する小カテゴリである．親カテゴリ–子カテゴリという関係性を想像してみてほしい．以
下のコードは，ネストされた response オブジェクトから，カテゴリ間の関係性はそのままに，
データを抽出する.

```r
# JSON をパースしてデータフレームに整形
category_df <- as.data.frame(json_res %>% enter_object("response")
        %>% enter_object("categories")
        %>% gather_array()
        %>% spread_values(super_cat_id = jstring("id"),
                          super_cat_name = jstring("name"))
        %>% enter_object("categories")
        %>% gather_array()
        %>% spread_values(cat_id = jstring("id"),
                          cat_name = jstring("name"),
                          cat_pluralName = jstring("pluralName"),
                          cat_shortName = jstring("shortName"))
        %>% enter_object("categories")
        %>% gather_array()
        %>% spread_values(cat_id2 = jstring("id"),
                          cat_name2 = jstring("name"),
```

4.1 Foursquareのアプリ概要とデータ

```
                                   cat_pluralName2 = jstring("pluralName"),
                                   cat_shortName2 = jstring("shortName")))
# データフレームから不要な列を除く
category_df$array.index <- NULL
category_df$document.id <- NULL
```

　このコードは，一見して少し入り組んでいるように見えるだろう．順を追って説明していこう．コードは全体として先の簡単な例と同様に，一つ一つの動作に対応する形になっている．まず，`response`に入り，次に`categories`に入る．この`categories`オブジェクトは，配列，つまりカテゴリのリストとなっている．したがって，ここですべてのカテゴリを一つにまとめたいので，`gather_array`関数を用いる．なお，ここで一つのレベルのカテゴリしかない場合は，`spread_values`関数を用いて，その値のみを取り出せばよい．しかし，ここでは複数レベルのカテゴリを対象としており，各カテゴリにおいて，さらにネストされたカテゴリを取り出したい．また，次のレベルのカテゴリに降りていく前に，現状のレベルにおけるidなどの周辺情報を取得したい．そこで，`spread_values`関数を用いて，周辺情報を取得する．以上の操作を一段深いレベルでも反復していく．

　tidyjsonパッケージはJSONオブジェクトを操作する上で使い勝手が良く，理解しやすいパッケージである．文法は直感的であり，この事例のように複雑な構造を持つJSONオブジェクトからデータを取得する際に非常に有用である．

　上の事例からわかるように，`enter_object`を使った操作は深くネストされたJSONオブジェクトにおいて反復して実行できる．とはいえ，この事例のようなデータは，そうそうあるものではない．

　図4.6に示すように，上記のコードから，われわれが欲しかった表形式データに非常に近いものが得られる．

super_cat_id	super_cat_name	cat_id	cat_name	cat_pluralName	cat_shortName
4d4b7104d754a06370d81259	Arts & Entertainment	56aa371be4b08b9a8d5734db	Amphitheater	Amphitheaters	Amphitheater
4d4b7104d754a06370d81259	Arts & Entertainment	4fceea171983d5d06c3e9823	Aquarium	Aquariums	Aquarium
4d4b7104d754a06370d81259	Arts & Entertainment	4bf58dd8d48988d1e1931735	Arcade	Arcades	Arcade
4d4b7104d754a06370d81259	Arts & Entertainment	4bf58dd8d48988d1e2931735	Art Gallery	Art Galleries	Art Gallery
4d4b7104d754a06370d81259	Arts & Entertainment	4bf58dd8d48988d1e4931735	Bowling Alley	Bowling Alleys	Bowling Alley
4d4b7104d754a06370d81259	Arts & Entertainment	4bf58dd8d48988d17c941735	Casino	Casinos	Casino
4d4b7104d754a06370d81259	Arts & Entertainment	52e81612bcbc57f1066b79e7	Circus	Circuses	Circus
4d4b7104d754a06370d81259	Arts & Entertainment	4bf58dd8d48988d18e941735	Comedy Club	Comedy Clubs	Comedy Club
4d4b7104d754a06370d81259	Arts & Entertainment	5032792091d4c4b30a586d5c	Concert Hall	Concert Halls	Concert Hall
4d4b7104d754a06370d81259	Arts & Entertainment	52e81612bcbc57f1066b79ef	Country Dance Club	Country Dance Clubs	Country Dance Club
4d4b7104d754a06370d81259	Arts & Entertainment	52e81612bcbc57f1066b79e8	Disc Golf	Disc Golf Courses	Disc Golf
4d4b7104d754a06370d81259	Arts & Entertainment	56aa371be4b08b9a8d573532	Exhibit	Exhibits	Exhibit
4d4b7104d754a06370d81259	Arts & Entertainment	4bf58dd8d48988d1f1931735	General Entertainment	General Entertainment	Entertainment

図4.6　JSONをパースした結果

第4章　Foursquare のデータ分析

さて，データがパースできたら，あとはそれをデータフレームに変換し，分析フローに乗せるだけである．

▶ 4.1.5　分析プロセス（再訪）

第3章までで，われわれは，ターゲットとするデータから知見を得るための分析プロセスを確立してきた．Foursquare に対して分析を進めていく前に，分析プロセスの重要なポイントを改めて振り返っておこう．これまでの分析プロセスにおいて，われわれは以下の四つのステップを踏んできた．

- **データ収集**：データへのアクセスに必要な認証情報を取得したり，データ取得に必要な基本事項を記入したりした上で，生データを収集する．
- **データの前処理と正規化**：生データから必要な情報を抽出し，分析に必要なフォーマットに整形する．前項で扱った，込み入ったデータのパースなどが，このステップに含まれる．
- **データ分析の実行**：データを通じて解決したい疑問に答えるために，データの要約や集計などを行う．
- **知見の獲得**：このステップが一連の分析フローの中で最も重要である．ここでは分析結果から得られた情報を集約し，知見としてまとめる．データは，このステップを通して初めて価値のあるものとなる．

4.2 | 場所カテゴリのトレンドを分析する

Foursquare は，本質的には，実生活におけるさまざまな場所のデータベースに，場所とユーザーのインタラクションが加わったものと言える．この情報には，場所およびユーザーの両面において非常に興味深い情報が多く詰まっているだろう．Foursquare データを用いた最初の分析として，世界のさまざまな都市におけるユーザーの選択に関連する，いくつかの疑問に答えていきたいと思う．ここでは，分析に必要なデータの抽出方法，可視化を通して疑問に回答していく方法，分析手法のデータへの適用方法について学んでいく．

▶ 4.2.1　データの取得

ここでは有名都市のチェックインデータを取得し，これらの都市においてどの場所カテゴリ（例えば食事や芸術など，その場所の目的を示すカテゴリ）がトレンドなのかを把握したい．さらに，そのデータを用いて，各都市で失敗しないレストランの場所カテゴリを勧めてくれるレコメンドシステムを構築したい．

どのような分析においても，その第一歩は分析を実行するのに必要なデータを特定することである．この事例で言えば，それは対象とする都市におけるすべての場所のチェックインデー

タである．必要なデータが決まったので，今度はどのようにデータを抽出するかを検討していこう．

[1] 必要なエンドポイント

Foursquare のデータ抽出の第一歩は，API ドキュメントを確認した上で，必要な API のエンドポイントを決めることである．API ドキュメントを読むと，ここで欲しいデータは，以下のエンドポイントを通して取得できることがわかる．

> https://api.foursquare.com/v2/venues/explore?v=20131016&ll=40.00%2C%20-74.8

このエンドポイントは，指定した緯度・経度（上の例では緯度 40.00，経度 −74.8）の周囲の場所（venue）の情報を提供する．したがって，ここでは，このエンドポイントが都市における場所情報を取得する上で必要なものである．しかし，この段階ではまだ都市のすべての場所情報をどのように取得するかは未知である．

▶ 4.2.2　都市における場所情報を取得する

都市における場所情報を取得するためには，トリッキーなテクニックを要する．というのも，先の API からは 1 地点の周囲の情報しか得られず，都市全体にわたって場所を得るためには，都市全体をカバーする形で API を利用する必要があるからである．

そのため，以下のような手順を踏むこととする．

1. 都市の中心点の緯度・経度を取得する．
2. 都市の中心周辺部を円で定義し，円内の場所情報を得る．
3. ステップ 2 の中心周辺部の半径情報を取得し，円の外周から半径分ずらして新しい中心と円を指定する．
4. ステップ 3 で指定した円内の場所情報を得る．
5. 都市全域をカバーするまで，上記の手順を繰り返す．

以上のステップを可視化したのが図 4.7 である．C1 を最初に指定する都市の中心点とすると，これをもとに得られる次の中心点が C2 である．

これを実行できるコードを考えてみよう．データ抽出のために著者が定義した三つのユーティリティ関数（本書の GitHub リポジトリで公開している）を用いる．

- `explore_around_point`：ここでのデータ抽出においてベースとなる関数である．緯度・経度のペアを引数としてとり，そのペアを中心として一定の半径で描かれる円内の場所データを返す．
- `span_a_arc`：指定した中心点から一定の円弧の範囲内で，次の中心点の候補を返す．
- `get_data_for_points`：複数の中心点に対して場所データを抽出する．

141

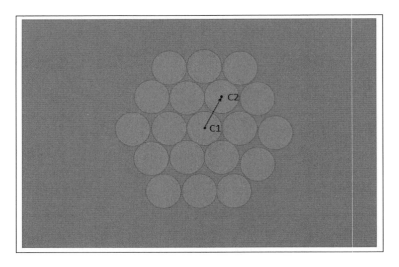

図 4.7 都市全体の場所データを取得する[3]

以上の関数を用いて，まずはイスタンブールの場所データを取得してみよう．

```
# イスタンブールの場所データを取得する

# イスタンブールの緯度・経度を指定
istanbul_city_center = cbind(28.9784,41.0082)
colnames(istanbul_city_center) = c("lon","lat")

# 出力する CSV ファイルに名前をつける
file_level1 = "istanbul_data_l1.csv"
file_level2 = "istanbul_final_data.csv"

# 中心点を繰り返し生成し，周辺の場所データを取得する関数を定義
# levels_to_traverse に走査の回数を指定
get_data_for_city <- function(city_center, levels_to_traverse = 2){
  new_centers_l1 = span_a_arc(city_center)
  out_df = data.frame()
  df_cent = explore_around_point(city_center)
  out_df = rbind(out_df, df_cent)
  df_l1 = get_data_for_points(new_centers_l1)
  out_df = rbind(out_df, df_l1)
  for(j in 1:levels_to_traverse){
    new_centers_lu = c()
    df_l2 = data.frame()
    for(i in 1:nrow(new_centers_l1)){
      new_cent = span_a_arc(new_centers_l1[i,], start_deg = -25, end_deg= 25,
                            degree_step = 25)
      new_centers_lu = rbind(new_centers_lu, new_cent)
      df_l2 = get_data_for_points(new_centers_lu)
      new_centers_l1 = new_centers_lu
      out_df = rbind(out_df, df_l2)
    }
  }
}
```

[3] 訳注：実際は円が重なり合うため，場所データは重複する．

```
  write.csv(out_df, file = file_level2, row.names = FALSE)
  return(out_df)
}
# 定義した関数を実行し，イスタンブールの場所データを取得
final_data_istanbul = get_data_for_city(istanbul_city_center, levels_
                                        to_traverse = 2)
```

このコードを実行すると，データフレームに整形されたイスタンブールの場所データを取得できる．別の都市についても，緯度・経度を指定しさえすれば，同様のデータが取得できる．取得したイスタンブールのデータは，図 4.8 に示すようなデータフレームとなる．

	venue.name	venue.id	venue.stat\$	venue.usersCount	venue.tipCount	venue.categoryid
3729	Istiklal Caddesi	4b50966af964a520632827e3	3972957	1107739	4774	4bf58dd8d48988d1f9931735
3730	Istiklal Caddesi	4b50966af964a520632827e3	3972957	1107739	4774	4bf58dd8d48988d1f9931735
3731	Istiklal Caddesi	4b50966af964a520632827e3	3972957	1107739	4774	4bf58dd8d48988d1f9931735
3732	Istiklal Caddesi	4b50966af964a520632827e3	3972957	1107739	4774	4bf58dd8d48988d1f9931735
3725	Kapalıçarsi	4c09fd76009a0f476ac2e8bf	1144926	400184	1663	4deefb944765f83613cdba6e
3726	Kapalıçarsi	4c09fd76009a0f476ac2e8bf	1144926	400184	1663	4deefb944765f83613cdba6e
3727	Kapalıçarsi	4c09fd76009a0f476ac2e8bf	1144926	400184	1663	4deefb944765f83613cdba6e
3728	Kapalıçarsi	4c09fd76009a0f476ac2e8bf	1144926	400184	1663	4deefb944765f83613cdba6e
3715	Galata Kulesi	4b732d5bf964a52011a02de3	732496	510733	1885	4deefb944765f83613cdba6e
3716	Galata Kulesi	4b732d5bf964a52011a02de3	732496	510733	1885	4deefb944765f83613cdba6e
3717	Galata Kulesi	4b732d5bf964a52011a02de3	732496	510733	1885	4deefb944765f83613cdba6e
3718	Galata Kulesi	4b732d5bf964a52011a02de3	732496	510733	1885	4deefb944765f83613cdba6e
3719	Galata Kulesi	4b732d5bf964a52011a02de3	732496	510733	1885	4deefb944765f83613cdba6e

図 4.8 イスタンブールの場所データ

場所データのいくつかが重複していることに気づくだろう．これは作成したアルゴリズムの欠点である．この点については分析のステップで対応することにしよう．

続く分析のために，イスタンブールと同様に，ニューヨーク，パリ，ロサンゼルス，シアトル，ロンドン，シカゴの場所データも収集する．

▶ 4.2.3 都市データを分析する

ややこしいデータ取得が完了したので，いよいよ楽しい分析に入る．集めた 7 都市の場所データを一つのデータに結合しよう．

これを実行するコードは，以下のとおりである．

```
# 七つの都市のデータを結合して分析の準備をする
city_names <- c("ny", "istanbul", "paris", "la", "seattle", "london", "chicago")
all_city_data_with_category <- data.frame()
for ( city in city_names){
  # 取得済みの都市データを結合
  city_data <- read.csv(file = paste(city,"_final_data.csv", sep = ''),
                        stringsAsFactors = FALSE)
  # 重複したデータを除く
  city_data <- city_data[!duplicated(city_data$venue.id),]
  # 場所カテゴリ id を結合
  city_data_with_category <- join_city_category(city_data)
  city_data_with_category["cityname"] <- city
```

第 4 章　Foursquare のデータ分析

```
all_city_data_with_category <- rbind(all_city_data_with_category,
                                     city_data_with_category)
}
```

　これで，すべての都市のデータを `all_city_data_with_category` という名前のデータフレームとして得ることができた．このデータフレームは今後の分析のベースとなる．`head` 関数をこのデータフレームに用いると，図 4.9 に示す結果が得られる．

```
> head(all_city_data_with_category)
                        venue.name                  venue.id venue.stats venue.usersCount
1                   Pasanella & Sons 4b61d830f964a52088262ae3         816              527
2             Noodle Village ç²¥éºµè»' 49d3deadf964a5201d5c1fe3        6160             3113
3       Smorgasbar @ Seaport Smorgasburg 51a0e3c2498e8382f6b3a3bf        6838             4911
4        South Street Seaport Museum 4ab67030f964a520187720e3        1606             1157
5                           Dumplings 4ae775c8f964a52087ab21e3         247              128
6                           Bocadillo 577a8f47498ebddf91b56bbd         164               92
  venue.tipCount              venue.categoryid                super_cat_id         super_cat_name
1            24 4bf58dd8d48988d119951735 4d4b7105d754a06378d81259          Shop & Service
2           103 4bf58dd8d48988d145941735 4d4b7105d754a06374d81259                    Food
3            66 4bf58dd8d48988d117941735 4d4b7105d754a06376d81259          Nightlife Spot
4            14 4bf58dd8d48988d190941735 4d4b7104d754a06370d81259 Arts & Entertainment
5             5 4bf58dd8d48988d145941735 4d4b7105d754a06374d81259                    Food
6             6 4bf58dd8d48988d1db931735 4d4b7105d754a06374d81259                    Food
           cat_name         cat_pluralName cat_shortName cityname
1  Food & Drink Shop   Food & Drink Shops  Food & Drink       ny
2   Asian Restaurant    Asian Restaurants         Asian       ny
3                Bar                 Bars           Bar       ny
4             Museum              Museums        Museum       ny
5   Asian Restaurant    Asian Restaurants         Asian       ny
6 Spanish Restaurant  Spanish Restaurants       Spanish       ny
> |
```

図 4.9　すべての都市のデータ

[1]　基本的な記述統計

　ここまでで，対象とする都市データを抽出し，表形式に整形した．このデータの可視化を通して，各都市における場所カテゴリおよびその分布について検討していくことにしよう．

　まず，どの都市が最も関心を集めている都市であるかを検討してみよう．なお，ここからの分析において，都市における関心を表す指標として，場所のチェックイン数を表す `venue.stats` を利用する．

```
summary_df <- all_city_data_with_category %>%
  group_by(cityname) %>%
  summarise(total_checkins = sum(venue.stats), city_user =
            sum(venue.usersCount), city_tips = sum(venue.tipCount))
ggplot(summary_df, aes(x=cityname, y=total_checkins)) +
  geom_bar(stat="identity") +
  ggtitle("City wise check-ins") +
  theme(plot.title = element_text(lineheight = .8, face = "bold",hjust = 0.5))
```

　このコードを実行すると，各都市における `venue.stats` の分布が得られる（図 4.10）．この棒グラフは，チェックイン数という観点で，どの都市が最も有名かという問いに対して重要な示唆を与えてくれる．図 4.10 を一見して得られる最初の気づきとして，イスタンブールが最もチェックインが多く，ニューヨークがそれに続くという点が挙げられる．この結果は一般的な感覚からすると違和感があるが，これは，感覚で意思決定するのではなく，データをもとに意

144

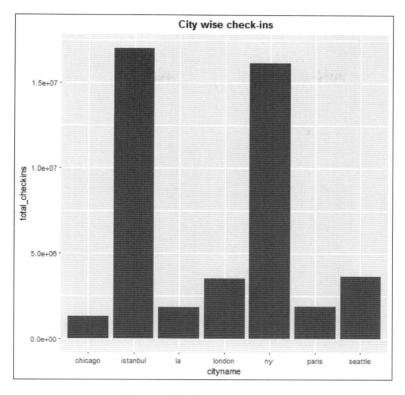

図 4.10 各都市のチェックイン数

思決定することの重要性を訴えてくるものであり，分析初心者にとってうってつけの教材と言える．

次に，各都市における場所カテゴリについて検討しよう．具体的には，場所カテゴリ数という観点から，どの都市が最も存在感があるかを把握する．その結果は都市における多様性を表しているとも言える．直感的には，ニューヨークが最も多様性に満ちた都市だという結果が得られそうである．この直感をデータが支持するかどうか確認しよう．

```
# 各都市における場所カテゴリ数
cat_rep_summary <- all_city_data_with_category %>%
  group_by(cityname) %>%
  summarise(city_category_count = n_distinct(cat_name))
ggplot(cat_rep_summary, aes(x=cityname, y=city_category_count), col(cityname)) +
  geom_bar(stat="identity") +
  ggtitle("Total categories for each city") +
  theme(plot.title = element_text(lineheight=.8, face="bold",hjust = 0.5))
```

このコードを実行すると，図 4.11 の棒グラフが得られる．このグラフから，どの都市が最も多様な場所カテゴリを持っているかを把握できる．この結果は，われわれの直感を支持しており，ニューヨークは最も場所カテゴリ数が多い都市となっている．

第 4 章　Foursquare のデータ分析

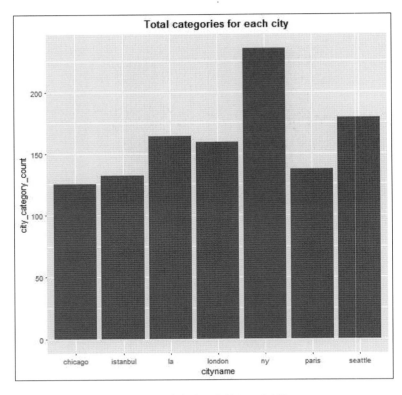

図 4.11　各都市の場所カテゴリ数

さらにこのデータを深掘りしてみよう．ここでは，各都市における Foursquare が提供する場所カテゴリの分布を検討する．具体的には，各都市において総チェックイン数が場所カテゴリ単位でどのように分布しているかをプロットし，最多となる場所カテゴリを視覚的に把握する．

```
# 主要な場所カテゴリにおけるチェックイン数の分布を確認する
super_cat_summary_detail <- all_city_data_with_category %>%
  group_by(cityname,super_cat_name) %>%
  summarise(city_category_count = sum(venue.stats)) %>%
  mutate(category_percentage = city_category_count/sum(city_category_count))

# 二つの都市について，チェックイン数が最も多い場所カテゴリを把握するためにプロットする
p5 <- ggplot(subset(super_cat_summary_detail, cityname %in% c("ny", "istanbul")),
  aes(x=super_cat_name, y=category_percentage))
(p5 <- p5 + geom_bar(stat="identity") +
  theme(axis.text.x=element_text(angle=90,hjust=1,vjust=0.5)) +
  facet_wrap(~cityname, ncol = 1)) +
  ggtitle("category distribution for NY and Istanbul") +
  theme(plot.title = element_text(lineheight=.8, face="bold",hjust = 0.5))
```

このコードを実行すると，図 4.12 に示す棒グラフが生成される．このグラフから，ここで選んだ二つの都市における相違点が見えてくる．

4.2 場所カテゴリのトレンドを分析する

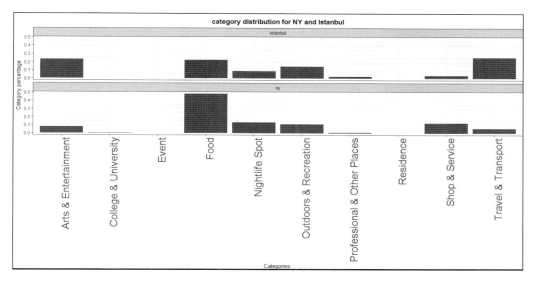

図 4.12 ニューヨークとイスタンブールの場所カテゴリごとのチェックイン数

　このグラフをじっくり見ると，さまざまな示唆が得られる．まず，"Food" が両都市に共通してチェックインが多い場所カテゴリであることについては，大きな驚きはないだろう．

　また，このグラフから，イスタンブールでは "Arts & Entertainment" と "Travel & Transport" が，一方，ニューヨークでは "Nightlife Spot" と "Shop & Service" が，それぞれ多くチェックインされていることがわかるだろう．さらに，イスタンブールでは "College & University" の存在感がまったくないこともわかる．原因としては，学生がチェックインしていない，もしくは彼らがいっさい学校に行っていない，のどちらかだろうが，このデータからこれ以上のことはわからない．分析でできることは，あくまでデータからの推論のみである．

　さて，この場所カテゴリデータを用いてレコメンドエンジンを作る前に，もう一つだけプロットをしておこう．ここまでわれわれは最上位の場所カテゴリに着目してきたが，各場所カテゴリは子カテゴリを持っている．子カテゴリにおいても同様にカテゴリ数が上位になるものは何か，ここで検討しておこう．

　以下のコードを実行すると，都市単位での子カテゴリの分布を示すプロットが得られる．

```
# 各都市における子カテゴリの分布を表示する（トップ5のみ）
cat_summary_detail <- all_city_data_with_category %>%
  group_by(cityname,cat_name) %>%
  summarise(city_category_count = sum(venue.stats)) %>%
  mutate(category_percentage = city_category_count/sum(city_category_count)) %>%
  top_n(5)
p5 <- ggplot(cat_summary_detail, aes(x=cat_name, y=category_percentage))
(p5 <- p5 + geom_bar(stat="identity") +
  ylab("Check-in percentage") + xlab("Categories") +
  theme(axis.text.x=element_text(angle=90,hjust=1,vjust=0.5)) +
  facet_wrap(~cityname, ncol = 1)) +
```

```
ggtitle("category distribution for all cities") +
theme(plot.title = element_text(lineheight=.8, face="bold", hjust=0.5))
```

このコードから得られるプロット（図 4.13）は，各都市における上位五つの場所カテゴリを示している．このプロットからは，明白な事実と同時に，解釈が難しい情報が見て取れる．詳細に検討してみよう．

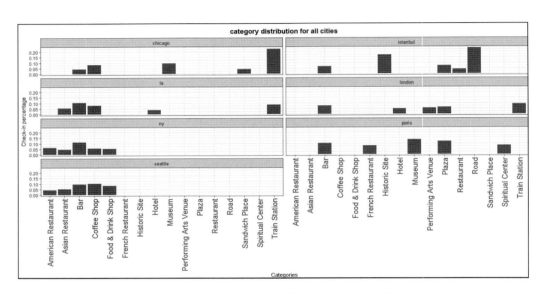

図 4.13　各都市における上位五つの場所カテゴリ

まず，このプロットからはっきりわかることとして，全都市に共通して 5 位以内に入っている場所カテゴリは "Bar" であるという点が挙げられる．これは，アルコールの普遍性を表していると言え，イスラム圏のイスタンブールであっても例外ではない．次にわかることとして，"Train Station" がロンドンとシカゴにおいてメジャーであるという点が挙げられる．これは少し調べると，両都市における有名な駅に由来するものであることがわかる．驚きなのは，イスタンブールにおいて最も多い場所カテゴリが "Road" であるということである．この点については，データの詳細を確認すると，旅行者にとってイスティクラル通りが魅力的な場所であることに由来することがわかる．

ここまでで，簡単な棒グラフから，明らかな事実と驚きに満ちた発見が得られることがわかった．そして，この事実は，データ分析において次のような重要な示唆を与えてくれる：「記述統計の力を侮ることなかれ」．

4.3 | レコメンドエンジンを作る

　本章の内容にレコメンドエンジンの構築を含めた理由は，既存のデータを分析すべき課題に落とし込み，それを適切に解くために既存のソリューションを利用するプロセスを強調するためである．ここでは，最新の技術を用いたレコメンドエンジンを構築するつもりはなく，本章のようなデータが得られた際の解決法の一つとしてレコメンドエンジンを利用するに過ぎない．レコメンドエンジンを作り始める前に，基本的なことを解説しておこう．

▶ 4.3.1 　レコメンドエンジンとは

　レコメンドエンジン（もしくはレコメンドシステム）は，機械学習の産業への応用例としてよく知られたものの一つである．多くの人にとって「レコメンドエンジン＝機械学習」という認識でもおかしくないくらいである．レコメンドエンジンがこれだけの存在感を持っている理由は単純で，レコメンドエンジンがビジネスと直結して機能しているからである．レコメンドエンジンは今日の技術の粋を尽くしたあらゆる場所，すなわち e コマースサイト，金融，検索エンジンに使われており，デートサイトですらレコメンドエンジンを利用している．

　レコメンドエンジンの基本的な考えは非常に単純なもので，まだ評価されていないアイテムの評価を予測し，その結果に基づき，ユーザーに対して「あなたはこれが気に入るかもしれません」という形で提示する．これにはあなたも馴染みがあることと思う．この単純さもまた，レコメンドエンジンがこれだけ広まった理由の一つである．

▶ 4.3.2 　レコメンドの枠組みを定める

　前節では，記述統計および簡単なプロットや要約から得られる推察の重要性について述べた．しかし，これらのアプローチは重要ではあるものの，分析者に求められるソリューションとしては不十分なものになりつつある．いまやデータを渡された分析者に求められることは，問題をどのように定義するかということである．これは，渡されたデータをよく理解し，そのデータから直接的に得られる洞察に留まらず，データに眠る可能性を提示することでもある．したがって，データを渡された際にわれわれが問うべきは，「このデータで何ができるだろうか」である．

　この問いに対する回答はデータに依存する．本章のデータで言えば，問題は例えば以下のように定義できる．

　　本章で得たデータ内の都市の一つにレストランを開きたいとする．どのカテゴリのレストランを開けば成功するか，データからレコメンドできるだろうか？

第 4 章　Foursquare のデータ分析

▶ 4.3.3　レストランカテゴリのレコメンドエンジンを構築する[*4]

問題の定義は往々にして難しい．データの理解に加え，そこに眠る解くべき問題の理解を必要とするからである．問題をうまく定義できれば，R のようなツールを用いることで真っすぐソリューションに向けて進むことができる．ここで，レコメンドエンジンの構築に向けて上記の問題を深く検討するために，もう一度データを振り返ってみることにしよう．

レコメンドエンジンに必要な典型的なデータは，表 4.1 に示すようなものである．

表 4.1　レコメンドエンジンに必要な典型的なデータ

	Item1	Item2	Item3	Item4	Item5	Item6	Item7	Item8	Item9
User1	2	?	4	5	3	?	?	1	1
User2	1	1	5	?	?	5	5	3	2
User3	?	?	?	?	2	3	4	5	1

本章のデータについて，われわれはまだ表 4.1 における "User" および "Item" を定義していない．この場合，「都市」が User になり，「レストランカテゴリ」が Item になるだろう．したがって，各都市におけるカテゴリの評価を取得し，未評価のレストランカテゴリにおける評価を予測するシステムを構築することが，ここでの目的となる．

次の課題は，評価をどのように行うかである．本章のデータセットについては，まだ評価方法を定めていない．評価方法について決まったルールはないので，論理的に評価方法を組み立てていくこととしよう．

例えば，レストランの評価手順を以下のように定義してみよう．

1. 最上位の "Food" カテゴリにおいて，各子カテゴリのチェックイン数を集計する．
2. 各子カテゴリのチェックイン数の割合を計算する．数式で書くと，以下のようになる．

$$\text{チェックイン割合} = \frac{\text{子カテゴリのチェックイン数}}{\text{Food カテゴリ内の総チェックイン数}}$$

3. チェックイン割合の範囲（最大値・最小値）を取得する．
4. チェックイン割合の範囲を均等な間隔で五つの区分に分ける．
5. この区分に数値を割り当てる（例えば，区分 1 には 1 を割り当てる）．

この手順は，レコメンドエンジンを作るために必要なフォーマットに対象データを整形する上で，必要な条件を満たしている．次に，レコメンドエンジンのアルゴリズムについて検討しよう．

[*4] 訳注：この項では，都市名およびレストランカテゴリを入力すると，その評価が予測結果として出力されるレコメンドエンジンを構築しようとしている．この際，評価については直接の評価結果（星の数など）がないため，チェックイン数から間接的にそのレストランカテゴリの評価を算出している．

150

4.3 レコメンドエンジンを作る

　ここでは，レコメンドエンジンのアルゴリズムとして "Matrix Factorization" を用いる．この手法の詳細は本書の範囲を超えるため，割愛する．Matrix Factorization を用いたレコメンドエンジンの基本的な考え方は，「ユーザー × 評価」行列は二つの行列の積として表現できる，というものである．この結果が得られていれば，未評価のデータに対するレコメンド結果は，二つの行列の内積として求められる．したがって，"Matrix Factorization" を使えば，既存のデータを使って新しいデータの評価結果を予測することができるのである．

　本節のレコメンドエンジンについてプロセスを理解したところで，早速構築を始めよう．最初にすべきことは，所定のフォーマットに沿ったデータの整形である．

```
# 必要なデータを選択し，Food カテゴリのデータを抽出
selected_cols <- c("cityname", "cat_name", "venue.stats")
reco_data <- all_city_data_with_category[all_city_data_with_category
  $super_cat_name == "Food",selected_cols]
# データを整形
reco_data_reshaped <- reshape(reco_data,
                                timevar = "cat_name",
                                idvar = c("cityname"),
                                direction = "wide")
# NA を 0 で置換
reco_data_reshaped[is.na(reco_data_reshaped)] <- 0
reco_final <- cbind(reco_data_reshaped[,"cityname"],round(reco_data_reshaped
  [,(!colnames(reco_data_reshaped) %in% c("cityname"))]/
  rowSums(reco_data_reshaped[,(!colnames(reco_data_reshaped) %in%
  c("cityname"))]), 4))
colnames(reco_final)[1] <- "cityname"
```

　このコードを実行すると，図 4.14 に示すようなデータが得られる．

	cityname	venue.stats.Asian Restaurant	venue.stats.Spanish Restaurant	venue.stats.Dessert Shop	venue.stats.Caribbean Restaurant	venue.stats.Mexican Restaurant
2	ny	0.0183	0.0005	0.0102	0.0023	0.0990
3800	istanbul	0.0267	0.0000	0.0010	0.0002	0.0000
4767	paris	0.0082	0.0732	0.0097	0.0000	0.0173
6356	la	0.0670	0.0000	0.0005	0.0051	0.0226
7378	seattle	0.0130	0.0202	0.0169	0.0652	0.0009
8775	london	0.0205	0.0352	0.0025	0.0246	0.0719
10080	chicago	0.0015	0.0000	0.0003	0.0477	0.0053

図 4.14　整形したチェックインデータ

　次に，このデータを評価データに変換していく．そのためには，データフレームの各行がレストランごとの評価を示すように整形するコードを書く必要がある．これは，このレコメンドエンジンに利用する R の recosystem パッケージが求めるフォーマットである．これを行うコードを以下に示す．

```
# チェックイン割合を評価に変換し，recosystem パッケージが求めるフォーマットに整形する
reco_ratings <- apply(reco_final[,!(colnames(reco_final) %in% c("cityname"))], 1,
  convert_user_percent_to_rating)
```

151

第 4 章 Foursquare のデータ分析

```
# 評価データを転置し，都市名を追加
reco_ratings <- t(reco_ratings)
city_id_name_map <- as.factor(reco_final[,"cityname"])
colnames(reco_ratings) <- colnames(reco_final[,(!colnames(reco_final)
  %in% c("cityname"))])
reco_ratings <- cbind(as.data.frame(reco_final[,"cityname"]), reco_ratings)
colnames(reco_ratings)[1] <- "cityname"
rest_type_id = colnames(reco_final)[!(colnames(reco_ratings) %in%
  c("cityname"))]

# 各行が都市，レストランのタイプ，評価を示すようにデータを整形
reco_rating_long <- reshape(reco_ratings,varying = !(colnames(reco_final)
  %in% c("cityname")), v.names = "rating", direction = "long")
reco_rating_long[,"id"] <- NULL
colnames(reco_rating_long)[2] <- "restaurant_type"
reco_rating_long$cityname <- as.numeric(reco_rating_long$cityname)
```

このコードを実行すると，図 4.15 のように，recosystem パッケージが求めるフォーマット
のデータが得られる．"NA" となっているデータは，このレコメンドシステムを用いて評価を
予測する対象データである．データの整形において，都市名とレストランカテゴリを数値に変
換しているが，変換前のデータは適宜保存しているので問題はない．

cityname	restaurant_type	rating
5	1	4
2	1	5
6	1	4
3	1	5
7	1	4
4	1	4
1	1	1
5	2	2
2	2	NA

図 4.15 各行が都市，レストランのタイプ，評価を示すように整形されたチェックインデータ

さて，recosystem パッケージを用いて，レコメンドエンジンを構築しよう．recosystem
パッケージ開発者によるコード例を利用して書いたコードを以下に示す．

```
# 学習データと予測データを分割し，ファイルに保存
reco_rating_long_predict <- reco_rating_long[is.na(reco_rating_long$rating),]
reco_rating_long_train <- reco_rating_long[!is.na(reco_rating_long$rating),]
write.table(reco_rating_long_train, file = "restaurant_reco_train.txt",
            quote = FALSE,sep = " ", row.names = FALSE, col.names = FALSE)
write.table(reco_rating_long_predict, file = "restaurant_reco_test.txt",
            quote = FALSE,sep = " ", row.names = FALSE, col.names = FALSE)

# recosystem パッケージを用いて学習させる
r = Reco()
```

152

```
train_set = data_file("restaurant_reco_train.txt")

# sme パラメータを設定
opts = r$tune(train_set, opts = list(dim = c(10, 20, 30), lrate = c(0.1, 0.2),
                                     costp_l1 = 0, costq_l1 = 0,
                                     nthread = 1, niter = 10))

# レコメンドエンジンを学習させる
r$train(train_set, opts = c(opts$min, nthread = 1, niter = 50))
pred_file = tempfile()
test_set = data_file("restaurant_reco_test.txt")

# 予測結果を生成
r$predict(test_set, out_file(pred_file))
pred_ratings <- scan(pred_file)

# 数値に変換していたレストランタイプと都市名を対応する文字列に再変換
reco_rating_long_predict$predicted_ratings <- as.data.frame(pred_ratings)
reco_rating_long_predict$restaurant_type_name <-
  rest_type_id[reco_rating_long_predict$restaurant_type]
reco_rating_long_predict$restauracity_name <-
  rest_type_id[reco_rating_long_predict$cityname]
reco_rating_long_predict$city_name <-
  city_id_name_map[reco_rating_long_predict$cityname]
reco_rating_long_test[,c("cityname", "restaurant_type",
  "rating","restauracity_name")] <- NULL

# ニューヨークの結果を得る
View(subset(reco_rating_long_test, city_name %in% "ny"))
```

 レコメンドエンジンの学習における注意
予測モデルの学習は非常に入り組んだものであることを覚えておいてほしい．一般的には，学習データとテストデータを分割し，ハイパーパラメータのチューニングを複数回繰り返すことで最適解を得る．上記のコードは，最適解を得る代わりに一連の流れを示すことを重視しているため，このチューニングの過程を省略している．

構築したレコメンドエンジンが生成した，ニューヨークにおける評価の予測結果の一部を図4.16 に示す．

本来，レコメンドエンジンから得られた予測結果を受け入れる前に，バリデーションプロセスが必要であるが，これは本書の範囲を超えるため，割愛する．一方，この予測結果を一般常識でもってバリデーションすることも可能である．例えば，ニューヨークにおいてアイリッシュパブの出店がレコメンドされることについて，改めてバリデーションの必要はないだろう．

以上が，Foursquare のデータを用いた分析の最初の例である．本節までで，複雑な API を用いてデータを取得する方法，そして，それを求められるフォーマットに応じて整形する方法を学び，さらに，得られたデータに対する記述統計の方法，およびレコメンドエンジンの構築方法を学んだ．

predicted_ratings.pred_rating	restaurant_type_name	city_name
3.922040	venue.stats.Swiss Restaurant	ny
3.746480	venue.stats.Irish Pub	ny
3.670470	venue.stats.Australian Restaurant	ny
3.288700	venue.stats.Austrian Restaurant	ny
3.245940	venue.stats.Fish & Chips Shop	ny
3.213090	venue.stats.American Restaurant	ny
3.150580	venue.stats.Spanish Restaurant	ny
3.147840	venue.stats.Modern European Restaurant	ny
3.138350	venue.stats.Portuguese Restaurant	ny
3.080260	venue.stats.Soup Place	ny

図 4.16　ニューヨークの予測結果

4.4 | 感情分析を用いたランキング

　前節のユースケースでは，Foursquare における場所データを用いた分析を行い，問いに対して回答を提示するレコメンドエンジンを構築した．本節では Foursquare データのテキスト情報に着目する．まずは，各場所に対してユーザーが投稿したチップ（tips）を抽出し，基本的な分析を行う．そして，意思決定に資する分析のユースケースを構築する．

▶ 4.4.1　チップデータを抽出する

　ここまでの分析事例で，分析のワークフローは常に，必要なデータの取得から始まることを理解した．さらに，Foursquare API を用いたデータ抽出においては，抽出作業の詳細を学んだ．そこで，ここでは詳しい説明はせず，早速データ抽出を開始しよう．

　ここでは，チップデータの抽出にあたって以下の二つのユーティリティ関数を定義した．

- `extract_all_tips_by_venue`：場所の ID を引数として取り，その場所のチップデータをデータフレームとして返す．
- `extract_tips_from_json`：`extract_all_tips_by_venue` 関数の内部で使われ，チップデータの JSON オブジェクトからチップデータを抽出する．

　早速チップデータを抽出してみよう．まず，Foursquare のページをブラウズしてサンプルとなる場所の ID を見つける．例えば，ストックホルムのヴァーサ号博物館の URL は，以下のとおりである．

　　https://foursquare.com/v/vasamuseet/4adcdaeff964a520135b21e3

この URL において，スラッシュで区切られた各パートのうち最後の部分が，データ抽出に必要な，場所の ID である．

```
# ヴァーサ号博物館のデータを抽出
vasa_museum_id = "4adcdaeff964a520135b21e3"
tips_df <- extract_all_tips_by_venue(vasa_museum_id)
```

このコードを実行して得られるデータフレームは，図 4.17 のようになるだろう．

tip_id	tip_text	tip_user_gender
5260e0ab11d2cffe485e9eb5	Join our tour Stockholm Must Sees and skip the line a...	none
51bf73d4498e1757060897fe	*** : Construit en 1628, le Wasa a parcouru 1,5km ava...	male
572873be498e6a3ca2b93c5e	its amazing to see Vasa after 333 years staying unde...	female
56882608498e9a34f506b7fc	Interested in history or (old) technologies? This is th...	none
52167b6f11d27a67a4fa0a1f	One of the best museums I've been to. Excellent exh...	female
5585c23f498e693bc67c63da	Cool and worth the visit. Discount for students. It will...	male
54e0fedb498eed57395379eb	An entire salvaged 17th naval warship housed in the ...	male
57b702be498e840b547ba756	What a great museum <U+2764><U+FE0F> it's all abo...	male
5473023a498e9daa236f177f	The Vasa Ship, soon to be 400 years old, is one of th...	none
560a3c44498e70bb7343b116	I suggest to watch the movie about the salvage and t...	female
57497c89498e56b7a4610227	The museum has several levels so you can see the s...	female
5664ac59498ec523863853ee	A must see! The only place where you'll see a ship fr...	male
56ae709c498e5cc8e3bb99a2	A great museum. There is free English guided tour w...	female

図 4.17　ストックホルムのヴァーサ号博物館におけるチップ

ここでは，チップデータに加えて，投稿したユーザーの性別も取得している．このデータは，今後の分析を経て面白い知見をもたらしてくれるだろう．

▶ 4.4.2　得られたデータを検討する

本節の分析では，テキストデータを用いて感情分析を行い，われわれの意思決定に活用する．具体的には，有名な旅行サイトである TripAdvisor（https://www.tripadvisor.com）の美術館ランキングにおける各美術館の評価と，それらの美術館について感情分析により得られる Foursquare のユーザーの評価を比較する．TripAdvisor の評価と，感情分析を用いて Foursquare のチップデータから得られる評価は一致するだろうか？ これは若干手間を要する分析であるが，第 2 章で取り上げた感情分析の基礎に則って進めていく．感情分析の基本的な概念については第 2 章で詳しく説明しているので，ここでは早速分析を始めていこう．

TripAdvisor には世界の美術館ランキング（https://www.tripadvisor.in/TravelersChoice-Museums-cTop-g1）が掲載されている．これを手動でデータフレームに整形しよう．得られるデータフレームは，図 4.18 のようになる．

155

第 4 章　Foursquare のデータ分析

museum_name	trip_advisor_rank
mpma_ny_tips	1
art_institute_chicago_tips	2
hermitage_moscow_tips	3
musee_d_orsay_tips	4
nat_muse_anthro_tips	5
madrid_museum_tips	6
acropolis_museum_tips	7
vasa_museum_tips	8
louvre_tips	9

図 4.18　TripAdvisor による美術館のランキング（出典：https://www.tripadvisor.in/ TravelersChoice-Museums-cTop-g1）

　次のステップは，このリスト内の各美術館に対応したチップデータを取得することである．このためには，各美術館に対応した Foursquare ID が必要であり，これを用いてチップを抽出する．各美術館に対応するデータを抽出しデータフレームに整形する関数には，先ほど使った **extract_all_tips_by_venue** 関数を用いる．

▶ 4.4.3　チップデータを分析する

　収集したチップデータの分析は，各美術館のチップデータを結合する作業から始まる．ここでは，各美術館のデータは，美術館の名称の末尾に "_tips" をつけた CSV ファイルに保存されていることを前提とする．

　以下のコードを実行すると，これらの CSV ファイルが結合される．

```
# 美術館ごとのチップデータを結合して一つのデータフレームにまとめる
tips_files <- list.files(pattern="*tips.csv")
complete_df <- data.frame()
for(file in tips_files)
{
  perpos <- which(strsplit(file, "")[[1]]==".")
  museum_name <- gsub(" ","",substr(file, 1, perpos-1))
  df <- read.csv(file, stringsAsFactors = FALSE)
  df$museum <- museum_name
  complete_df <- rbind(complete_df, df)
}
```

　すべてのデータを結合できたところで，早速分析を始めよう．4.2 節で得られた教訓に従い，基本的な記述統計から始めることとする．

[1]　基本的な記述統計

　ここでまず確認したいことは，各美術館にどれくらいのチップが投稿されているかである．これは，各場所がどれくらい有名かを示す物差しとなる．

156

以下のコードを実行して，各美術館のチップ数をプロットしよう．

```
# 基本的な記述統計
review_summary <- complete_df %>% group_by(museum) %>% summarise(num_reviews = n())
ggplot(data = review_summary, aes(x = reorder(museum, num_reviews),
  y = num_reviews)) +
  geom_bar(aes(fill = museum), stat = "identity") +
  theme(legend.position = "none") +
  xlab("Museum Name") + ylab("Total Reviews Count") +
  ggtitle("Reviews for each Museum") +
  theme(axis.text.x=element_text(angle=90,hjust=1,vjust=0.5)) + coord_flip()
```

ここで得られた棒グラフ（図 4.19）は，非常に重要な示唆を与えてくれる．パリのルーヴル美術館は，TripAdvisor において非常に低い評価となっているのに対し，Foursquare では最もチップ数が多く，最高の評価を得ているのである．メキシコの国立人類学博物館（National Museum of Anthropology; nat_muse_anthro_tips）の評価も，TripAdvisor と Foursquare で大きく異なっている．TripAdvisor では 5 位に位置しているのに対し，Foursquare では大きく順位を下げ，最下位となっている．

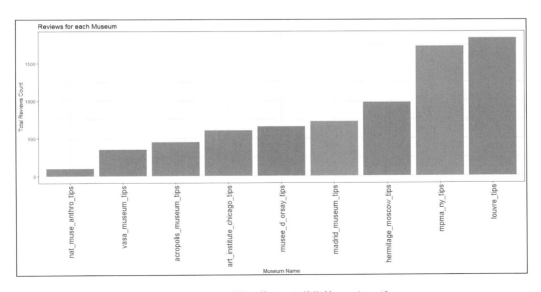

図 4.19 チップ数に基づいた美術館ランキング

以上はチップ数による分析結果であるが，チップの内容を含んでいないため，これ以上は深入りしないでおこう．ただし，チップの感情分析に入る前に，ランキングが性別によって変化するかどうかについては検討しておこう．

図 4.20 に示す，三つの性別（Foursquare は「該当なし」も許容しているので三つとなる）ごとのプロットを見ると，男性と女性でランキングは同じであることがわかる．この結果から，美術館にチップを投稿するかどうかについて，性別は大きな影響を与えないことがわかる．

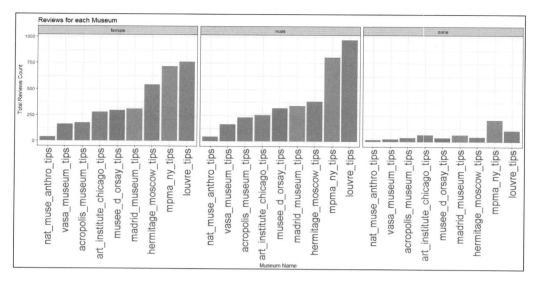

図 4.20 性別ごとのチップ数に基づいた美術館ランキング

[2] 美術館ごとの感情スコア

　ここからの分析では，美術館を訪問した際の感情について検討する．人々はどの美術館に行っても似たような感情を抱くだろうか，それとも美術館ごとに異なる感情になるものだろうか？ これを検証するために，第 2 章で利用した syuzhet パッケージを用いる．syuzhet パッケージは，テキストデータに反映された感情を分析するパッケージである．このパッケージに関する情報や使い方については，第 2 章を参照してほしい．

　以下のコードを実行すると，各美術館のチップデータに対する感情分析の結果のサマリ（感情スコアの分布）がプロットされる（図 4.21）．

```
# 各美術館のチップデータに対する感情スコアの分布をプロットする
sentiments_df <- get_nrc_sentiment(complete_df[,"tip_text"])
sentiments_df <- cbind(sentiments_df, complete_df[,c("tip_user_gender","museum")])
sentiments_summary_df <- sentiments_df %>% select(-c(positive,negative)) %>%
  group_by(museum) %>% summarise(anger = sum(anger),anticipation =
  sum(anticipation), disgust = sum(disgust), fear= sum(fear),
  joy = sum(joy), sadness = sum(sadness), surprise = sum(surprise),
  trust = sum(trust))
sentiments_summary_df_reshaped <- reshape(sentiments_summary_df, varying =
  c(colnames(sentiments_summary_df)[!colnames(sentiments_summary_df) %in%
  c("museum")]), v.names = "count", direction = "long", new.row.names = 1:1000)
sentiment_names <- c(colnames(sentiments_summary_df)
  [!colnames(sentiments_summary_df) %in% c("museum")])
sentiments_summary_df_reshaped$sentiment <- sentiment_names
  [sentiments_summary_df_reshaped$time]
sentiments_summary_df_reshaped[,c("time", "id")] <- NULL

p5 <- ggplot(sentiments_summary_df_reshaped, aes(x=sentiment, y=count))
(p5 <- p5 + geom_bar(stat="identity") + theme(axis.text.x=element_text
  (angle=90,hjust=1,vjust=0.5)) +
  facet_wrap(~museum, ncol = 1)) +
```

```
ylab("Percent sentiment score") +
ggtitle("Sentiment variation across museums")
```

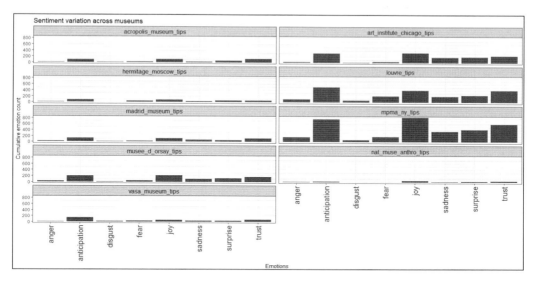

図 4.21　美術館ごとの感情スコア

　図 4.21 を注意深く見ると，チップに表れた感情について，いくつかの重要な情報が見えてくる．まず，美術館の訪問者が抱く主な感情は，期待（anticipation），喜び（joy），信頼（trust）であり，これは予期しうる結果である．データが直感と一致すると，気持ちが良いものである．また，メトロポリタン美術館（mpma_ny_tips）とルーヴル美術館（louvre_tips）について，不快（disgust）や怒り（anger）を抱く訪問者がいるという事実は興味深い．これは世界最高峰の美術館において予期しない結果である．

▶ 4.4.4　最終的な美術館ランキング

　ここまでの感情分析で，美術館とその訪問者の感情についていくつかの知見を得ることができた．しかし，まだ美術館を感情分析の結果に基づきランク付けし，TripAdvisor と比較するという当初の目的を果たしていない．これを行うためには，感情を数値で置き換える必要がある．幸い，ここで利用している R パッケージは，これを実行する関数を有している．ランキングを得るには，感情スコアをチップに紐づけ，それを加算するという操作を行う．聞くと簡単だが，この操作は煩雑である．なぜなら，美術館ごとのチップ数を考慮する必要があるからである．もしこれを考慮しなければ，チップが多い美術館が有利になるだろう．したがって，この難点を克服するために，チップ数に基づいた正規化を行い，チップ数の影響を取り除く．以下のコードでは，美術館のランク付けをするために「チップ当たりの感情スコア」を指標として用いている．

第 4 章　Foursquare のデータ分析

```r
# 美術館のチップに基づいた感情分析
for (i in 1:nrow(complete_df)){
  review <- complete_df[i,"tip_text"]
  poa_word_v <- get_tokens(review, pattern = "\\W")
  syuzhet_vector <- get_sentiment(poa_word_v, method="bing")
  complete_df[i,"sentiment_total"] <- sum(syuzhet_vector)
}
rank_sentiment_score <- complete_df %>% group_by(museum)%>%
  summarise(total_sentiment = sum(sentiment_total), total_reviews =
  n()) %>% mutate(mean_sentiment = total_sentiment/total_reviews) %>%
  arrange(mean_sentiment)
rank_sentiment_score$museum.rank <- rank(-rank_sentiment_score$mean_sentiment)

rank_sentiment_score_gender <- complete_df %>% group_by(museum, tip_user_gender) %>%
  summarise(total_sentiment = sum(sentiment_total), total_reviews = n()) %>%
  mutate(mean_sentiment = total_sentiment/total_reviews) %>%
  arrange(mean_sentiment)

rank_sentiment_score_gender_female <- subset(rank_sentiment_score_gender,
  tip_user_gender == "female")
rank_sentiment_score_gender_female$museum.rank <-
  rank(-rank_sentiment_score_gender_female$mean_sentiment)

rank_sentiment_score_gender_male <- subset(rank_sentiment_score_gender,
  tip_user_gender == "male")
rank_sentiment_score_gender_male$museum.rank <-
  rank(-rank_sentiment_score_gender_male$mean_sentiment)

rank_sentiment_score_gender_none <- subset(rank_sentiment_score_gender,
  tip_user_gender == "none")
rank_sentiment_score_gender_none$museum.rank <-
  rank(-rank_sentiment_score_gender_none$mean_sentiment)

# 全ランクを一つのデータフレームにまとめる
combined_rank <- museum_tripadvisor %>% inner_join(rank_sentiment_score
  [,c("museum", "museum.rank")])
colnames(combined_rank)[ncol(combined_rank)] <- "overall_sentiment_rank"
combined_rank <- combined_rank %>% inner_join(rank_sentiment_score_gender_female
  [,c("museum", "museum.rank")], by = "museum")
colnames(combined_rank)[ncol(combined_rank)] <- "female_sentiment_rank"
combined_rank <- combined_rank %>% inner_join(rank_sentiment_score_gender_male
  [,c("museum", "museum.rank")], by = "museum")
colnames(combined_rank)[ncol(combined_rank)] <- "male_sentiment_rank"
combined_rank <- combined_rank %>% inner_join(rank_sentiment_score_gender_none
  [,c("museum", "museum.rank")], by = "museum")
colnames(combined_rank)[ncol(combined_rank)] <- "none_sentiment_rank"
```

　以上のコードを実行すると，チップごとの平均感情スコアに基づいたランキングが得られる（図 4.22）．この図では，各美術館で投稿されたチップの感情スコアをもとに，美術館をランク付けしているだけでなく，TripAdvisor の評価との比較，また，性別ごとの評価を示している．どのような結果になったかは，あなた自身で確認してほしい．

160

museum	trip_advisor_rank	overall_sentiment_rank	female_sentiment_rank	male_sentiment_rank	none_sentiment_rank
mpma_ny_tips	1	6	5	6	4
art_institute_chicago_tips	2	2	2	2	1
hermitage_moscow_tips	3	9	9	9	9
musee_d_orsay_tips	4	4	6	3	3
nat_muse_anthro_tips	5	1	1	1	5
madrid_museum_tips	6	8	7	8	8
acropolis_museum_tips	7	3	3	4	2
vasa_museum_tips	8	5	4	5	7
louvre_tips	9	7	8	7	6

図 4.22 美術館の感情スコアランキング

ここまでで，感情スコアを用いることでデータに対して新しい解釈を加えることができた．しかし，感情スコアを用いたデータの要約は，有用ではあるけれども，必ずしも正確ではないことを心に留めておく必要がある．テキスト情報を用いた統計学は，簡単にはマスターできないものである．結果については割り引いて考え，別の結果を使ってその妥当性を十分に検証すべきである．

以上で，チップデータを用いたテキスト分析は終わりである．本節では，テキストデータから感情を抽出する方法，そして感情を数値に変換して分析する方法について学んだ．

4.5　場所のグラフ——人々は次にどこへ行くのか

次の事例では，データ抽出において，基本的なデータに対して創意工夫を組み合わせることで，一風変わったデータを得る方法を示す．Foursquare データは，そのままではグラフ構造の表現には向いていない．しかし，注意深く API を利用することで，人がある場所から次に向かう五つの場所についての情報を得ることができる．これを深さ優先探索アルゴリズムといったグラフ探索アルゴリズムと組み合わせることで，次に向かう可能性がある場所へのリンクを示すグラフが得られる．

データ抽出のために，ここでは以下のユーティリティ関数を用いる．

- `extract_venue_details`：対象とする場所の詳細情報を抽出する．
- `extract_next_venue_details`：対象とする場所にリンクする次の五つの場所についての情報を抽出する．
- `extract_dfs_data`：深さ優先探索を実行する．引数にシードとなる場所のベクトルと，探索する深さのレベルを指定する．

データ抽出は，三つの開始点から始めることとする（ニューヨークにおける開始点としてジョン・F・ケネディ国際空港，セントラルパーク，自由の女神像を選んだ）．この 3 点を開始点に，上記のユーティリティ関数を用いて，以下の二つのデータフレームを取得し保存する．

第4章　Foursquare のデータ分析

- Edge_list：起点となる場所から次の場所へのエッジを格納したデータフレーム．
- Venue_detail：Edge_list 内の場所の詳細情報を格納したデータフレーム．

```
# グラフデータを抽出
jfk_id = "xxxxxxxxxxxxxxxxxxxxxxxx"
statue_ofLiberty_id = " xxxxxxxxxxxxxxxxxxxxxxxxx "
central_park_id = " xxxxxxxxxxxxxxxxxxxxxxxxx "
venues_to_crawl = c(jfk_id,statue_ofLiberty_id,central_park_id)
extract_dfs_data(venues_to_crawl, depth = 10)
```

　グラフデータの抽出と保存ができたら，それをロードし，各場所（ノード）間の距離を取得する．この距離は，グラフを用いた分析を実行する際のエッジの重みとして利用する．以下のコードは，上記の二つのデータフレームをロードし，少し整形した上で，エッジリストにおける各ノード間の距離を取得する．

```
# データセットをロード
edges_list_final <- read_delim("edges_list_final.csv",";", escape_double = FALSE,
                               trim_ws = TRUE)
venue_details_final <- read_delim("venue_details_final.csv",",",
                               escape_double = FALSE, trim_ws = TRUE)
# 情報を抽出できなかった場所をエッジリストから除く
venue_details_final <-
  venue_details_final[!duplicated(venue_details_final$venue.id),]
edges_list_final <-
  edges_list_final[edges_list_final$NodeFrom %in% venue_details_final$venue.id,]
edges_list_final <-
  edges_list_final[edges_list_final$NodeTo %in% venue_details_final$venue.id,]
edges_list_final$distance <-
  apply(edges_list_final, 1, get_distances_between_nodes)
```

　ここで，場所間の距離として追加する距離は，緯度と経度の情報を用いた 2 点間の直線距離であり，交通機関による移動距離とは異なる．距離情報を追加したら，少し記述統計を確認しておこう．ここでは，ニューヨークにおいて一つの場所から移動する際に，Foursquare のユーザーが最も好む場所がどこかを検討する．同時に，その場所に到達するまでの平均距離も算出する．以下のコードは，ユーザーが好む場所トップ 10 を算出する．

```
# ニューヨークにおいて最も訪問されている場所トップ10
prominent_next_venues <- edges_list_final %>%
  group_by(NodeTo) %>%
  summarise(avg_distance_from_last_venue =
  mean(distance),num_targets = n()) %>%
  arrange(desc(num_targets)) %>%
  top_n(10)
colnames(prominent_next_venues)[1] <- "venue.id"

prominent_next_venues <- prominent_next_venues %>%
  inner_join(venue_details_final) %>%
  select(venue.id, venue.name, avg_distance_from_last_venue, num_targets)
```

162

このコードを実行して得られる結果は，特に驚くものではない．つまるところ，ニューヨークにおける有名な場所は，人々がある場所から移動してくる場所である．結果を図 4.23 に示す．

venue.id	venue.name	avg_distance_from_last_venue	num_targets
412d2800f964a520df0c1fe3	Central Park	1394.0244	80
49b7ed6df964a52030531fe3	Times Square	474.7327	76
3fd66200f964a520d7f11ee3	Bryant Park	276.5055	49
427c0500f964a52097211fe3	The Metropolitan Museum of Art (Metropolitan Museu...	796.4101	49
49b79f54f964a5202c531fe3	Rockefeller Center	373.2110	41
4b6b5abff964a520fb022ce3	National September 11 Memorial & Museum	690.7747	41
41102700f964a520d60b1fe3	Macy's	395.0770	39
4297b480f964a52062241fe3	American Museum of Natural History	500.0943	39
4b992b04f964a520726635e3	Barclays Center	373.1741	35
447bf8f1f964a520ec331fe3	Apple Fifth Avenue	556.5376	34
4531059cf964a520683b1fe3	Bloomingdale's	251.0266	34

図 4.23　ユーザーが好むニューヨークの場所トップ 10

　グラフデータの分析については前章で大きく紙面を割いて学んだので，すべての分析について改めてそれを繰り返すことはしない．グラフデータを Foursquare の API を用いて抽出する際のポイントは，データ抽出のプロセスをどれだけイメージできるかである．この部分は，ソーシャルメディアを分析する上で創意工夫を必要とする，エキサイティングな部分である．

 ここでは，場所に関するグラフデータの分析について，その大部分を省略した．データのフォーマットは前章と同じなので，ぜひあなた自身で前章のような分析を行ってほしい．実データを扱うことで，きっといくつかのトピックについて興味深い知見が得られるだろう．

4.6　Foursquare データ分析における課題

　Foursquare データの分析を進める上で，いくつかの課題がある．以下にそれらを挙げておこう．これは，次章以降で扱うソーシャルメディアにも言えることである．

- **データ抽出**：Foursquare のデータ分析における明らかな問題として，対応する R パッケージがないことが挙げられる．結果として，データ抽出が煩雑で低レベルなものとなってしまう．これは，Foursquare データを扱う上で最も重要な課題の一つである．
- **API の変更**：Foursquare の API の仕様は頻繁に変更される．これは，開発者がその変更に追随する必要があるという意味で課題となる．API が変更されるたびに，多くのコードを書き直すことになる．これは非常にフラストレーションが溜まるものであり，時間の浪費にもなる．

第 4 章　Foursquare のデータ分析

- **プライバシー**：プライバシーはソーシャルメディア分析を行う上で重要な問題である．分析者は，ソーシャルメディアのユーザーに対して集団として興味があるのであり，個々のユーザーのプライバシーを侵害したいわけではない．プライバシーについての議論は，ソーシャルメディアサービスに限らず，インターネットのすべてのサービスに通じるものである．数年前まで，Foursquare はすべてのユーザーのチェックインデータを提供していたが，一部のユーザーがそれを悪用した．結果としてデータ提供の範囲が制限されることになり，分析の範囲も狭くなってしまった．

以上が，Foursquare のデータ分析を実行する際に直面する課題のリストである．もちろん，課題はほかにもある．しかし，多くの課題は，創意工夫を凝らしてコードを書いていくことで対応できるものである．

4.7 まとめ

Foursquare は，ソーシャルメディアのプラットフォームの中でも特筆すべき存在である．Foursquare が導入したチェックインという概念は，それが提供された当初は画期的なものであった．今となっては，Facebook にもチェックイン機能は実装されている．本章では，ソーシャルメディアサービスの API に対応する R パッケージがない中でのデータ抽出の基本的な流れを紹介した．抽出方法を工夫してデータを取得し，そのデータに対して，ここまでの章で学んだ感情分析やグラフ分析を適用した．本章の最大のポイントは，レコメンドエンジンの事例で学んだ問題設定である．読者には，ぜひ分類問題のような別の問題設定に取り組んでほしい．本章はまた，ソーシャルメディアサービスを分析する際の課題を提示する章にもなった．次々に開発されるソーシャルメディアサービスには，必ずしも対応する R パッケージがあるわけではなく，その場合，低レベルな API を利用してデータを取得することになる．したがって，本章で学んだ内容が役に立つと期待される．

次章以降では，さまざまなソーシャルデータを扱い，分析を進めていく．

第5章

ソフトウェアのコラボレーション傾向の分析 (1) —— GitHub によるソーシャルコーディング

　過去数十年にわたり，コンピュータとその周辺の技術は飛躍的に進化した．ハードウェア，ソフトウェアに加え，データ自体も発展していくのに伴い，オープンソース，ビッグデータ，予測的分析，人工知能，生産性向上ツールといったトレンドが生じた．オープンソースの台頭は，ペアプログラミング，ソースの共有，そして開発者による問題改善援助といった，ソフトウェアを協同でより良く構築するという健全な文化を生み出している．ここからの二つの章では，GitHub と StackExchange という二つの主要なプラットフォームに焦点を当て，ソフトウェア開発と協同領域に見られる傾向を分析する．

　GitHub について知るには，まず Git を知る必要がある．もしあなたがソフトウェア開発者やテスターと協同作業をしているのであれば，Git に慣れ親しんでいるかもしれない．2005 年に，Linux の父として知られる有名なソフトウェアエンジニアのリーナス・トーバルズが，Linux カーネルを他のカーネル開発者と協同で開発する目的で Git を作成した．Git は，プロジェクトの分散的・協同的な開発に主に用いられるバージョン管理システム，かつソースコード管理システムである．GitHub は Git を利用したウェブ上のプラットフォームだが，単に Git のウェブ版というわけではない．これは，実のところ，ソフトウェアのソーシャルな協同開発を奨励する分散的バージョン管理システムなのである．

　ソフトウェアコラボレーションのための一般的なプラットフォームとして，StackOverflow，WikiAnswers，StackExchange といった質問・回答（Q&A）プラットフォームがある．これらのプラットフォームでは，ユーザーは，ソフトウェアや技術，製品などについて日々直面するバグ，疑問，問題に関するさまざまな質問を投稿することができる．そのため，これらのプラットフォームは，開発コミュニティ全般で必要不可欠となっている．

165

第 5 章 ソフトウェアのコラボレーション傾向の分析 (1) ── GitHub によるソーシャルコーディング

本書では，この二つのコラボレーションプラットフォームに，2 章にわたって焦点を当てる．本章では，開発者にとって最も一般的なソーシャルコーディングプラットフォームであり，協同プラットフォームである GitHub に焦点を当てる．GitHub の多様な機能の一部を学び，API の助けを借りて GitHub のデータにアクセスする方法を理解し，また，以下に挙げる GitHub のデータ分析のいくつかの主要な側面をカバーする．

- リポジトリ活動を分析する．
- トレンドリポジトリを検索する．
- リポジトリの傾向を分析する．
- プログラミング言語の傾向を分析する．
- リポジトリ所有者の傾向を分析する．

次章では，ソフトウェア開発やコラボレーションでよく使われる Q&A プラットフォームである StackExchange に焦点を当てる．StackExchange というプラットフォームについて学び，API やダンプされたデータにアクセスする多様な方法を見て，さらに，二つの興味深い問題に焦点を当てることでデータ分析のさまざまな観点をカバーする．

R で検索，パース，分析，可視化するために，次節にある一連のライブラリを利用する．必要に応じて利用するライブラリについて述べるので，もしインストールしていないライブラリがあったら，install.packages 関数を使ってパッケージをインストールしてほしい．

5.1 | 環境のセットアップ

先に触れたように，本章ではいくつかの R パッケージを利用する．利用する主だったパッケージとその基本機能を表 5.1 に列挙する．install.packages 関数を使ってインストールしてほしい．手間を省くため，R で読み込んで必要なコードを実行すれば本章で使用するすべてのパッケージをインストールできる，env_setup.R というファイルも準備した．各パッケージの詳細は，CRAN 内のウェブサイト[1]を参照してほしい．

次節以降では，さまざまなシナリオでデータを検索，分析，可視化するために，以下のパッケージの関数を利用する．hrbrthemes パッケージはそのパッケージの GitHub リポジトリからインストールしなければならないことが注意点だが，以下に示すコードスニペットを使えば同様の結果となる．

```
install.packages("scales")
install.packages('extrafontdb')
install.packages('Rttf2pt1')
devtools::install_github("hrbrmstr/hrbrthemes")
```

---

[1] https://cran.r-project.org/web/packages/available_packages_by_name.html

表 5.1　本章で利用する主な R パッケージとその機能

R パッケージ	主な機能
httr	API，URL，HTTP を扱うのに便利なツール群
jsonlite	R 上で JSON を扱うための柔軟で頑健かつ高パフォーマンスなツール群
dplyr	メモリの内外を問わず，データフレーム的なオブジェクトを扱うための高速で一貫したツール
ggplot2	グラフ，プロット，可視化を *The Grammar of Graphics* に基づいて宣言的に作成するためのシステム
resharp2	柔軟にデータを再構築して集約するツール
hrbrthemes	印刷に重点を置いて，ggplot2 のテーマ，スケール，各種ツールを拡張するパッケージ
sqldf	SQL を用いて R のデータフレームを操作するツール
lubridate	日時データの加工・操作を高速化し容易にするパッケージ
corrplot	相関行列の可視化を支援するパッケージ
devtools	パッケージ開発向けのツールや機能を集めたもので，GitHub からパッケージをインストールするのにも便利
data.table	高速な集約が可能な大規模なデータフレーム

　GitHub からデータを検索して分析することについて議論する前に，GitHub とその主な機能について理解を深めておこう．

5.2 │ GitHub を理解する

　何らかのデータを処理もしくは分析する前に，そのデータの背景を知っておくことは得策である．そこで，GitHub からデータを抽出し，処理および分析する方法を理解する前に，ソフトウェアやテクノロジーを愛する世界中の人たちが利用する GitHub について，そのビジョンや主要な機能を理解することに時間を費やしたい．

　前述したように，GitHub の中核は Git リポジトリをホスティングしたウェブベースのバージョン管理・ソースコード管理サービスである．リポジトリとは，コードファイル，画像ファイル，メディアファイル，ドキュメントファイルなど，諸々のファイル，あるいはそれらをまとめた一つ以上のフォルダによって構成された，単一のディレクトリと考えればよい．開発者たちは，彼らが作成しメンテナンスするさまざまなリポジトリにおいて協同で作業することで，ソフトウェアを作り上げている．リポジトリ内でメンテナンスされているプロジェクトのメンバーと話し，彼らのコーディング規約を守り，コラボレーション，レビュー，フィードバックをオープンにすることで，誰もがオープンソースの貢献者になれる．

第5章　ソフトウェアのコラボレーション傾向の分析 (1) —— GitHub によるソーシャルコーディング

GitHub はそのコアに Git を利用しており，それゆえユーザーは分散されたソースコード処理やバージョン管理といった Git のすべての機能を利用することができる．以下に，GitHub や協同的なソフトウェア開発コミュニティにおいて広く用いられている用語や概念を列挙する．

- リポジトリとは，一般にソフトウェアの製品またはプロジェクトに必要なすべてのコードや資産（asset）を包含したコンテナを指す．
- リポジトリのフォークとは，一般に親またはオリジナルに当たるリポジトリをクローンもしくはコピーしたものを指す．あらゆるユーザーはリポジトリをフォークすることができ，次に，リポジトリに付帯するライセンスのもとで，自分の目的に応じてリポジトリを更新することができる．
- リポジトリのスターとは, GitHub において, Facebook の「いいね！」もしくは Google+ の「+1」に相当するものである．ユーザーは気に入ったリポジトリに対してスターをつけることができる．スターをつけた人はそのリポジトリの読者となる．読者数やフォーク数は，トレンドリポジトリを見つける方法ともなるのである！
- ユーザーは機能のリクエストやファイルのバグ報告のためにイシュー（issue）を作成でき，一定期間それを追跡することができる．
- それぞれのリポジトリでは，プロジェクトを構築するための一つあるいは複数のプログラミング言語が用いられている．
- リポジトリへの新たなコンテンツの追加や修正・削除は，コミット（commit）を通じて行われる．
- コミットを通じて複数のユーザーがリポジトリに対してコンテンツの追加や修正を行おうとするとき，通常はそれらの更新内容をプルリクエスト（pull request）としてリポジトリへ送る．
- プルリクエストは，通常はレビューとコンフリクト（conflict）解消の後に統合（merge）される．
- リポジトリは複数のブランチ（branch）を持つことがあり，それぞれのブランチには同一の，もしくは異なるコードや資産を保持できる．それぞれのブランチでは，多くの場合，いずれマスターブランチに統合されることになる新しいコンテンツや機能の開発，もしくは既存のものの改善をマスターブランチと並行して進める．

GitHub は，コードホスティング，バージョン管理，運用のほかにも，興味深いさまざまな機能を提供している．その中でも人気のある機能は，以下のとおりである．

- データを失うことなく，いつでも複数のユーザーが使用できるリポジトリの助けを借りて，コードをコラボレート，開発，管理する機能．
- さまざまなコードのリポジトリに対して，マークダウンベースの美しいドキュメントや，Wiki，README ファイルを構築する機能．
- 個人的なウェブサイト，あるいはプロジェクトやリポジトリのウェブサイトを構築する

GitHub Pages という機能.
- さまざまなリポジトリに対する問題点，バグ，機能リクエストを追跡して経時的にソフトウェアの改善や発展を助ける機能.
- コード，リポジトリリスト，ユーザーを検索する機能.
- 言語ごとのトレンドリポジトリや，リポジトリをまたいで集約された情報を経時的に取得する機能.
- コミット，コードの頻度，アクティビティ，貢献者，メンバー，ネットワークに関する可視化と統計.
- コードレビュー，コメント追加，ユーザーおよび貢献者によるタグ付与，タスクへの配置といった機能による，多機能なイシューと追跡能力の強化.
- E メールによる通知機能.
- CSV ファイル，Jupyter Notebook ファイル，PSD ファイル，画像ファイル，PDF ファイルを GitHub 上で直接閲覧できる機能.

以上から，GitHub でできることは非常に多く，コーディングやソフトウェア開発にソーシャルな側面と，楽しさ，コラボレーションを与えていることがわかるだろう．実際，GitHub の公式マスコットであるオクトキャットは，開発者コミュニティの中では実にポピュラーである．

図 5.1 非常にポピュラーな GitHub のマスコット――オクトキャット

GitHub はパブリックおよびプライベートなリポジトリ区分に加え，GitHub エンタープライズという特定の企業向けのソフトウェア開発機能も提供している．これは，通常その企業のファイアウォールの内側のプライベートな空間にホストされる GitHub である．GitHub には，短いコード断片をホストするためのギスト（gist）もある．さらに，スライドをホストしてプレゼンテーションデッキにもできるスピーカーデッキ（Speaker Deck）もある[*2]．ここまでで，GitHub およびソフトウェアの協同開発についてよく理解できたので，GitHub からデータを取得する旅へと出発しよう．

[*2] 訳注：原著執筆当時，Speaker Deck は GitHub が運営していたが，2018 年に GitHub 社が Microsoft 社に買収されたことに伴い，Fewer and Faster 社へ運営が移行している．

第5章　ソフトウェアのコラボレーション傾向の分析 (1) —— GitHub によるソーシャルコーディング

5.3 | GitHub のデータへのアクセス

他のソーシャルメディアプラットフォームについてこれまでの章で見てきたのと同様に，GitHub のデータにアクセスする方法は数多く存在する．R を用いるのであれば，GitHub からデータを取得するための高水準関数を備えた `rgithub` パッケージを利用できる．また，GitHub の API へのアクセスに使用できる OAuth ベースのアクセストークンを取得するために，GitHub にアプリケーションを登録することもできる．この節では，両方の方法を簡単に扱う．

▶ 5.3.1　rgithub パッケージを使用してデータにアクセスする

前述したように，GitHub のデータにアクセスするための高水準関数やインターフェイスを提供する `rgithub` パッケージが存在する．以下のコードを R で実行すれば，このパッケージのインストールと読み込みができる．

```
library(devtools)
install_github("cscheid/rgithub")
library(github)
```

もちろん，多くの制約やレート制限なしにシームレスにデータへアクセスするためには，GitHub へのアプリケーション ID とシークレットトークンが必要になるだろう．これについては，次項で取り上げる．このパッケージに関するさらなる情報は，パッケージの公式 GitHub リポジトリで確認することができる．このパッケージは適切な名前で関数が定義されており，その関数を使って GitHub からデータを取得することができる．以下は，あなたのリポジトリに関連するデータを取得するためのサンプルコードである．

```
# GitHub からあなたのアプリケーション ID とシークレットトークンを取得すると仮定
ctx = interactive.login(client.id, client.secret)
repos = get.my.repositories(ctx)
```

これは良いライブラリなのだが，Rfacebook など，本書で見てきた他のパッケージとは異なり，GitHub の API 自体の力を発揮するための柔軟性と，それぞれの関数に関する適切なドキュメントの欠如という点で，かなり制約があると言わざるを得ない．そのため，本章では，すべての分析において直接 GitHub の API を利用することとする．

▶ 5.3.2　GitHub へアプリケーションを登録する

GitHub にアプリケーションを登録する主な目的は，認証リクエストを用いて GitHub が提供している公式 API へアクセスすることである．あなたがすでに GitHub の API に詳しいのであれば，認証せずにデータにアクセスして取得できることを知っているかもしれない．ここで，「なぜ認証を必要とするのか？」という問いが浮かぶ．それは，過度のレート制限を回避し，1 時間当たりの API リクエストを増加させて，より多くのデータにアクセスできるようにするためである．認証がなければ，API リクエストは 1 時間に 60 回しかできないが，認証すること

170

で，無料で 1 時間に 5,000 回までできるようになる．これは実に大きな利益であるので，アプリケーションを登録してデータ取得のためのアクセストークンを利用する方法を理解することに，少し時間を割きたい．

もちろん，その前に GitHub アカウントを持っている必要がある．もし持っていないなら，https://github.com にアクセスして個人アカウントを作成しよう．それにより，パブリックなリポジトリを自由に作成できるようになる．アカウントを用意できたら，https://github.com/settings/developers にある設定ページに進もう．基本的に，ここにはあなたが登録した開発者用 OAuth アプリケーションが表示されている（図 5.2）．

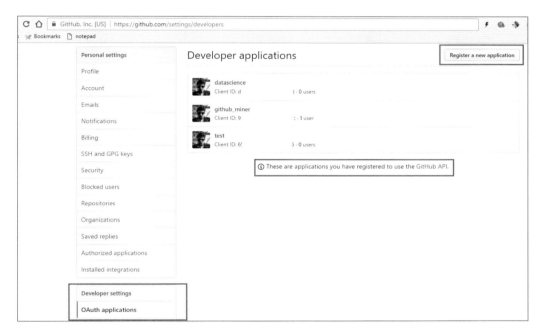

図 5.2　GitHub プロフィール設定ページ

枠で囲まれている箇所に注目してほしい．左側のメニュー下部から，現在，設定ページの OAuth アプリケーションのセクションにいることが確認できる．中央のテキストにあるように，GitHub の API を使用するよう登録されているアプリケーションがあれば，ここに表示される．ここで，右上の "Register a new application" というボタンに注目しよう．このボタンをクリックし，図 5.3 に示すページへと進む．

アプリケーションの名前は任意につけることができる．アプリケーションを登録するには，"Register application" ボタンをクリックする[3]．これにより，あなたのクライアント ID とクライアントシークレットトークンを示す図 5.4 のような画面が表示される．

---

[3] 訳注：他の項目については以下のとおりである．Application name：登録するアプリケーションの名前．Homepage URL：そのアプリケーションのウェブサイト URL．続く記述欄：アプリケーションの簡単な説明．Authorization callback URL：認証後に callback する URL．

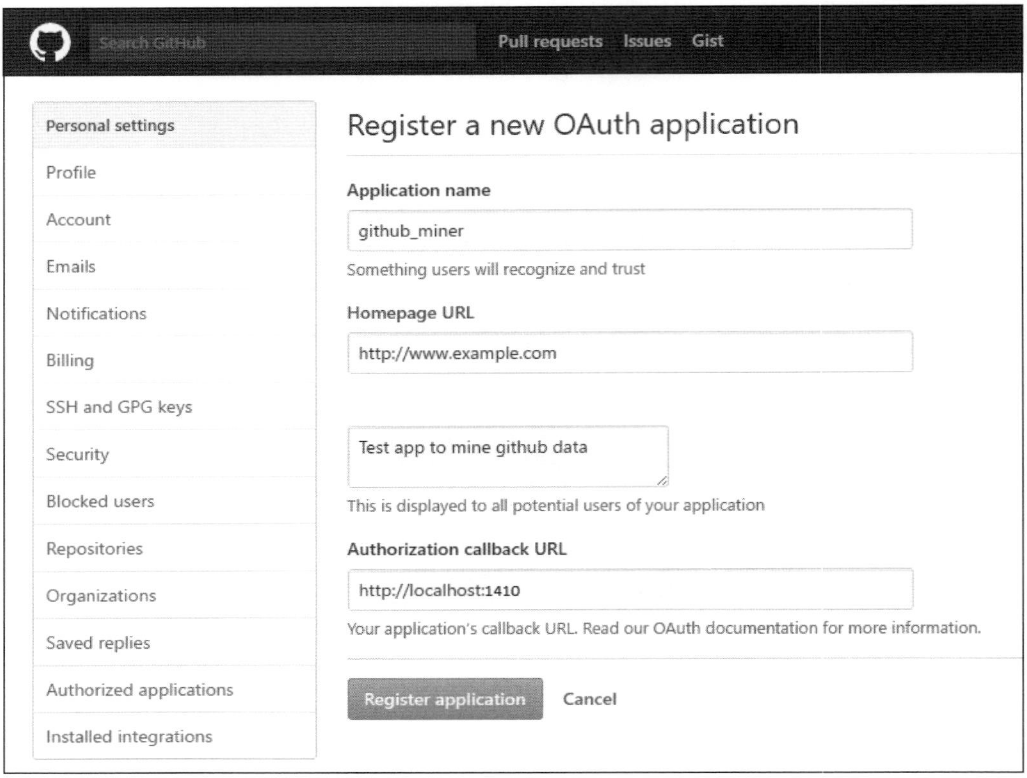

第 5 章　ソフトウェアのコラボレーション傾向の分析 (1) ── GitHub によるソーシャルコーディング

図 5.3　GitHub へ新しいアプリケーションを登録するページ

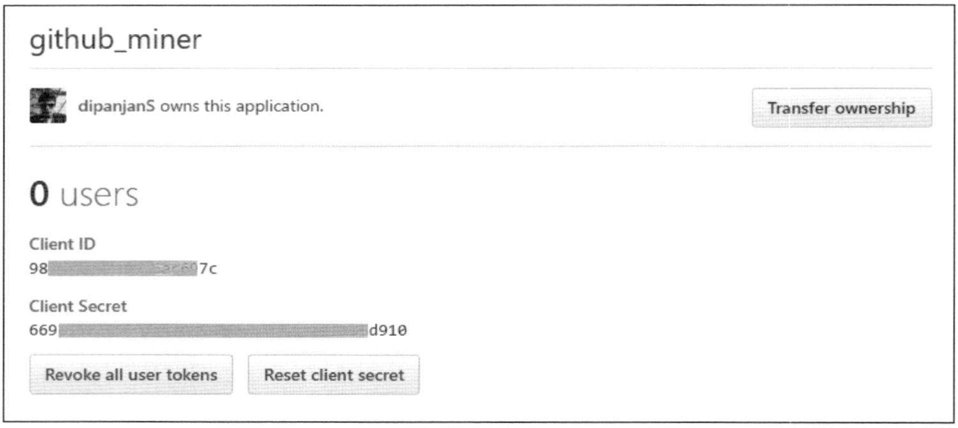

図 5.4　GitHub アプリケーションのアクセストークンを取得

　GitHub の API にアクセスするときに利用できるように，これらのトークンをコピーしてどこかに保存しておこう.

5.3 GitHub のデータへのアクセス

▶ 5.3.3 GitHub の API を用いてデータにアクセスする

これで，GitHub の API を使ってデータにアクセスし取得する準備が整った！ API の
ベース URL は，常に `https://api.github.com` であり，通常，取得したいデータの種類
によってさまざまなエンドポイントが準備されている．本書の執筆時点では GitHub の
API の最新バージョンは 3 であり，GitHub のウェブサイトには API の詳細なドキュ
メントを含んだ専用のセクションがある．API の機能について詳細を知りたい場合は，
https://developer.github.com/guides/getting-started を参照してほしい．

一般的に，API のエンドポイントは，キーと値のペアを含んだ JSON 形式のデータを返して
くる．`httr` パッケージや `jsonlite` パッケージを用いると，データを取得し，R のデータフ
レームのような使いやすいデータ形式へと変換することができる．個人の GitHub アカウント
に関連する統計情報を取得する，簡単な例を見てみよう．まず使用するパッケージを読み込む．

```
library(httr)
library(jsonlite)
```

次に，API に引き渡す引数を作成する．これがアクセストークンの詳細となる．

```
auth.id <- 'XXXXXX'
auth.pwd <- 'XXXXXXXXXX'
api_id_param <- paste0('client_id=', auth.id)
api_pwd_param <- paste0('client_secret=', auth.pwd)
arg_sep = '&'
```

自分のアカウントの統計情報を取得したいなら，ベース URL が自分の GitHub アカウント
のユーザー名を指すように，以下のようにコードを作成する．

```
base_url <- 'https://api.github.com/users/dipanjanS?'
my_profile_url <- paste0(base_url, api_id_param, arg_sep, api_pwd_param)
response <- GET(my_profile_url)
```

`response` オブジェクトの詳細を調べると，以下の情報が得られる．

```
> response
Response [https://api.github.com/users/dipanjanS?client_id=
XXXXXX&client_secret=XXXXXXXXXX]
  Date: 2017-03-23 20:14
  Status: 200
  Content-Type: application/json; charset=utf-8
  Size: 1.45 kB
{
  "login": "dipanjanS",
  "id": 3448263,
  "avatar_url": "https://avatars2.githubusercontent.com/u/3448263?v=3",
  "gravatar_id": "",
  "url": "https://api.github.com/users/dipanjanS",
  "html_url": "https://github.com/dipanjanS",
  "followers_url": "https://api.github.com/users/dipanjanS/followers",
```

173

第5章　ソフトウェアのコラボレーション傾向の分析 (1) ―― GitHub によるソーシャルコーディング

```
  "following_url": "https://api.github.com/users/dipanjanS/following{/other_user}",
  "gists_url": "https://api.github.com/users/dipanjanS/gists{/gist_id}",
  ...
```

前項で，レート制限について説明したことを思い出してほしい．以下のコードで，1 時間当たりに割り当てられたリクエスト数と，有効な残りのリクエスト数を確認することができる．

```
> as.data.frame(response$headers)[,c('x.ratelimit.limit', 'x.ratelimit.remaining')]
  x.ratelimit.limit x.ratelimit.remaining
1            5000                  4999
```

このように，response オブジェクトのヘッダから，5,000 回のリクエストが割り当てられていることと，そのうち 1 回を先ほどのリクエストで消費していることがわかる．認証コードを使用せずに同一のコードを実行し，どのようにレート制限が違うかを確認してほしい．

以下のコードにより，先ほどの JSON レスポンスオブジェクトを，より使いやすいデータフレームに変換することができる．

```
me <- content(response)
me <- as.data.frame(t(as.matrix(me)))
View(me[,c('login', 'public_repos', 'public_gists', 'followers',
           'created_at', 'updated_at')])
```

これにより，図 5.5 に示すようなデータフレームが得られる．

	login	public_repos	public_gists	followers	created_at	updated_at
1	dipanjanS	62	34	105	2013-02-01T11:52:11Z	2017-02-18T13:38:06Z

図 5.5　GitHub より取得した JSON レスポンスオブジェクトを変換したデータフレーム

より短いコードで同じデータフレームが得られる良い方法がある．それは，以下のコードにあるように，jsonlite パッケージの fromJSON 関数を利用するものである．

```
me <- fromJSON(my_profile_url)
me <- as.data.frame(t(as.matrix(me)))
View(me[,c('login', 'public_repos', 'public_gists', 'followers',
           'created_at', 'updated_at')])
```

これにより，図 5.6 に示すように，自分の GitHub アカウントに関する統計について，同一のデータフレームが得られる．

	login	public_repos	public_gists	followers	created_at	updated_at
1	dipanjanS	62	34	105	2013-02-01T11:52:11Z	2017-02-18T13:38:06Z

図 5.6　jsonlite パッケージの fromJSON 関数で変換したデータフレーム

5.4　リポジトリ活動の分析

　ここまでで，GitHub の API からデータにアクセスして取得する方法が理解できただろう．以降の節では，5.1 節で取り上げた他のパッケージを組み合わせ，GitHub から有用なデータを抽出および分析し，洞察に富んだ可視化を実現するためのさまざまな方法を見ていく．

5.4 リポジトリ活動の分析

　先述したように，通常 GitHub のリポジトリ上では，協同的なソフトウェア開発が行われる．リポジトリは一般的に，世界中の協同作業者が分散的にアクセスできる，コード，データ，その他の資産の保管場所である．本節では，最も普及しているオープンソースオペレーティングシステムの一つである Linux のリポジトリ活動に関するさまざまなパラメータについて，分析および可視化を行う．もし Linux の GitHub リポジトリのコンポーネントを見たいのならば，https://github.com/torvalds/linux へアクセスしよう．執筆時点で 60 万以上のコミットがあり，GitHub で最も人気のあるオープンソースのプロジェクトの一つである．まず，本節以降で使用するパッケージと GitHub アクセストークンを読み込むところから始める．この章のコードファイルで利用できる load_packages.R というファイルをすでに準備してあり，以下のコマンドでロードできる．

```
source('load_packages.R')
```

　これにより，必要なパッケージがアクセストークンとともにロードされ，目的のリポジトリ活動のデータへのアクセスと分析を開始できるようになる．

▶ 5.4.1　週次のコミット頻度の分析

　コミットは，リポジトリへ新しいコードを追加したり，既存のコードファイルや資産を変更したりする基本的な方法である．ここでは，Linux リポジトリにおける週次のコミット頻度を分析する．以下のコードにより，週次の頻度データを取得するところから始めよう．

```
# 週次のコミットデータを取得
base_url <- 'https://api.github.com/repos/torvalds/linux/stats/commit_activity?'
repo_url <- paste0(base_url, api_id_param,arg_sep,api_pwd_param)
response <- fromJSON(repo_url)
```

　このレスポンスで受け取った week フィールドはエポック基準であるため，次のコードで，より読みやすく理解しやすい日時形式に変換する．

```
# エポックからタイムスタンプへ変換
response$week_conv <- as.POSIXct(response$week, origin="1970-01-01")
```

　これで，週次のコミット頻度を可視化する準備が整ったので，以下のコードを実行する．

```
# 週次のコミット頻度を可視化
ggplot(response, aes(week_conv, total)) +
  geom_line(aes(color=total), size=1.5) +
  labs(x="Time", y="Total commits",
       title="Weekly GitHub commit frequency",
       subtitle="Commit history for the linux repository") +
  theme_ipsum_rc()
```

これにより，Linux リポジトリにおける週次のコミット頻度を示す折れ線グラフが表示される（図 5.7）．

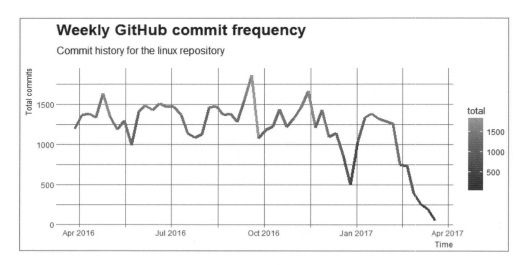

図 5.7　Linux リポジトリに対する週次のコミット頻度

2016 年 9 月中にピークがあり，その後 11 月下旬から 12 月末まで減少していく様子が，グラフから明確に観測することができる．これは，おそらく人々が冬休みや休日を楽しんでいたためであろう．コミット頻度は 2017 年 1 月から再び回復するが，2017 年 2 月後半以降，再び減少している．

▶ 5.4.2　曜日ごとのコミット頻度分布の分析

曜日ごとの Linux リポジトリのコミット頻度の分布を見てみることにする．1 週間には 5 日の平日と 2 日の週末がある．箱ひげ図（box plot）を用いて，日ごとのコミット頻度の分布を見ることとする．どの曜日のコミット数が最大・最小か，曜日によって明確な違いがあるのかを確認しよう．これを実現するためには，データセットを整形して，各行に曜日を割り当てる必要がある．そのために，以下のコードを実行する．

```
# 日次コミット履歴を収集
# 日のブレークポイントを作成する関数を定義
make_breaks <- function(strt, hour, minute, interval="day", length.out=31) {
  strt <- as.POSIXlt(strt)
  strt <- ISOdatetime(strt$year+1900L, strt$mon+1L,
```

```
                        strt$mday, hour=hour, min=minute, sec=0, tz="UTC")
  seq.POSIXt(strt, strt+(1+length.out)*60*60*24, by=interval)
}

# 日次コミット履歴を作成
daily_commits <- unlist(response$days)
days <- rep(c('Sun', 'Mon', 'Tue', 'Wed', 'Thu', 'Fri', 'Sat'), 52)
time_stamp <- make_breaks(min(response$week_conv), hour=5, minute=30,
                          interval="day", length.out=362)
df <- data.frame(commits=daily_commits, day=days, time=time_stamp)
```

これにより，コミット数，タイムスタンプ，および，そのタイムスタンプに対応する曜日によって各行が構成される，日次のコミットのデータフレームが得られる．収集したデータセットは，以下のコマンドで閲覧できる．

```
# 日次のコミット履歴データセットを閲覧
View(df)
```

これにより，図 5.8 のスクリーンショットで示すようにデータフレームの内容がわかる．

	commits	day	time
1	49	Sun	2016-03-27 05:30:00
2	113	Mon	2016-03-28 05:30:00
3	186	Tue	2016-03-29 05:30:00
4	278	Wed	2016-03-30 05:30:00
5	219	Thu	2016-03-31 05:30:00
6	286	Fri	2016-04-01 05:30:00
7	63	Sat	2016-04-02 05:30:00
8	71	Sun	2016-04-03 05:30:00
9	225	Mon	2016-04-04 05:30:00
10	227	Tue	2016-04-05 05:30:00

図 5.8　日次のコミット履歴データセットの内容

それでは，以下のコードを用いて曜日ごとのコミット頻度を可視化しよう．

```
# 曜日ごとのコミット頻度分布を可視化
ggplot(df, aes(x=day, y=commits, color=day)) +
  geom_boxplot(position='dodge') +
  scale_fill_ipsum() +
  labs(x="Day", y="Total commits",
      title="GitHub commit frequency distribution vs. Day of Week",
      subtitle="Commit history for the linux repository") +
  theme_ipsum_rc(grid="Y")
```

これにより，図 5.9 のようなグラフが得られる．このグラフから，いくつかの興味深い洞察を得ることができる．人々は平日にコミットする傾向が強く，コミット数の中央値は水曜日が最も高い．一方，週末はコミット数は最低になる．

第 5 章　ソフトウェアのコラボレーション傾向の分析 (1) —— GitHub によるソーシャルコーディング

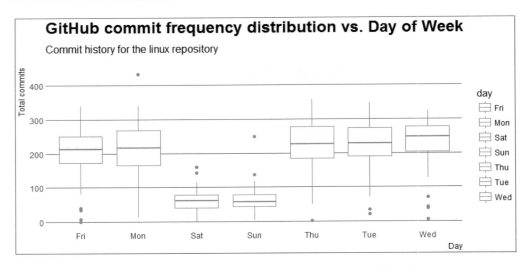

図 5.9　Linux リポジトリへの曜日別 GitHub コミット頻度の分布

5.4.3　日次のコミット頻度の分析

前項では，曜日ごとのコミット頻度を可視化した．次に，Linux リポジトリの日次のコミット頻度を可視化する．以下のコードにより，先ほど作成したデータフレームを再利用して，この可視化を行える．

```
# 日次のコミット頻度を可視化
ggplot(df, aes(x=time, y=commits, color=day)) +
  geom_line(aes(color=day)) +
  geom_point(aes(shape=day)) +
  scale_fill_ipsum() +
  labs(x="Time", y="Total commits",
```

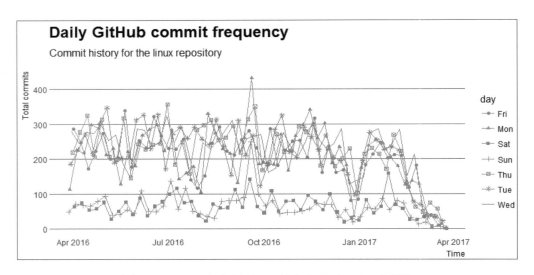

図 5.10　Linux リポジトリへの日次 GitHub コミット頻度

178

```
        title="Daily GitHub commit frequency",
        subtitle="Commit history for the linux repository") +
    theme_ipsum_rc(grid="Y")
```

これにより，日次のコミット頻度を曜日別に示すプロットが得られる（図 5.10）．このグラフ
は，基本的に週次のコミット頻度を時間の経過とともに日次のコミット頻度に分解したもので
あり，期待したとおり，週末のコミット数は少なくなっている．

▶ 5.4.4　週次のコミット頻度の比較分析

オープンソースのリポジトリには通常複数の協同作業者がいて，そのうちの一人がリポジト
リの作成者であり，そして多く場合，その人がリポジトリの所有者であり管理者である．他の
協同作業者はリポジトリへの貢献者であり，彼らのコミットは，特定の手順，規約，および方
針に基づいてリポジトリにマージされ，コードが追加または変更される．ここでは，週次のコ
ミット頻度について，リポジトリ所有者のコミット数とすべての貢献者のコミット数を比べる．
初めに，以下のコードを使用して，貢献者と所有者のコミット履歴を取得する．

```
# コミット参加履歴を取得
base_url <- 'https://api.github.com/repos/torvalds/linux/stats/participation?'
repo_url <- paste0(base_url,api_id_param,arg_sep,api_pwd_param)
response <- fromJSON(repo_url)
response <- as.data.frame(response)
```

次に，以下のコードを使用して，総頻度から貢献者のコミット頻度を抽出し，また，可視化
しやすい形式にデータセットを整形する．

```
# 貢献者の頻度を取得してデータセットを収集
response$contributors <- response$all - response$owner
response$week <- 1:52
response <- response[,c('week', 'contributors', 'owner')]
# データセットを整形
df <- melt(response, id='week')
```

これで，週次のコミット頻度を比較するための可視化の準備が整った．可視化は以下のコー
ドで行う．

```
# 週次のコミット頻度の比較を可視化
ggplot(data=df, aes(x=week, y=value, color=variable)) +
    geom_line(aes(color=variable)) +
    geom_point(aes(shape=variable)) +
    scale_fill_ipsum() +
    labs(x="Week", y="Total commits",
        title="Weekly GitHub commit frequency comparison",
        subtitle="Commit history for the linux repository") +
    theme_ipsum_rc(grid="Y")
```

これにより，図 5.11 のような，リポジトリの所有者と貢献者とで毎週のコミット頻度を比較
するグラフが得られる．

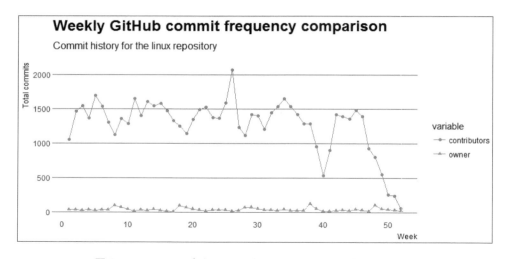

図 5.11　Linux リポジトリへの週次 GitHub コミット頻度の比較

過去 1 年間を通じて，貢献者たちのコミット頻度が所有者のコミット頻度よりも実に高いことが示されている．Linux リポジトリの所有者は，Linux オペレーティングシステムの作成者であり，Git の作成者でもあるリーナス・トーバルズであることを考えると，この結果に疑問を持つかもしれない．トーバルズ自身が 2012 年に述べたところによると，彼は開発初期には自らプログラミングをしたものの，最近ではほとんどプログラミングは行わず，他の貢献者が書いたコードをマージすることによって Linux に貢献している．それでも，Linux カーネル全体に占めるトーバルズのコードは約 2% であり，膨大な貢献者の中で，今なお彼は Linux カーネルに最も多くのコードを提供している人物の一人である．このようなちょっとした歴史的興味についても気づいてもらえると幸いである．

▶ 5.4.5　週次のコード変更履歴の分析

あらゆるリポジトリへのコミットは，通常さまざまなファイル内の行の追加と削除からなる．ここでは，Linux リポジトリの週次のコード変更履歴を取得して分析する．以下のコードを実行すれば，GitHub からコード変更履歴の頻度データを取得することができる．

```
# コードの変更頻度データセットを取得
base_url <- 'https://api.github.com/repos/torvalds/linux/stats/code_frequency?'
code_freq_url <- paste0(base_url,api_id_param,arg_sep,api_pwd_param)
response <- fromJSON(code_freq_url)
df <- as.data.frame(response)
```

以下のコードにより，このデータフレームを可視化しやすいように整え，また削除数を絶対値に変換する．

```
# データを整形
colnames(df) <- c('time', 'additions', 'deletions')
df$deletions <- abs(df$deletions)
```

```
df$time <- as.Date(as.POSIXct(df$time, origin="1970-01-01"))
df <- melt(df, id='time')
```

これで，分析対象期間を通じて Linux リポジトリに対して行われたすべてのコード修正を可視化する準備が整った．以下のコードにより可視化を行う．

```
# コード頻度のタイムラインを可視化
ggplot(df, aes(x=time, y=value, color=variable)) +
  geom_line(aes(color = variable)) +
  geom_point(aes(shape = variable)) +
  scale_x_date(date_breaks="12 month", date_labels='%Y') +
  scale_y_log10(breaks = c(10, 100, 1000, 10000, 100000, 1000000)) +
  labs(x="Time", y="Total code modifications (log scaled)",
      title="Weekly Github code frequency timeline",
      subtitle="Code frequency history for the linux repository") +
  theme_ipsum_rc(grid="XY")
```

これにより，コードの変更頻度を時系列的に示す図 5.12 のようなプロットが得られる．

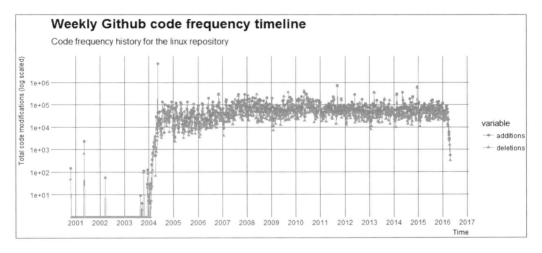

図 5.12　Linux リポジトリへの週次 GitHub コード変更頻度のタイムライン（口絵参照）

プロットされたグラフは興味深い結果を描いている．まず，コードの追加の頻度がコードの削除よりも多いことは明らかである．次に，二つの主要な Linux ディストリビューションである GNOME と KNOPPIX がリリースされた 2000 年から 2001 年頃に，コードの追加と削除が始まっていることがわかる．また，2004 年から 2005 年頃にかけてコードの変更頻度が急増している．これは最も人気のある Linux ディストリビューションの一つである Ubuntu が登場したころである．Linux のタイムラインの一部を図 5.13 に示す．

Linux オペレーティングシステムの全履歴とタイムラインに関する詳細情報は，http://www.linux-netbook.com/linux/timeline/ にあり，ここには図 5.13 のインタラクティブなバージョンを含む詳細情報が含まれている．

以上で，リポジトリの活動の分析は終了である．

第 5 章　ソフトウェアのコラボレーション傾向の分析 (1) —— GitHub によるソーシャルコーディング

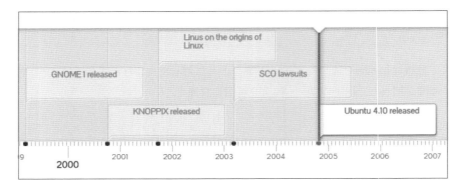

図 5.13　Linux のタイムラインの一区間

5.5 トレンドリポジトリの取得

　ソフトウェアのコミュニティや技術的なコミュニティの間で人気があるリポジトリは，通常トレンドリポジトリと呼ばれる．GitHub でトレンドリポジトリを見るには，さまざまな方法がある．通常，スターの総数とフォーク数がリポジトリの人気を測る指標となる．実際，https://github.com/trending へアクセスすれば，ウェブサイト上で GitHub のトレンドリポジトリを確認することができる．ここでは，GitHub に存在する，オープンソースのトレンドリポジトリがリストされている．

　本項では，以下の条件でトレンドリポジトリを取得する．

- 検索 API を利用する．
- 過去 3 年間（2014〜2016 年）に作成されたトレンドリポジトリを取得する．
- 少なくとも 500 以上のスターを得ているものをトレンドリポジトリとして定義する．

　これらの条件はいつでも変更して，あなた自身の条件で実験することができる．これは単に，トレンドリポジトリを時系列的に取得する方法を説明するための例である．本項で利用しているコードは github_trending_repo_retrieval.R という名前のファイルで提供しており，詳細はこのファイルで確認することができる．まず，日付のタイムライン（日付型ベクトル）と認証トークンを取得する関数を作成し，トレンドリポジトリを検索する．3 年間のすべてのトレンドリポジトリを取得するには時間がかかるため，検索の進行を示すプログレスバーを使用することとする．

```
source('load_packages.R')

get.trending.repositories <- function(timeline.dates, auth.id, auth.pwd){
  # パラメータを設定
  base_url <- 'https://api.github.com/search/repositories?'
  api_id_param <- paste0('client_id=', auth.id)
  api_pwd_param <- paste0('client_secret=', auth.pwd)
  per_page <- 100
  top.repos.df <- data.frame()
  pb <- txtProgressBar(min = 0, max = length(timeline.dates), style =3)
```

```r
# リスト内の日付ペアごとにすべてのトレンドリポジトリを取得
for (i in seq(1,length(timeline.dates), by=2)){
  start_date <- timeline.dates[i]
  end_date <- timeline.dates[i+1]
  query <- paste0('q=created:%22', start_date, '%20..%20',
                  end_date, '%22%20stars:%3E=500')
  url <- paste0(base_url, query, arg_sep, api_id_param, arg_sep, api_pwd_param)
  response <- fromJSON(url)
  total_repos <- min(response$total_count, 1000)
  count <- ceiling(total_repos / per_page)
  # データをデータフレームに変換
  for (p in 1:count){
    page_number <- paste0('page=', p)
    per_page_count <- paste0('per_page=', per_page)
    page_url <- paste0(url, arg_sep, page_number, arg_sep, per_page_count)
    response <- fromJSON(page_url)
    items <- response$items
    items <- items[, c('id', 'name', 'full_name', 'size',
      'fork', 'stargazers_count', 'watchers', 'forks',
      'open_issues', 'language', 'has_issues', 'has_downloads',
      'has_wiki', 'has_pages', 'created_at', 'updated_at',
      'pushed_at', 'url', 'description')]
    top.repos.df <- rbind(top.repos.df, items)
  }
  setTxtProgressBar(pb, i+1)
}
return (top.repos.df)
}
```

このコード内の items データフレームに示されているように，それぞれのリポジトリのすべてのパラメータを格納するのではなく，今後の分析で利用するごく一部のパラメータのみを格納する．top.repos.df データフレームはトレンドリポジトリの更新を続け，入力として与えたタイムラインに含まれるすべてのトレンドリポジトリを含むこととなる．

先に述べた規則に従って 2014 年から 2016 年までのトレンドリポジトリを検索するには，以下のコードを実行する．

```r
# タイムラインを設定
dates <- c('2014-01-01', '2014-03-31',
           '2014-04-01', '2014-06-30',
           '2014-07-01', '2014-09-30',
           '2014-10-01', '2014-12-31',
           '2015-01-01', '2015-03-31',
           '2015-04-01', '2015-06-30',
           '2015-07-01', '2015-09-30',
           '2015-10-01', '2015-12-31',
           '2016-01-01', '2016-03-31',
           '2016-04-01', '2016-06-30',
           '2016-07-01', '2016-09-30',
           '2016-10-01', '2016-12-31')
> trending_repos <- get.trending.repositories(timeline.dates=dates,
+                                             auth.id=auth.id,
+                                             auth.pwd=auth.pwd)
  |=================================================| 100%
```

第 5 章　ソフトウェアのコラボレーション傾向の分析 (1) ── GitHub によるソーシャルコーディング

検索がうまくいったかどうかを確認するには，以下のコードを使用する．

```
# 取得したすべてのトレンドリポジトリをチェック
> nrow(trending_repos)
[1] 9912

# データを見てみる
> View(trending_repos)
```

これによって，新たに生成したデータセットを見ることができる（図 5.14）．

	id	name	full_name	size	fork	stargazers_count	watchers	forks
1	16408992	neovim	neovim/neovim	50964	FALSE	22055	22055	1565
2	15653276	android-open-project	Trinea/android-open-project	1742	FALSE	22005	22005	10968
3	17375436	es6features	lukehoban/es6features	199	FALSE	19288	19288	1742
4	16752620	gogs	gogits/gogs	113009	FALSE	18332	18332	2088
5	18049133	slick	kenwheeler/slick	3444	FALSE	17711	17711	2856
6	18275356	pop	facebook/pop	591	FALSE	17380	17380	2744
7	15585444	Hover	IanLunn/Hover	870	FALSE	16162	16162	3467
8	18280236	gitbook	GitbookIO/gitbook	8356	FALSE	14700	14700	1849
9	16677706	awesome-sysadmin	kahun/awesome-sysadmin	2115	FALSE	14498	14498	2276
10	17165658	spark	apache/spark	270000	FALSE	12169	12169	11450

図 5.14　トレンドリポジトリのデータセットの内容

図 5.14 のデータフレームは取得した行と列の一部を表示しているだけであり，生成された出力で見たい方向にスクロールすれば，他の行や列を確認することができる．ここで，このデータセットを保存し，今後分析する際に直接読み込めるようにする．

```
# データセットを保存
save(trending_repos, file='trending_repos.RData')
```

これで，GitHub からトレンドリポジトリを取得し，保存することができた．次節以降では，このデータを用いてトレンドリポジトリのさまざまな側面を分析する．主に以下の三つに焦点を当てる．

- トレンドリポジトリの傾向
- プログラミング言語の傾向
- リポジトリ所有者の傾向

5.6 ｜ トレンドリポジトリの傾向の分析

本節では，リポジトリの作成や更新の時系列的な分析や，リポジトリに関する多様な指標の観察，そして，それらの指標間の関係性に焦点を当てる．初めに，利用するパッケージと `trending_repos` のデータを読み込む．まだ準備ができていない場合は，前節で作成した RData データセットを読み込む．

184

5.6 トレンドリポジトリの傾向の分析

```
source('load_packages.R')
load('trending_repos.RData')
```

これで，トレンドリポジトリに関するさまざまな傾向を分析する準備ができた．次項から，トレンドリポジトリの個々の側面に焦点を当てていく．

▶ 5.6.1 リポジトリ作成に関する経時的な分析

前節で取得したトレンドリポジトリのデータを対象に，リポジトリの作成日に関する傾向を見ていく．基本的には，リポジトリの作成頻度を経時的に表示して，グラフの凹凸を確認する．データセットには，リポジトリが作成された日時のタイムスタンプを表す created_at というフィールドが存在する．以下のコードを使用して，まず日付属性から必要とする日付要素を抽出する．

```
# 日付要素を抽出
trending_repos$created_year <- format(as.Date(trending_repos$created_at), "%Y")
trending_repos$created_monthyear <- format(as.Date(trending_repos$created_at),
  "%b-%Y")
```

各リポジトリが作成された年および年月が抽出されたことがわかるだろう．これらのフィールドのいずれかで集計することで，リポジトリの度数を得ることができる．以下のコードを使用して，特定の年月に作成されたすべてのリポジトリの数を集計する．

```
# 作成年月で集計
repos_by_created_time <- aggregate(trending_repos$created_monthyear,
  by=list(trending_repos$created_monthyear), length)
colnames(repos_by_created_time) <- c("CreateTime", "Count")
```

次に，以下のコードを使用して，CreateTime 属性を日付型オブジェクトへ整形する．

```
# 日付を整形
repos_by_created_time$CreateTime <- mdy(repos_by_created_time$CreateTime)
```

これで集計および整形作業が完了したので，以下のコードでデータを可視化する．

```
# データを可視化
ggplot(repos_by_created_time, aes(x=CreateTime, y=Count)) +
  geom_line(aes(color=Count), size=1.5) +
  scale_x_date(date_breaks="3 month", date_labels='%b-%Y') +
  geom_text(aes(label=Count),
            vjust=-0.3,
            position=position_dodge(.9), size=3) +
  labs(x="Creation Time", y="Trending Repository Count",
      title="Trending Repositories vs. Creation Time",
      subtitle="Total trending repositories created in GitHub over time") +
  theme_ipsum_rc(grid="XY") +
  theme(legend.position="right",
      axis.text.x = element_text(angle = 90, hjust = 1))
```

185

第 5 章　ソフトウェアのコラボレーション傾向の分析 (1) ── GitHub によるソーシャルコーディング

これにより，トレンドリポジトリが作成された数の年月ごとの集計について経時的な傾向を示すグラフが得られる（図 5.15）．

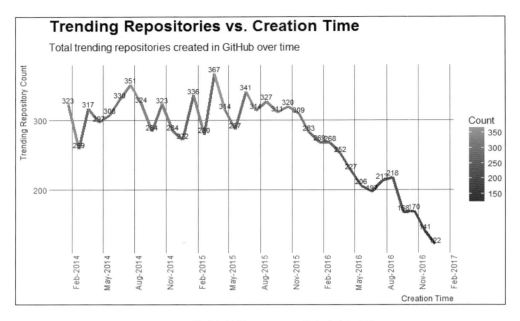

図 5.15　作成年月別でのトレンドリポジトリ数

トレンドリポジトリの作成数の推移には，いくつかのピークとくぼみが見られる．2014 年から 2016 年の間では，2015 年 3 月と 2014 年 7 月に最も多く（350 以上）リポジトリが作成されていることがわかる．この曲線の一般的な傾向として，2015 年以降は時間の経過とともに徐々に減少している．これは単に，コミュニティから 500 以上のスターを得るには時間がかかるため，新しいリポジトリほどトレンドリポジトリに含まれにくいことによる．

▶ 5.6.2　リポジトリ更新に関する経時的な分析

これまでは，一定期間にわたるリポジトリの作成の傾向を可視化する方法について見てきた．トレンドリポジトリはソフトウェアコミュニティの間で非常に人気があるソフトウェア，製品，ツール，機能を扱っているため，それらのリポジトリの多くは新機能の追加，バグ修正，リリースアップデートといった定期的な更新を行っていると考えられる．ここでは，そのような傾向を分析する．本節のデータセットにある updated_at は，基本的にリポジトリが最後に更新されたタイムスタンプを示している．これを使用して，リポジトリの最終更新日時の傾向を経時的に見ることができる．以前の分析で行ったのと同様に，以下のコードを利用して必要なタイムスタンプの要素を抽出する．

```
# 日付要素を抽出
trending_repos$updated_monthyear <- format(as.Date(trending_repos$updated_at),
    "%b-%Y")
```

5.6 トレンドリポジトリの傾向の分析

次に，抽出した最終更新年月フィールドに基づいてリポジトリをグループ化し，年月ごとにリポジトリ数を集計する．

```
# 更新年月で集計
repos_by_updated_time <- aggregate(trending_repos$updated_monthyear,
    by=list(trending_repos$updated_monthyear), length)
colnames(repos_by_updated_time) <- c("UpdateTime", "Count")
```

`UpdateTime` 属性は日付型オブジェクトである必要があるため，以下のコードを実行する．

```
# 日付型へ
repos_by_updated_time$UpdateTime <- mdy(repos_by_updated_time$UpdateTime)
```

これでデータを可視化する準備が完了したので，以下のコードを実行して，リポジトリの更新の時系列的傾向を確認する．

```
# データを可視化
ggplot(repos_by_updated_time, aes(x=UpdateTime, y=Count)) +
  geom_line(aes(color=Count), size=1.5) +
  scale_x_date(date_breaks="2 week", date_labels='%b-%Y') +
  geom_text(aes(label=Count),
            vjust=-0.3,
            position=position_dodge(.9), size=3) +
  labs(x="Updation Time", y="Trending Repository Count",
       title="Trending Repositories vs. Updation Time",
       subtitle="Total trending repositories last updated in GitHub over time") +
  theme_ipsum_rc(grid="XY") +
  theme(legend.position="right",
        axis.text.x = element_text(angle = 90, hjust = 1))
```

これにより，リポジトリの最終更新の傾向を示す図 5.16 のようなグラフが得られる．

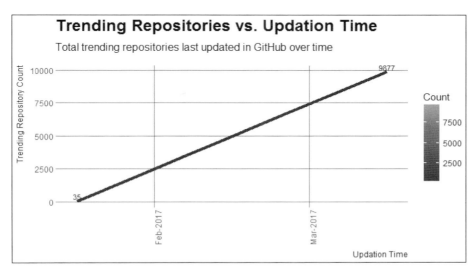

図 5.16　最終更新別でのトレンドリポジトリ数

第 5 章　ソフトウェアのコラボレーション傾向の分析 (1) ── GitHub によるソーシャルコーディング

リポジトリの作成と更新では，経時的な傾向に明確な違いがあることがわかる．最終更新のグラフからは，トレンドリポジトリの約 99% がごく最近である 2017 年 4 月に更新されていたことがわかる．これは，人気のあるリポジトリは定期的に更新されるという，本項の冒頭で述べた仮説を支持するものである．

▶ 5.6.3　リポジトリの指標の分析

これまでは，リポジトリ数を時系列的に見てきた．本節のデータセットからは，そのほかにも，トレンドリポジトリの分析に使えるさまざまな属性に基づいた指標が得られる．本項では，リポジトリのさまざまな指標を算出し，これらの指標間の関係性について分析する．ここで説明する全体的なワークフローの概要は，以下のとおりである．

1. データセットにある属性から派生する指標を算出する．
2. リポジトリの所有者ごとに目的の指標を集計する．
3. 可視化における便宜のために，指標を変換・調整する．
4. グラフや相関係数を用いて指標の関連性を分析・可視化する．

取得しているトレンドリポジトリのデータからさまざまな指標を算出し，これらのトレンドリポジトリの所有者ごとにこれらの指標を集計する（所有者自体に関する分析は 5.7.8 項以降で触れる）．これは，以下のようなさまざまな属性をカバーする．

- 総リポジトリ数（`repo_count`）：総トレンドリポジトリ数
- 平均リポジトリサイズ（`mean_repo_size`）：リポジトリの平均サイズ
- 総スター数（`total_stargazers`）：そのリポジトリがユーザーから獲得したスターの総数
- 総フォーク数（`total_forks`）：そのリポジトリが他のユーザーによってフォークされた回数の総数
- 総オープンイシュー数（`total_open_issues`）：基本的に，そのリポジトリにおいてオープンになっている問題またはバグの総数
- 平均作成年齢（`mean_create_age`）：リポジトリが作成されてからの平均日数を示す年齢的属性
- 平均更新年齢（`mean_update_age`）：リポジトリが最後に更新されてからの平均日数を示す年齢的属性

これらの指標は，本節のデータセット内のリポジトリ所有者ごとに集計（合計，平均など）されていることを忘れないでほしい．複数のトレンドリポジトリを所有する人（や組織）は普通，ソフトウェアコミュニティに広く知られるソフトウェアを定期的に作成してリリースする著名な開発者であり，イノベーターであるというのが全体的な考えである．これらの指標間に相関があるかどうかを確認し，強い関係性のいくつかを可視化することとする．

188

初めに，先述したワークフローに従って，まだデータセットに存在しない指標や属性を算出する．これを達成するために，以下のコードを実行する．

```
# 年齢的な変数を作成
trending_repos$create_age <- as.integer(difftime(Sys.Date(),
  trending_repos$created_at, units=c("days")))
trending_repos$update_age <- as.integer(difftime(Sys.Date(),
  trending_repos$updated_at, units=c("days")))

# リポジトリ所有者を取得
trending_repos$owner <- sapply(strsplit(trending_repos$full_name, '/'), '[', 1)
```

このコードは，データセット内の各トレンドリポジトリについて，年齢的な変数を計算し，所有者を取得する．次に，以下のコードを使用して，データセット内のリポジトリ所有者ごとに，必要な集計を行う．

```
# 所有者ごとに指標を集計
subset_df <- trending_repos[c('id', 'owner', 'size',
                              'stargazers_count', 'forks', 'open_issues',
                              'create_age', 'update_age')]
stats_df <- sqldf("select owner, count(*) as repo_count, avg(size)
                  as mean_repo_size, sum(stargazers_count) as
                  total_stargazers, sum(forks) as total_forks,
                  sum(open_issues) as total_open_issues,
                  avg(create_age) as mean_create_age,
                  avg(update_age) as mean_update_age
                  from subset_df group by owner
                  order by repo_count desc")
```

sqldf 関数を使用して SQL のような構文を用いれば，実に簡単にデータフレーム上で直接集計することができる．他の集計も試してみてほしい．stats_df というデータフレームには，集計されたリポジトリの指標が含まれている．可視化の便宜のために，データセットを属性や値に変換する．

```
# データセットを属性と値に変換
corr_df <- stats_df[c('repo_count', 'mean_repo_size', 'total_stargazers',
                      'total_forks', 'total_open_issues', 'mean_create_age',
                      'mean_update_age')]
corr_params <- melt(corr_df)
colnames(corr_params) <- c("Attribute", "Value")
```

これで，ワークフローの 1〜3 が完了した．ステップ 4 の可視化と分析に進もう！

[1] リポジトリ指標の分布の可視化

すべての集計済みリポジトリ指標が一つになったデータセットができているので，箱ひげ図を用いてそれらの分布を可視化する．以下のコードにより，複数の箱ひげ図を一つのグラフにまとめ，リポジトリ指標の分布を可視化する．

```
ggplot(corr_params, aes(x=Attribute, y=Value, color=Attribute)) +
  geom_boxplot(position='dodge') +
  scale_fill_ipsum() +
  labs(x="Metric", y="Value",
       title="Comparing GitHub repository metric distributions",
       subtitle="Viewing distributions for various repository
       metrics") +
  theme_ipsum_rc(grid="Y") +
  scale_y_log10(breaks=c(1, 10, 100, 1000, 10000, 100000)) +
  theme(legend.position="NA",
        axis.text.x=element_text(angle = 90, hjust = 1))
```

期待したように，図 5.17 のような必要な指標の分布のプロットが得られる．

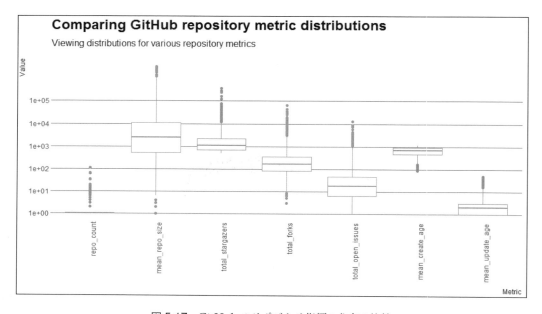

図 5.17　GitHub のリポジトリ指標の分布の比較

このグラフから，リポジトリの平均作成年齢が平均更新年齢よりもはるかに高いことがわかる．これは前項で作成したグラフから予想されたとおりである．トレンドリポジトリは頻繁に更新されるため，作成年齢に比べて更新年齢がずっと若くなる．総フォーク数は総スター数よりもわずかに少ない．これは，通常多くの人にとってリポジトリをフォークするよりもスターをつけるほうが手軽で一般的な行為だからである．総オープンイシュー数の中央値は，このプロットではおよそ 50 から 60 あたりである．

[2]　リポジトリ指標の相関分析

ペアワイズ相関係数を算出してその結果をプロットすることで，さまざまなリポジトリ指標間の関連性を確認する．以下のコードにより，さまざまな指標属性間のピアソンの相関係数を算出する．

```
# 相関係数を算出
corrs <- cor(corr_df)
```

相関係数行列 corrs の値を直接調べることもできるが，ここでは以下のコードを実行してグラフを描くことで解釈を助ける．

```
# 相関係数行列を可視化
corrplot(corrs, method="number", type="lower")
```

これにより，図 5.18 に示すような，さまざまな相関係数を表すグラフが得られる．

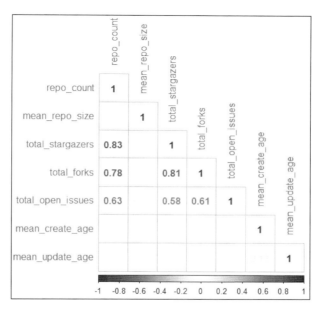

図 5.18　属性別ペアワイズ相関係数行列

repo_count と total_stargazers，total_forks との間に非常に強い正の相関が見られる．また，total_stargazers と total_forks との間にも非常に強い正の相関が見られる．これ以外に，total_open_issues と repo_count や total_forks との間にも強い相関がある．これらの強い相関関係を持ついくつかの指標を取り上げ，必要なデータ点を可視化して，これらの相関について詳細に分析できるかどうかを確かめよう．

[3]　スター数とリポジトリ数の関連性についての分析

ここでは，total_stargazers と repo_count の二つの指標属性を取り上げ，これらの関係性を可視化する．基本的には，先の相関行列プロットで観測された 0.83 という高い相関係数に基づいて，総リポジトリ数が総スター数と何らかの強い関係を持っているかどうかを確認したい．まず，以下のコードを使用して，分析対象の二つの属性間の相関係数を算出する．

```
# 相関係数を取得
corr <- format(cor(corr_df$total_stargazers, corr_df$repo_count), digits=3)
```

以下のコードにより，属性間の関係を可視化する．

```
# 関係を可視化
ggplot(corr_df, aes(x=total_stargazers, y=repo_count)) +
  theme_ipsum_rc() +
  geom_jitter(alpha=1/2) +
  geom_smooth(method=loess) +
  labs(x="Stargazers", y="Repositories",
       title="Correlation between Stargazers & Total Repositories") +
  annotate("text", label=paste("Corr =", corr), x=+Inf, y=10, hjust=1)
```

これにより，図 5.19 のような，二つの属性の相関係数を伴ったプロットが得られる．

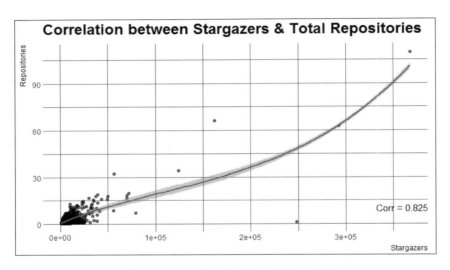

図 5.19　スター数とリポジトリ数との相関

　グラフに示された，スター数とリポジトリ数の相関係数は，図 5.18 と同様の 0.825 となっている．高い正の相関は，リポジトリ数が多い人気開発者はより多くのスターを獲得するという一般的な傾向と合致しており，そのことは，大多数のデータ点とフィットしている多項式局所当てはめ回帰曲線からも見て取れる．これは，トレンドリポジトリの数が多いほど，その開発者の人気に基づいてスターをつける人が増え，総スター数が膨らんでいったと予想される．

[4]　スター数とフォーク数との関係についての分析

　`total_stargazers` と `total_forks` という二つの指標属性を見て，これらの間の関係性を可視化する．これらは 0.81 という強い正の相関を持っていたので，ここでは，より多くフォークされたリポジトリはスターもより多く獲得する傾向があることを確認したい．まず以下のコードにより，二つの属性間の相関係数を算出する．

```
# 相関係数を取得
corr <- format(cor(corr_df$total_stargazers, corr_df$total_forks), digits=3)
```

これで，以下のコードを使用して，スター数とフォーク数の関係を可視化することができる．

```
# 関係性を可視化
ggplot(corr_df, aes(x=total_stargazers, y=total_forks)) +
  theme_ipsum_rc() +
  geom_jitter(alpha=1/2) +
  geom_smooth(method=loess) +
  labs(x="Stargazers", y="Forks",
       title="Correlation between Stargazers & Forks") +
  annotate("text", label=paste("Corr =", corr), x=+Inf, y=10, hjust=1)
```

これにより，図 5.20 のような，スター数とフォーク数との間の関係および相関係数を示すプロットが得られる．

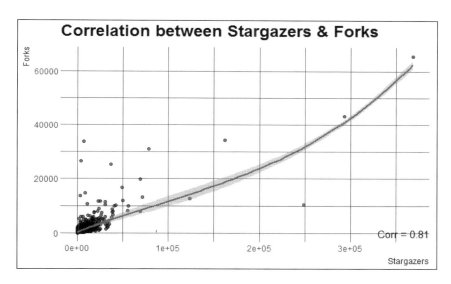

図 5.20　スター数とフォーク数の相関

グラフに記載されている，スター数とフォーク数の相関係数は，図 5.18 と同様，0.81 である．一般的な傾向として，リポジトリのスター数が多ければ，それに対応してフォーク数も多くなることが，多項式回帰による局所当てはめ曲線の増加傾向により裏づけられている．

実際，本項のデータセットを用いて，総フォーク数から総スター数を推測する多項式回帰モデルを構築することができる．これはモデルの訓練データとして役に立つであろう．回帰モデルは，以下のコードで構築する．

```
# 多項式回帰の局所当てはめモデルを構築
prm <- loess(total_stargazers ~ total_forks, corr_df)
```

第 5 章　ソフトウェアのコラボレーション傾向の分析 (1) ―― GitHub によるソーシャルコーディング

以下のコードにより，構築したモデルの詳細を見ることができる．

```
# モデルの詳細を見る
> summary(prm)
Call:
loess(formula = total_stargazers ~ total_forks, data = corr_df)
Number of Observations: 7011
Equivalent Number of Parameters: 5.82
Residual Standard Error: 4450
Trace of smoother matrix: 6.38 (exact)

Control settings:
  span      :  0.75
  degree    :  2
  family    :  gaussian
  surface   :  interpolate
  normalize :  TRUE
  parametric :  FALSE
  drop.square:  FALSE
```

モデルの出力を見ると，これが次数 2 の多項式回帰モデルであることがわかる．ここで，フォーク数が 5,000 の，あるリポジトリのスター数を予測したいとする．以下のコードを実行すれば，その予測が得られる．

```
# 5,000フォークから総スター数を予測
> predict(prm, 5000)
[1] 22759.76
```

この回帰モデルによると，フォーク数が 5,000 のリポジトリは，およそ 22,760 のスターを獲得していると予測される．それでは，本項のデータセットで，5,000 フォークに近いリポジトリの実際のスター数を確認してみることにしよう．これは，以下のコードを用いれば可能である．

```
# データセット内のサンプルデータ点を確認
> filter(corr_df, total_forks>=4900 & total_forks <= 5100)[, c('total_stargazers',
+ 'total_forks')]
  total_stargazers total_forks
1            9528         5003
2           27089         5064
3           23583         5078
4            6963         4936
5           27929         5047
```

このように，5,000 フォークに近い五つのリポジトリのうち，三つのリポジトリで 22,000 以上のスターを獲得していた．これは，回帰モデルの予測値に近い数字である．他の指標属性を考慮することで，この回帰モデルを改善することができるだろうか？ ぜひ挑戦してほしい（loess だけではなく lm や glm ファミリーの回帰モデルも使うことができる）．

[5]　総フォーク数，リポジトリ数とリポジトリ健全性との関連についての分析

ここまで，相関モデルと回帰モデルを利用して，さまざまな指標属性間の関係を分析する方法を説明してきた．ここでは，リポジトリの健全性と呼ばれる新しい指標を導入し，フォーク

数，リポジトリ数およびリポジトリの健全性の三つの属性の関係を一緒に分析する．

リポジトリの健全性を算出するために，リポジトリのさまざまなバグや課題の総数を示す`total_open_issues`属性を活用する．ここでは，もしオープンイシューが 50 以下なら，そのリポジトリを健全と見なし，50 を超えているなら不健全と見なす．この 50 という数値は，さまざまな指標属性の分布を箱ひげ図で可視化した図 5.17 で観測された総オープンイシューの中央値を使っている．データセット内のリポジトリの健全性を算出するには，以下のコードを使用する．

```
# リポジトリの健全性を算出
corr_df$repo_health <- ifelse(corr_df$total_open_issues <= 50,
                              'Healthy',
                              'Not Healthy')
```

以下のコードを使用して，フォーク数とリポジトリ数の間の相関係数を算出する．

```
# 相関係数を取得
corr <- format(cor(corr_df$total_forks, corr_df$repo_count), digits=3)
```

図 5.21 のグラフは，関心のある属性間の関係を可視化した結果である．

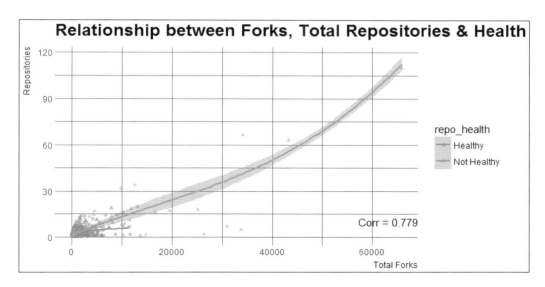

図 5.21　総フォーク数，リポジトリ数とリポジトリ健全性との関連（口絵参照）

これにより，フォーク数とリポジトリ数の間には強い正の相関があるが，総フォーク数が 10,000 以上になると「不健全」な状態のリポジトリが増えてくる．人気のあるリポジトリであればあるほど多くの人によって開発されており，また，急速な開発と頻繁なリリースが行われているだろう．その結果，開発者はバグや問題の解決に加えて新機能の開発にも追われ，未解決のイシューが増える傾向があると考えられる．図 5.21 の結果は，こうした事情を反映したものだろう．

第 5 章　ソフトウェアのコラボレーション傾向の分析 (1) —— GitHub によるソーシャルコーディング

5.7 | プログラミング言語とリポジトリ所有者の傾向についての分析

GitHub のリポジトリは通常，プログラミング言語を使用して開発されたコードとその他の成果物で構成されている．これらには，C やアセンブリなどの低水準言語や，Python や Java などの高水準言語もある．ここでは，トレンドリポジトリのデータセットを使用して，これらのリポジトリで使用されているプログラミング言語について，最も人気のある言語，最もオープンイシューを抱えている言語など，さまざまな傾向を分析する．本書の GitHub リポジトリにある github_language_trend_analysis.R というファイルの中に，本節での分析で用いるコードがある．まだ分析に必要なパッケージと trending_repos データセットが準備できていない場合は，以下のコードを実行してほしい．

```
source('load_packages.R')
load('trending_repos.RData')
```

これで，トレンドリポジトリのデータセットで言語傾向の分析を開始する準備が完了した．

▶ 5.7.1　人気言語の可視化

GitHub で最も人気のある言語は何だろうか？　トレンドリポジトリの中で最も人気のある言語は，どのようにして特定できるだろうか？　開発者はどの言語でソフトウェアを作るのが好きだろうか？　トレンドリポジトリデータセットには，そのリポジトリのコードの大部分を開発するのに使用された言語を示す language 属性がすでに存在する．上の問いに答えるために，このフィールドを使用する．

初めに，以下のコードを使用して，言語ごとにリポジトリ数を集計する．

```
# 言語ごとにリポジトリ数を集計
repo_languages <- aggregate(trending_repos$language,
                            by=list(trending_repos$language), length)
colnames(repo_languages) <- c('Language', 'Count')
```

可視化を複雑にしないように，以下のコードを使って，言語を人気のある上位 25 言語にフィルタリングする．

```
# トレンドリポジトリの上位25言語を取得
top_language_counts <- arrange(repo_languages, desc(Count))[1:25,]
```

得られた結果を以下のコードで可視化する．

```
# データを可視化
ggplot(top_language_counts, aes(x=Language, y=Count, fill=Language)) +
  geom_bar(stat="identity", position="dodge") +
  geom_text(aes(label=Count),
```

196

```
            vjust=-0.3,
            position=position_dodge(.9), size=3) +
  scale_color_ipsum() +
  labs(x="Language", y="Repository Count",
       title="Top Trending Languages in GitHub") +
  theme_ipsum_rc(grid="Y") +
  theme(legend.position="NA",
        axis.text.x = element_text(angle = 90, hjust = 1))
```

これにより，トレンドリポジトリで最も人気のある上位 25 言語を示す，図 5.22 のような棒グラフが得られる．図より，JavaScript, Java, および Python が，人気言語のトップ 3 である．

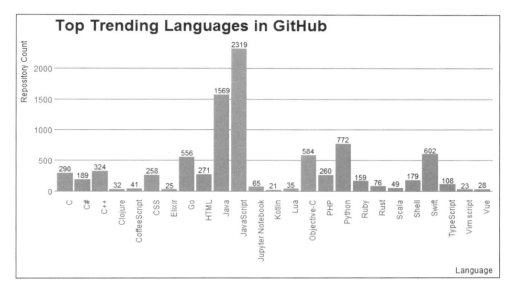

図 5.22　GitHub での人気言語トップ 25

▶ **5.7.2　人気言語の経時的な可視化**

トレンドリポジトリのデータセットの取得プロセスを思い出してほしい．われわれは 2014 年から 2016 年までの 3 年間の人気リポジトリを取得していた．ここでは，最も人気のある言語のその期間における推移を調べ，何らかの変化があるかどうかを見ていく．

まず，各リポジトリの作成年を抽出し，次に，作成年ごとに言語別のリポジトリ数を集計する．そして，グラフが煩雑になるのを避けるため，前項で示した人気言語のうち 15 言語に絞るようにデータをフィルタする．

```
# 言語ごとに経時的なリポジトリ数を集計
trending_repos$created_year <- format(as.Date(trending_repos$created_at), "%Y")
top_languages_by_year <- aggregate(trending_repos$language,
                                   by=list(trending_repos$created_year,
                                   trending_repos$language), length)
colnames(top_languages_by_year) <- c('Year', 'Language', 'Count')
top_languages <- arrange(repo_languages, desc(Count))[1:15,c("Language")]
```

```
top_languages_by_year <- top_languages_by_year[top_languages_by_year$Language
                                               %in% top_languages,]
```

以下のコードにより，経時的な人気言語の傾向を可視化する．

```
# データを可視化
ggplot(top_languages_by_year, aes(x=Language, y=Count, fill=Year)) +
  geom_bar(stat="identity", position="dodge") +
  geom_text(aes(label=Count),
            vjust=-0.3,
            position=position_dodge(.9), size=2.5) +
scale_color_ipsum() +
labs(x="Language", y=" Repository Count",
     title="Trending Languages in GitHub over time") +
theme_ipsum_rc(grid="Y") +
theme(legend.position="right",
      axis.text.x = element_text(angle = 90, hjust = 1))
```

これにより，2014〜2016年における各人気言語のリポジトリ数を示す棒グラフがプロットされる（図5.23）．

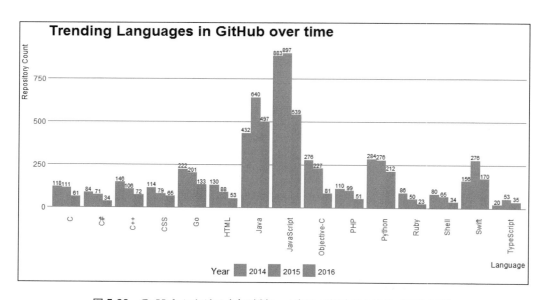

図 5.23 GitHubにおける人気言語トップ15の経時的な変化（口絵参照）

上位の人気言語のJavaScript，Java，Pythonにとって，2015年は当たり年だったこと，また，同様にSwiftも，他の2年と比較して2015年は採用リポジトリが多かったことがわかる．

▶ 5.7.3 最もオープンイシューを抱えている言語の分析

前節の最後に，リポジトリのオープンイシューを使った健全性に関する分析を見た．基本的に，オープンイシューの数が多いほど，そのソフトウェア製品に関してユーザーや開発者が直面している課題が多いことを表す．本項では，トレンドリポジトリで最も多くオープンイシュー

5.7 プログラミング言語とリポジトリ所有者の傾向についての分析

を抱えている言語を見つけることを試みる．この指標として，言語ごとのオープンイシューの件数の平均値を採用する．

初めに，以下のコードを使って，トレンドリポジトリのデータセットから，言語別のオープンイシューの件数の平均値を集計する．

```
# 言語ごとの平均オープンイシューを集計
repo_issues <- aggregate(trending_repos$open_issues,
                        by=list(trending_repos$language), mean)
colnames(repo_issues) <- c('Language', 'Issues')
repo_issues$Issues <- round(repo_issues$Issues, 2)
top_issues_language_counts <- arrange(repo_issues, desc(Issues))[1:25,]
```

グラフが煩雑になるのを防ぐために，オープンイシューが多い上位25言語にフィルタリングしている．グラフを生成するために，以下のコードを使用する．

```
# データを可視化
ggplot(top_issues_language_counts, aes(x=Language, y=Issues, fill=Language)) +
  geom_bar(stat="identity", position="dodge") +
  geom_text(aes(label=Issues),
            vjust=-0.3,
            position=position_dodge(.9), size=3) +
  scale_color_ipsum() +
  labs(x="Language", y="Issues",
       title="Languages with most open issues on GitHub", subtitle=
       "Depicts top language repositories with highest mean open issue count") +
  theme_ipsum_rc(grid="Y") +
  theme(legend.position="NA",
        axis.text.x = element_text(angle = 90, hjust = 1))
```

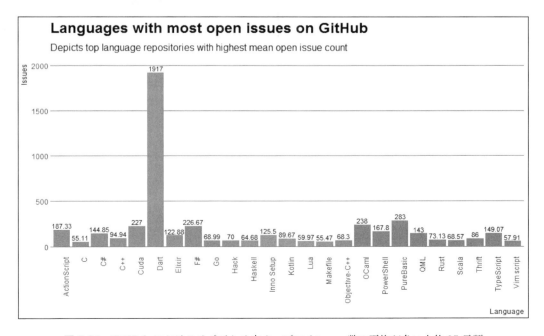

図 5.24 GitHub におけるリポジトリ内オープンイシュー数の平均が多い上位 25 言語

第 5 章　ソフトウェアのコラボレーション傾向の分析 (1) ── GitHub によるソーシャルコーディング

　これにより，平均オープンイシュー数が多い上位 25 言語が，図 5.24 のような棒グラフに示される．Dart 言語が最も多くのオープンイシューを抱えており，その数は他の言語よりも 5 倍から 10 倍以上も多いことがわかる．これは，Dart で構築されたソフトウェア製品，ツール，フレームワークを持つリポジトリが，他の言語と比較してはるかに多い課題やバグに直面している可能性が高いことを意味している．

▶ 5.7.4　最もオープンイシューを抱えている言語の経時的な分析

　前項では言語別のオープンイシューの平均値を用いて，最もオープンイシューを抱えている上位 25 の言語を見た．ここでは，平均オープンイシューという同一の統計量を言語別に分析するが，2014 年から 2016 年にわたって経時的に可視化して，オープンイシューがこれらの言語で発生し始めた時期を確認する．

　まず，言語ごとの平均オープンイシューを経時的に集計する．時間的な観点として，以前 created_at 属性から作成した created_year フィールドを使用して，リポジトリが作成された年を選択する．人気のあるリポジトリは，リリース直後あるいは数週間以内に最も人気があり，ユーザーは使い始めたらすぐに問題を報告するため，この指標を用いるのは適切であろう．必要な集計を行うために，以下のコードを実行する．

```
# 言語別に経時的な平均オープンイシューを集計
top_issue_languages_by_year <- aggregate(trending_repos$open_issues,
                                  by=list(trending_repos$created_year,
                                  trending_repos$language), mean)
colnames(top_issue_languages_by_year) <- c('Year', 'Language', 'Issues')
top_languages <- arrange(repo_issues, desc(Issues))[1:10, c("Language")]
top_issue_languages_by_year <- top_issue_languages_by_year
  [top_issue_languages_by_year$Language %in% top_languages,]
top_issue_languages_by_year$Issues <- round(top_issue_languages_by_year$Issues, 2)
```

　ここでは，平均オープンイシューが多い上位 10 言語に絞っている．以下のコードを使用して，このデータを可視化する．

```
# データを可視化
ggplot(top_issue_languages_by_year, aes(x=Language, y=Issues, fill=Year)) +
  geom_bar(stat="identity", position="dodge") +
  geom_text(aes(label=Issues),
            vjust=-0.3,
            position=position_dodge(.9), size=2) +
  scale_color_ipsum() +
  labs(x="Language", y="Issues",
    title="Languages with most open issues in GitHub over time", subtitle=
    "Depicts top language repositories with highest mean open issue count over time") +
  theme_ipsum_rc(grid="Y") +
  theme(legend.position="bottom",
        axis.text.x = element_text(angle = 90, hjust = 1))
```

　これにより，図 5.25 のような，最も多くのオープンイシューを抱える上位 10 言語を経時的に示す棒グラフが得られる．

200

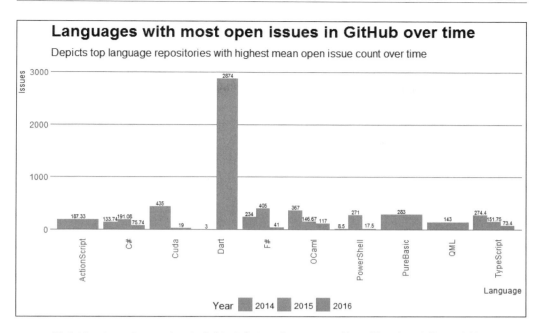

図 5.25　GitHub におけるリポジトリ内オープンイシュー数の平均が多い上位 10 言語の経時的な変化（口絵参照）

Dart の大部分のイシューは 2015 年に始まっており，これは F#，PowerShell，PureBasic など他の言語と同じであることがわかる．ほかに，もっと興味深いパターンを見つけることができるだろうか？　グラフに他の言語も追加して確認してみてほしい．

▶ 5.7.5　最も有用なリポジトリを持つ言語についての分析

本章の冒頭で紹介した，単なるソースコード管理プラットフォームに収まらない GitHub の機能や特性を覚えているだろうか？　GitHub では，リポジトリに美しく記述的な Wiki やウェブページを作成することもできる．Wiki を使えば，インストール方法，設定方法，使用方法をはじめとする製品に関するドキュメントを，より詳細に提示することができる．GitHub Pages によるウェブページは，まるで個人のウェブページを持つかのように，プロジェクトを多くのユーザーの手もとに届けるのに役立つ．新しいソフトウェアを使い始めるのを容易にするために，より多くのドキュメントを準備することは，ユーザーにとって常にプラスになる．

ここでは，このようなドキュメントを備えた最も有用なリポジトリでよく使われている言語について分析する．その基準として，リポジトリが Wiki と GitHub Pages の両方を持っていれば有用だと見なす．以下のコードを使用すれば，`has_wiki` と `has_pages` 属性を活用して簡単に計算することができる．

```
# 有用なリポジトリを算出
trending_repos$helpful_repo <- (trending_repos$has_wiki & trending_repos$has_pages)
```

以下のコードを使用して，有用なリポジトリを言語別に集計する．

```
# 言語別に有用なリポジトリを集計
helpful_repos_language <- aggregate(trending_repos$helpful_repo,
                                    by=list(trending_repos$language), sum)
colnames(helpful_repos_language) <- c('Language', 'Count')
top_helpful_repos <- arrange(helpful_repos_language, desc(Count))[1:25,]
```

可視化が煩雑になるのを防ぐために，最も有用なリポジトリに使われている上位 25 言語のみを保持するよう，データセットをフィルタリングしている．最後に，データ可視化するために以下のコードを使用する．

```
# データを可視化
ggplot(top_helpful_repos, aes(x=Language, y=Count, fill=Language)) +
  geom_bar(stat="identity", position="dodge") +
  geom_text(aes(label=Count),
            vjust=-0.3,
            position=position_dodge(.9), size=3) +
  scale_color_ipsum() +
  labs(x="Language", y="Count",
       title="Most helpful repositories in GitHub by Language") +
  theme_ipsum_rc(grid="Y") +
  theme(legend.position="NA",
        axis.text.x = element_text(angle = 90, hjust = 1))
```

これにより，図 5.26 のようなグラフがプロットされる．

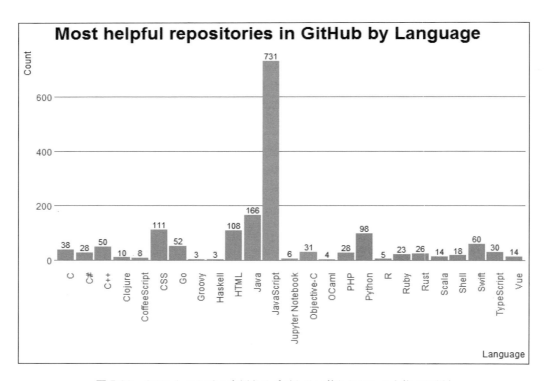

図 5.26　GitHub における有用なリポジトリで使われている上位 25 言語

生成された棒グラフから，JavaScript，Java，CSS，HTML，そして Python が上位 5 言語
を占めていることがわかる．興味深いことに，ここでは R が上位 25 言語に入っている．R は
他の言語と比較すると GitHub 上のリポジトリは少ないはずだが，それらの所有者は Wiki や
GitHub Pages を通じてユーザーコミュニティに十分な援助を提供していることが，このこと
からわかる．

▶ 5.7.6 最も人気度が高い言語の分析

リポジトリは通常，ユーザーがスターをつけたりフォークしたりし始めることで，人気を得
ていく．ユーザーがリポジトリにスターをつけることは，そのリポジトリに対する一種のお気
に入りの投票として機能する．フォークは基本的に，ユーザーがリポジトリのコピーを自分の
アカウントへ分岐または複製するもので，リポジトリをカスタマイズしたり，ユーザーが行っ
た変更をオリジナルのプログラムに追加するように，所有者にリクエストしたりすることがで
きる．

ここでは，スターとフォークを活用して人気スコアという新しい指標を作成し，人気度の高
い言語を特定する．

人気スコアの計算には，それぞれのリポジトリに対して以下に示す式を用いる．

$$PS = (2 \times フォーク数) + スター数$$

ここで，PS は人気スコアを示している．フォーク数とスター数は，それぞれデータセットの
forks と stargazers_count 属性から取得できる．以下のコードを用いて，人気スコアを算出
する．

```
# 人気スコアを算出
trending_repos$popularity_score <- ((trending_repos$forks*2) +
  trending_repos$stargazers_count)
```

次に，以下のコードにより，リポジトリの人気スコアを言語別に集計する．

```
# 言語別に人気スコアを集計
popular_repos_languages <- aggregate(trending_repos$popularity_score,
                                     by=list(trending_repos$language), sum)
colnames(popular_repos_languages) <- c('Language', 'Popularity')
popular_repos_languages$Popularity <- round(popular_repos_languages$Popularity, 1)
top_popular_repos <- arrange(popular_repos_languages, desc(Popularity))[1:25,]
```

可視化の便宜のために，最も人気スコアの高い上位 25 の言語でフィルタリングしている．以
下のコードを使用して，集計したデータをプロットする．

```
# データを可視化
ggplot(top_popular_repos, aes(x=Language, y=Popularity)) +
  geom_bar(stat="identity", position="dodge", fill="steelblue") +
  geom_text(aes(label=Popularity),
            vjust=-0.3,
```

```
                position=position_dodge(.9), size=2.5) +
scale_color_ipsum() +
labs(x="Language", y="Popularity",
    title="Languages with most Popularity Score in GitHub",
    subtitle="Depicts top language repositories with highest popularity score") +
theme_ipsum_rc(grid="Y") +
theme(axis.text.x = element_text(angle = 90, hjust = 1))
```

これにより，図 5.27 に示すような棒グラフが得られる．

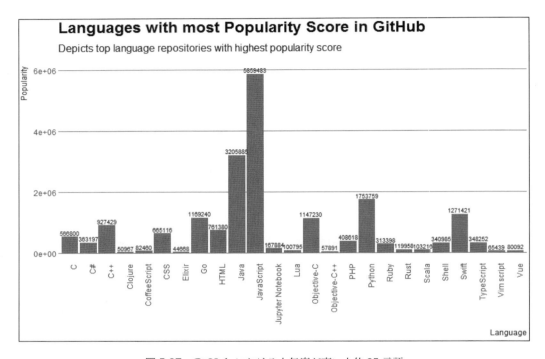

図 5.27　GitHub における人気度が高い上位 25 言語

グラフから，JavaScript，Java，Python が人気スコアに基づくトップ 3 の言語であることがわかる．このグラフはまた，これらの言語で開発されたソフトウェア製品が，GitHub 上でより多くのフォークとスターを獲得していることを示している．

▶ 5.7.7　言語の相関に関する分析

ソフトウェアは複数の言語を組み合わせて構築される場合がある．これは，ウェブ開発，ユーザーエクスペリエンス，IoT，分析，人工知能などの特定のテクノロジー分野において，よく見られる．ここでは，トレンドリポジトリデータセットにおいて同一の所有者がいくつかのリポジトリにわたって複数の言語を用いる際にどれとどれを組み合わせる傾向があるかを見ることで，言語間の相性，すなわち相関関係を調べる．相関を利用することで，同一開発者が好んで併用する言語の組み合わせを見つけるというのが，ここでのアイデアである．

5.7 プログラミング言語とリポジトリ所有者の傾向についての分析

　まず，トレンドリポジトリデータセット内のすべてのリポジトリから，リポジトリ所有者と言語を抽出するところから始める．これを実現するために，以下のコードを使用する．

```
# リポジトリ所有者と言語を取得
trending_repos$owner <- sapply(strsplit(trending_repos$full_name, '/'), '[', 1)
df <- trending_repos[,c('owner', 'language')]
df_pivot <- data.table(df)
```

　次に，各所有者を行方向に，データセット内に存在するすべての言語を列方向に並べた所有者−使用言語行列を作成する．この行列の各セルには，所有者がその言語を用いているリポジトリ数が記録される．これを作成するために，以下のコードを使用する．

```
# 所有者-使用言語行列を作成
owner_lang_matrix <- dcast.data.table(df_pivot, owner ~ language,
                                      fun.aggregate=length,
                                      value.var="language")
owner_lang_df <- as.data.frame(owner_lang_matrix)
```

　以下のコードにより，所有者−使用言語行列から作成されたデータフレームのサンプルを確認することができる．

```
# 所有者-使用言語データフレームを確認
View(owner_lang_df)
```

　図 5.28 のスクリーンショットは，このコードの実行結果の一部を示している．

	owner	ASP	ActionScript	ApacheConf	AppleScript	Arduino	Assembly	AutoHotkey	Awk	Batchfile	C	C#	C++
1622	antirez	0	0	0	0	0	0	0	0	0	4	0	0
2195	citusdata	0	0	0	0	0	0	0	0	0	3	0	0
2859	facebook	0	0	0	0	0	0	0	0	0	3	0	9
3165	google	0	0	0	0	0	0	0	0	0	3	0	23
4950	ntop	0	0	0	0	0	0	0	0	0	3	0	0
357	EZLippi	0	0	0	0	0	0	0	0	0	2	0	0
816	Microsoft	0	0	0	0	0	0	0	0	0	2	17	15
995	Qihoo360	0	0	0	0	0	0	0	0	0	2	0	2
1652	apple	0	0	0	0	0	0	0	0	0	2	0	1
2036	c9s	0	0	0	0	0	0	0	0	0	2	0	0

図 5.28　所有者−使用言語データフレーム

　次に，以下のコードにより，言語対での相関行列となる言語相関行列を作成する．

```
# 言語相関行列を構築
lang_mat <- owner_lang_df[,2:length(colnames(owner_lang_df))]
lang_corr <- cor(lang_mat)
```

205

第 5 章　ソフトウェアのコラボレーション傾向の分析 (1) —— GitHub によるソーシャルコーディング

この言語相関行列をより使いやすい形式に変換するため，以下のコードを実行する．

```
# 言語相関行列を変換
diag(lang_corr) <- NA
lang_corr[upper.tri (lang_corr)] <- NA
lang_corr_final <- melt(lang_corr)
```

GitHub のトレンドリポジトリにおいて，どの言語ペアがよく使われるかという問いに答えるため，以下のコードを使用して高い相関を持つ言語を取得する．

```
# 高い相関を持つ言語を取得
filtered_corr <- lang_corr_final[which(lang_corr_final$value >= 0.7),]
View(filtered_corr)
```

これによって，強い正の相関を持つ言語ペアを示すデータフレームが得られる（図 5.29）．

	Var1	Var2	value
403	Eagle	Arduino	0.8164772
1118	PureBasic	C++	0.6719623
3479	OCaml	Hack	0.7746188
3481	Objective-C++	Hack	0.8838914
5571	Objective-C++	OCaml	0.6844834
5865	PostScript	Objective-J	1.0000000

図 5.29　言語間相関データフレームの内容

PostScript と Objective-J の相関が最も高いことがわかる．Objective-C++ は Hack やOCaml と高い相関がある．電子機器のプロトタイピングやビルディングソリューションによく利用される Eagle と Arduino の間にも高い相関がある．

▶ 5.7.8　リポジトリ所有者の傾向の分析

これまで，ソフトウェアの構築に用いられるリポジトリと言語の両方に関するさまざまな傾向を分析，可視化，検討してきた．ここでは，素晴らしいソフトウェアを構築し，コミュニティの利益のためにそれをオープンソースにしてきたリポジトリ所有者に関して，その傾向を分析する．必要となる依存パッケージやトレンドリポジトリデータセットに関しては，ここまでの項のコードと生成物の一部を再利用する．本節で使用するすべてのコードは，本書の GitHubリポジトリの github_user_trend_analysis.R ファイルにもある．

本章でこれまで紹介した分析例を実行していない場合は，以下のコードを使用することで，必要な依存パッケージとトレンドリポジトリのデータセットを素早く読み込むことができる．

```
source('load_packages.R')
load('trending_repos.RData')
```

206

5.7 プログラミング言語とリポジトリ所有者の傾向についての分析

▶ 5.7.9 貢献度の高い所有者についての分析

リポジトリの所有者は，基本的にそのリポジトリに含まれるソフトウェア製品，ツール，フレームワークを所有する個人または組織を指す．トレンドリポジトリのデータセットにおいて，ソフトウェアやテクノロジーの分野に最も貢献している所有者を見つけるというのが，ここでのアイデアである．

初めに，次のコードを使用してデータセットからリポジトリの所有者を抽出する．

```
# リポジトリの所有者を取得
trending_repos$user <- sapply(strsplit(trending_repos$full_name, '/'), '[', 1)
```

以下のコードを使用して，所有者別にリポジトリ数を簡単に集計する．

```
# 所有者別にリポジトリ数を集計
repo_users <- aggregate(trending_repos$user,
                        by=list(trending_repos$user), length)
colnames(repo_users) <- c('User', 'Count')
top_users_counts <- arrange(repo_users, desc(Count))[1:25,]
```

このコードでは，集計のほかに，可視化の便宜のために，最も貢献している上位25名の所有者のみにフィルタリングしている．集計およびフィルタリングしたデータを，以下のコードで可視化する．

```
# データを可視化
ggplot(top_users_counts, aes(x=User, y=Count, fill=User)) +
  geom_bar(stat="identity", position="dodge") +
  coord_flip() +
  geom_text(aes(label=Count),
            vjust=0.3,
            hjust=-0.1,
            position=position_dodge(.9), size=3) +
  scale_color_ipsum() +
  labs(x="User", y="Count",
       title="Top contributing users on GitHub",
       subtitle="Users with the most trending repositories") +
  theme_ipsum_rc(grid="X") +
  theme(legend.position="NA",
        axis.text.x = element_text(angle = 90, hjust = 1))
```

これにより，2014〜2016年において最も多くトレンドリポジトリを所有する上位25組織を示す棒グラフが得られる（図5.30）．Google，Microsoft，Facebookといった組織が，オープンソースの開発に最も貢献しているトップ3であることがわかる．他の貢献度の高い所有者としては，Apache，Alibaba，Airbnb，Netflix，Mozilla，Yalantisなどの組織に加え，GitHub自身も入っている．オープンソースコミュニティでトレンドを形成しているリポジトリ所有者には，ほかにどんな組織があるだろうか？ ぜひ確認してほしい．

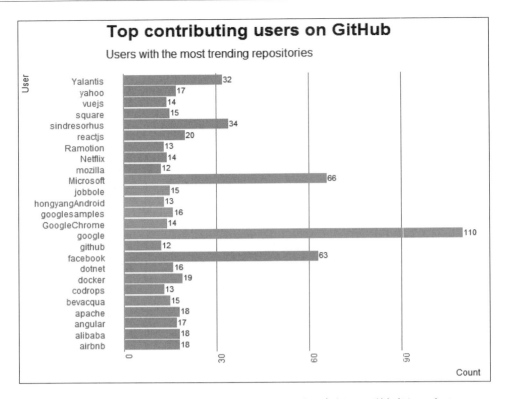

図 5.30　2014〜2016 年における GitHub トレンドリポジトリの所有者トップ 25

▶ 5.7.10　所有者の活動性指標の分析

5.6 節で，リポジトリ指標とその分析方法について説明した．本項では，リポジトリの所有者に着目し，同様の指標に焦点を当てる．ここでは，指標として利用できるいくつかの属性をすでに持っているトレンドリポジトリデータセットを利用し，以前，リポジトリ指標を分析した際に示したワークフローに従う．主な手順は以下のとおりである．

1. データセットにある属性から派生する指標を算出する．
2. リポジトリの所有者ごとに目的の指標を集計する．
3. 可視化における便宜のために，指標を変換・調整する．
4. グラフや相関係数を用いて指標の関連性を分析・可視化する．

以下のコードを用いて，データから必要な指標を計算する．

```
# 派生する指標を計算
trending_repos$user <- sapply(strsplit(trending_repos$full_name, '/'), '[', 1)
trending_repos$create_age <- as.integer(difftime(Sys.Date(),
                                      trending_repos$created_at,
                                      units=c("days")))
```

5.7 プログラミング言語とリポジトリ所有者の傾向についての分析

```
trending_repos$update_age <- as.integer(difftime(Sys.Date(),
                                         trending_repos$updated_at,
                                         units=c("days")))
```

create_age と update_age は，リポジトリが作成されてからの経過日数と，最終更新からの経過日数を表す．以下のコードを使用して，指標について必要な集計を所有者別で実行する．

```
# 集計
subset_df <- trending_repos[c('id', 'user', 'size',
                              'stargazers_count', 'forks',
                              'open_issues', 'create_age',
                              'update_age')]
stats_df <- sqldf("select user, count(*) as repo_count,
                   avg(size) as mean_repo_size,
                   sum(stargazers_count) as total_stargazers,
                   sum(forks) as total_forks,
                   sum(open_issues) as total_open_issues,
                   avg(create_age) as mean_create_age,
                   avg(update_age) as mean_update_age
                   from subset_df group by user
                   order by repo_count desc")
```

以前と同様に，ここでも sqldf 関数を利用してデータフレームから直接指標を集計している．次に，以下のコードを使用して，集計された stats_df というデータフレームを，最も人気のあるリポジトリを持つトップ 20 の所有者にフィルタリングし，その結果を表示する．

```
# フィルタリングし，統計を表示
top_user_stats <- stats_df[1:20, ]
colnames(top_user_stats) <- c("User", "Total Repos",
                              "Avg. Repo Size", "Total Stargazers",
                              "Total Forks", "Total Open Issues",
                              "Avg. Repo Create Age", "Avg. Repo Update Age")
View(top_user_stats)
```

これにより，図 5.31 のスクリーンショットに示すような，所有者の活動性指標を含んだデータフレームが得られる．このデータフレームは，所有者が持つトレンドリポジトリ数によって並べ替えられており，総リポジトリ数のほかに，平均リポジトリサイズ，総スター数，総フォーク数，総オープンイシュー数，平均作成年齢，平均更新年齢といった指標も確認することができる．Google は，スター数，フォーク数，そしてトレンドリポジトリ数から見て，明らかにトップである．

これらの活動性指標を調べて，それをより良く解釈するためには，ヒートマップ形式でデータを可視化するとよい．ヒートマップとは，値を色の強度や色合いで表現したカラーマップまたはグラデーションマップであり，データを直感的に把握するのに適した方法である．例えば，Google が最も多くトレンドリポジトリを持っているならば，その指標の色はより濃い色となる．各指標属性の縮尺が異なるので，ヒートマップを作成するためには，まずそれぞれの指標をスケーリングまたは正規化する必要がある．以下のコードを使用して，データセットを相対

209

第 5 章　ソフトウェアのコラボレーション傾向の分析 (1) ── GitHub によるソーシャルコーディング

	User	Total Repos	Avg. Repo Size	Total Stargazers	Total Forks	Total Open Issues	Avg. Repo Create Age	Avg. Repo Update Age
1	google	110	51002.0818	367855	65872	8436	734.5909	4.200000
2	Microsoft	66	73480.2121	162025	34115	13092	597.4697	4.363636
3	facebook	63	12748.3333	293052	43315	5726	763.7619	3.666667
4	sindresorhus	34	823.3529	123868	12599	503	724.4412	3.852941
5	Yalantis	32	7917.0000	56388	9857	214	562.6875	4.031250
6	reactjs	20	1197.3000	71494	13115	568	799.7500	3.600000
7	docker	19	21335.0526	39221	7939	2421	658.4737	3.736842
8	airbnb	18	14871.2222	69384	7895	1570	455.4444	3.444444
9	alibaba	18	57282.1111	49804	11902	1050	493.7222	3.555556
10	apache	18	129155.3889	36920	25123	1824	778.0556	3.222222
11	angular	17	19852.4118	69383	19591	3598	726.8235	5.294118
12	yahoo	17	11650.5882	30052	4598	482	655.2353	5.647059
13	dotnet	16	53718.1250	42736	10253	7883	647.5000	3.812500
14	googlesamples	16	17200.3125	49216	16752	576	690.1875	3.937500
15	bevacqua	15	3281.6667	34193	2112	232	791.9333	5.933333
16	jobbole	15	73.0000	23737	8977	23	472.4000	3.400000
17	square	15	5528.5333	34912	4371	278	707.2667	4.200000
18	GoogleChrome	14	12635.2143	23522	2718	483	648.2143	5.428571
19	Netflix	14	8709.0714	22415	1826	334	665.7857	4.428571
20	vuejs	14	4304.5714	38985	6766	378	713.9286	3.428571

図 5.31　所有者活動性指標を含むデータフレームの内容

的な割合にスケーリングし，指標を 0 から 1 までの値で表す．

```
# 指標属性をスケーリング
scale_col <- function(x){
  round((((x-min(x))/(max(x)-min(x))), 2)
}

scaled_stats <- cbind(top_user_stats[,1],
                      as.data.frame(apply(top_user_stats[2:8], 2, scale_col)))
colnames(scaled_stats)[1] <- 'User'
scaled_stats_tf <- melt(scaled_stats, id='User')
colnames(scaled_stats_tf) <- c('User', 'Metric', 'Value')
```

　次に，以下のコードを用いて，ヒートマップ形式でリポジトリ所有者の活動性指標を可視化する．

```
# データをヒートマップで可視化
ggplot(data=scaled_stats_tf, aes(x=Metric, y=User)) +
  geom_tile(aes(fill=Value)) +
  geom_text(aes(label=Value),
            size=3) +
  scale_fill_gradient(low="#FFB607", high="#DB3D00") +
  theme_ipsum_rc() +
```

5.7 プログラミング言語とリポジトリ所有者の傾向についての分析

```
labs(x="User", y="Metric",
    title="User Activity Metrics Heatmap",
    subtitle="Analyzing trending user activity metrics on GitHub") +
theme(legend.position="NA",
    axis.text.x = element_text(angle = 45, hjust = 1))
```

これにより, 図 5.32 に示すような, トレンドリポジトリを持つ上位 20 の所有者のさまざまな活動性指標を表すヒートマップが得られる.

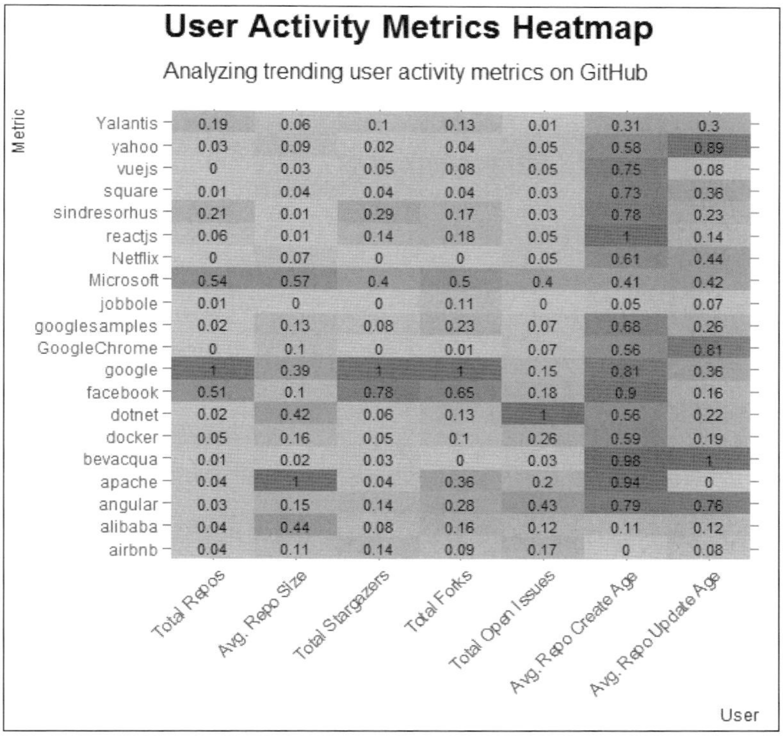

User Activity Metrics Heatmap
Analyzing trending user activity metrics on GitHub

Metric	Total Repos	Avg. Repo Size	Total Stargazers	Total Forks	Total Open Issues	Avg. Repo Create Age	Avg. Repo Update Age
Yalantis	0.19	0.06	0.1	0.13	0.01	0.31	0.3
yahoo	0.03	0.09	0.02	0.04	0.05	0.58	0.89
vuejs	0	0.03	0.05	0.08	0.05	0.75	0.08
square	0.01	0.04	0.04	0.04	0.03	0.73	0.36
sindresorhus	0.21	0.01	0.29	0.17	0.03	0.78	0.23
reactjs	0.06	0.01	0.14	0.18	0.05	1	0.14
Netflix	0	0.07	0	0	0.05	0.61	0.44
Microsoft	0.54	0.57	0.4	0.5	0.4	0.41	0.42
jobbole	0.01	0	0	0.11	0	0.05	0.07
googlesamples	0.02	0.13	0.08	0.23	0.07	0.68	0.26
GoogleChrome	0	0.1	0	0.01	0.07	0.56	0.81
google	1	0.39	1	1	0.15	0.81	0.36
facebook	0.51	0.1	0.78	0.65	0.18	0.9	0.16
dotnet	0.02	0.42	0.06	0.13	1	0.56	0.22
docker	0.05	0.16	0.05	0.1	0.26	0.59	0.19
bevacqua	0.01	0.02	0.03	0	0.03	0.98	1
apache	0.04	1	0.04	0.36	0.2	0.94	0
angular	0.03	0.15	0.14	0.28	0.43	0.79	0.76
alibaba	0.04	0.44	0.18	0.16	0.12	0.11	0.12
airbnb	0.04	0.11	0.14	0.09	0.17	0	0.08

User

図 5.32 トレンドリポジトリを持つ上位 20 の所有者の活動性指標ヒートマップ

より明確にするため, 色の濃さによる区別だけでなく, それぞれの指標の相対的比率の値も表示している. ヒートマップを使って可視化された指標から, 簡単に以下のような解釈が得られる.

- 先に議論したように, Google がトレンドリポジトリ数, スター数, フォーク数において最も高い比率を持っている.
- Facebook と Microsoft が総スター数と総フォーク数で 2 番手 3 番手にいる.
- リポジトリサイズは, Apache が最も大きく, Microsoft がその次である.
- dotnet と angular は, 最も多くのオープンイシューを抱えている.
- reactjs, bevacqua, apache は平均作成年齢が最も高く, かなり以前に作成されたリポジトリを持っているようである.

211

第 5 章　ソフトウェアのコラボレーション傾向の分析 (1) —— GitHub によるソーシャルコーディング

- Yahoo! は Facebook や Apache といった他の所有者と比較して，しばらくリポジトリを更新していないようである．

これらはほんの少しの洞察に過ぎない．GitHub のソフトウェアコラボレーションに対する分析や可視化からは，価値ある洞察がまだまだ得られる．さあ，やってみよう！

5.8 ｜ まとめ

　この章の主な目的は，ソフトウェアコラボレーションとソーシャルコーディングの世界を旅して，ソーシャルメディアのまったく異なった領域に触れることだった．GitHub は，1900 万人を超える開発者，5200 万のリポジトリ，そして 10 万のチームを世界中に持つ[*4]，テクノロジーとソフトウェアコラボレーションの分野における成功例の一つである．この章では，分析に入る前に，まずこの分野の詳細を学ぶという段階的なアプローチをとった．それにより，協同開発および分散的なソースコード管理において必要とされる概念や方法論を理解できたはずである．本章で用いたパッケージやデータセットは，誰もがすぐに実例を始められるように，本書の GitHub リポジトリにあるファイルから読み込む方法を提供した．

　API を用いて GitHub からデータを取得，解析，変換する方法と，GitHub からトレンドリポジトリを取得する再利用可能な関数を作成する方法について，詳細に説明した．リポジトリの活動性，トレンドリポジトリの傾向，リポジトリで使用されているプログラミング言語の傾向，そしてリポジトリ所有者の傾向という四つの分析を行った．多様な事例と詳細なコードを通じて，概念，構文，分析を学ぶ助けとなっただろう．あなた自身の分析を行う際に，これらの知識を活用してほしい．

　これで，ソフトウェアにおけるコラボレーションを対象とした二つの章のうち，最初の一つを終える．次章では，StackExchange からのデータを分析する．

[*4] 訳注：GitHub 公式サイトにおいて，2019 年 4 月時点で 4000 万人の開発者，1 億のリポジトリ，そして 210 万の組織を持つと公表されている．

212

第**6**章

ソフトウェアのコラボレーション傾向の分析(2)―StackExchangeにおける回答傾向

　前章では，GitHub における協同開発の概観をつかんだ．協同開発については，質問とその回答の傾向からも，ユーザーの関心があるかどうかを把握できる．インターネットにおいては，Yahoo Answers や Wiki Answers など，さまざまな質問回答サイトがこれまでに提供されてきた．これらのサイトにおいて，ユーザーは質問をし，集合知の力により回答を得る．しかし，これまでのサービスには，質をコントロールする仕組みが欠けていた．本章では，StackExchangeの世界を通じて，情報の金鉱にあなたを招待する．StackExchange の対象は数学からプログラミング言語まで多岐にわたり，ワンクリックでそのすべてが利用できる．

　StackExchange のような質問回答サイトは，ユーザーが回答を見つけやすくする仕組みを提供しているだけでなく，GitHub のような協同開発のプラットフォームとしての仕組みも提供している．StackExchange も GitHub も，開発者にとって有名なものである．本章は以下の内容をカバーする．

- StackExchange の始まりから有名になるまでの歴史も含めた概要
- ダンプデータの利用方法，および API を介したデータアクセスの方法
- 投稿データの探索的分析
- 事例を通した，ユーザーのデモグラフィックや他の基本情報についての知見の獲得
- StackExchange などの質問回答サイトから得たデータを分析する際の課題

　なお，本章では，本章だけを読む読者でも分析を実行できるように，前章で扱った内容も改めて取り上げる．

第 6 章 ソフトウェアのコラボレーション傾向の分析 (2) ── StackExchange における回答傾向

6.1 StackExchange を理解する

開発者やプログラマーのための単独の質問回答サイトとして 2008 年に生まれた StackOverflow は，その後，StackExchange として成長し，数学，生物学，音楽など多岐にわたるトピックを扱う質問回答サイトの集合体となった．

簡単に言えば，StackExchange は，ユーザー間で質問および回答をし，そのプロセスに対して報酬や賞賛を与える方式の質問回答サイトを，多数傘下に持つプラットフォームである．StackExchange は質問および回答のプロセスを報酬システムを用いてゲーム化しており，ユーザーは自分の活動に応じて評判スコアを獲得する．評判スコアはコンテンツの質を保っていく上で極めてうまく機能しており，他の質問回答サイトと比較しても，StackExchange では多くの質問に対して高品質な回答が提供されている．

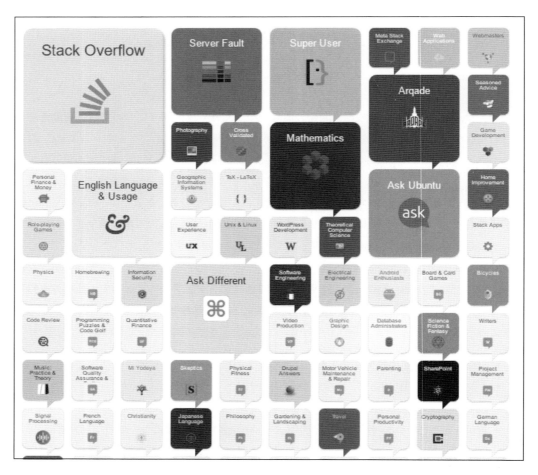

図 6.1　StackExchange の傘下のサイト

数値面で言えば，StackExchange はテーマ別に分かれた 150 以上のサイトと 400 万人以上の登録ユーザーを有し，1 か月当たり 13 億ものページビューを誇っている．

StackExchange に関する各種統計は，http://stackexchange.com/performance で確認できる．

驚くべきことに，StackExchange 傘下のサイトデータは，クリエイティブコモンズライセンス下で，さまざまな方法を介して利用可能である．

クリエイティブコモンズとは，クリエイティブな活動を支援し保護するために無料で公開されているコンテンツの著作権を管理している米国の非営利団体である．クリエイティブコモンズのライセンスは非常にわかりやすい構成となっており，誰もがこのライセンスを利用し，他のクリエイターに向けてコンテンツを公開する権利を持っている．詳細は https://creativecommons.org/ を確認してほしい．

それでは，この豊かなデータを利用する方法について学んでいくことしよう．

6.1.1　データアクセス

多くのソーシャルネットワークは，保有するデータにアクセスする方法を提供している．これまでの章で見てきたように，これは一般に API という形で提供されている．ただし，StackExchange は他のサービスとは若干異なる方法で，データアクセス手段を提供している．StackExchange のデータはクリエイティブコモンズライセンスで提供されているため，StackExchange の取り組みは誠実で，保有するデータが利用しやすい形で公開されている．以下は，StackExchange のサイトで公開されているデータの取得方法である．

- ダンプデータ：StackExchange は全ユーザーから生み出された公開データを定期的にダンプし，分割された XML ファイルの形で公開している．各ダンプデータには，投稿内容，ユーザー情報，投票結果，投稿履歴，リンク，タグなどが含まれている．
- データエクスプローラ：SQL ベースのツールであり，公開されているデータに対して任意のクエリを投げることができる．クエリは公開されているものを再利用したり，修正を加えて実行したりすることができ，もちろん新規作成も可能である．クエリの対象となるデータは，ダンプされたデータと同様のものである．詳細は https://data.stackexchange.com/help を参照．
- API：StackExchange はデータアクセス用の API も提供している．API は OAuth を用いて認証を行い，レスポンスを JSON で返す．API はリクエスト回数に制限があるため，利用にあたっては注意が必要である．多くのデータは API を介して取得できるが，この API は，データサイエンスのプロジェクトよりも StackExchange 上でアプリを開発する開発者向けである．詳細は https://api.stackexchange.com/docs を参照．

第 6 章　ソフトウェアのコラボレーション傾向の分析 (2) —— StackExchange における回答傾向

▶ 6.1.2　StackExchange のダンプデータ

前項で説明したように，StackExchange におけるデータアクセスの方法には，さまざまなものがあるので，目的に応じて選びたい．どの方法を用いても，利用できるデータは変わらない．本章ではダンプデータを利用する．

StackExchange のダンプデータは十分に幅広い情報を含んでおり，分析する上で，データの粒度も問題ない．また，API 利用時のクエリの回数制限や，データエクスプローラ利用時の行数制限を気にする必要もない．一点注意すべき点があるとすれば，リアルタイムデータではないという点である．ただし，データが極端に古いデータ（例えば 1 か月以上前）ではなく，かつ，リアルタイムデータの分析を目的としていなければ，多少のデータのタイムラグはユーザーの行動を分析する上で大きな問題にはならない．

具体的な事例に入る前に，ダンプデータについて理解を深めよう．

[1]　ダンプデータにアクセスする

ここまでの章で見てきた API は，データの取得にあたって，アプリの登録とキー/トークンの入手が必要だったが，ダンプデータは単にダウンロードさえすればよい．インターネットに慣れ親しんだ人ならダウンロードは当たり前の操作であり，StackExchange のデータ入手に関して言えば，登録もアプリの作成も要求されないダンプデータの入手が，データ取得の最も簡単な方法である．

ダンプデータは，https://archive.org/details/stackexchange からダウンロードでき，CC-by-SA ライセンスのもとで誰でも利用可能である．ウェブサイトから直接ダウンロードするか，トレントファイルを介してダンプデータを取得しよう．いずれの方法も上記のページに記載されている．

StackExchange 配下の全サイトのデータを含んだダンプデータは，40GB 以上になる．各データは XML ファイルで提供されている．なお，分析目的に応じてダウンロードするサイトを限定すれば，データ量を最小化することができる．以下では利用するデータを "Data Science" サイトに限定しているが，同様の分析は全データに対して適用できる．

[2]　ダンプデータの内容

ダンプデータは StackExchange 傘下のサイトのデータを含んでおり，八つの XML ファイルで構成されている．XML ファイルは以下のとおりである．

- Badges.xml：各サイトにおいてユーザーが獲得したバッジ（回答実績などに応じてユーザーがもらえる勲章）の情報を格納している．このファイルでは，ユーザー ID がキーとなる．
- Comments.xml：名前のとおり，質問および回答についたコメントを格納している．コメントはテキスト，日付，タイムスタンプ，ユーザー ID で構成される．
- Posts.xml：各質問回答サイトのメイン情報であり，質問と回答の投稿で構成される．各投稿には，ID と質問か回答の区分が付与されている．XML ファイルの各行において，

216

投稿データは複数の属性を持っており，後の節ではそれを用いて分析を進める．

- PostHistory.xml：StackExchange は集合知が力を発揮した最良の例である．このウェブサイトは自身で改変を繰り返していく．例えば，各投稿は編集・改訂を経て，質問や回答の意図がより明確になり，詳細を説明するように更新されていく．また，投稿は重複や他の理由（トピックに合わない，など）でクローズされる．このような投稿の変更履歴は，この PostHistory.xml に記録される．このファイルは，すべての投稿の変更履歴と，その変更に関与したユーザー情報を格納している．
- PostLinks.xml：各投稿へのリンクを提供するが，このファイルは単なる投稿一覧以上の役割を果たす．重複した投稿や類似した投稿へのリンク情報が格納されており，そのような投稿を探すときに便利である．
- Users.xml：各サイトにおける登録ユーザーの公開情報が格納されている．
- Votes.xml：本節の冒頭で少し触れたように，ゲーミフィケーションがこのサイトの成功のカギである．各投稿は有用性の観点から，他のユーザーの投票を通じて，良い/悪いの評価を受ける．また，StackExchange は追加のインセンティブとして，投稿に賞金をかけることもできる．これらの情報が，このファイルには格納されている．
- Tags.xml：StackExchange のウェブサイトは，数百万人のユーザーによる，何千もの事柄についての質問と回答で構成されている．タグは，目的とする投稿にたどり着くためのマーカーである．このファイルには，各投稿に紐づけられたタグのサマリ情報が格納されている．なお，Posts.xml には各投稿に紐づけられたすべてのタグがリストとして格納されているのに対し，Tags.xml には各タグの頻度などの情報が格納されている．

[3]　ダンプデータから見たデータの概要

StackExchange は，サイトおよびエンティティレベルで整然とまとめられた形で，多岐にわたるデータを提供している．これらのデータを俯瞰するために，XML ファイル間の関連を視覚化しよう（図 6.2）．

図 6.2 は StackExchange のダンプデータに含まれる XML ファイルの一部のフィールドを用いて，エンティティ間の関係性を視覚的に表現したものである．したがって，この図は ER 図ではないが，ER 図のコンセプトを流用することで，明確かつ簡潔にデータの構造を表現できた．

この図は，利用可能なデータの各要素の関係性を理解するのに役立つだけでなく，本章の分析において結果を吟味し，さらに有益な知見を引き出せないかを考える際にも役立つ．このことは，事例を検討するにつれて，明白になっていくだろう．

この図からわかるように，投稿データとユーザーデータが，全体の中で最も重要かつ中心的な役割を果たしている．質問と回答は StackExchange の根幹をなすものであり，それを作っているのはユーザーなので，これらの二つのデータが重要であることは当然である．

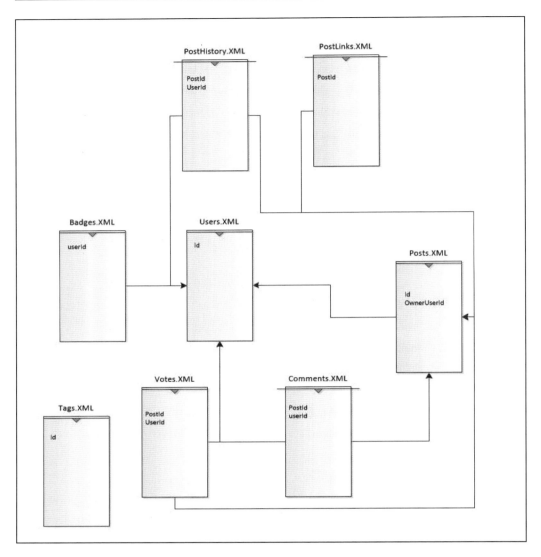

図 6.2　エンティティの関係性から見た StackExchange のデータ（各ファイルには重要なフィールドのみを表示している）

それでは，投稿データとユーザーデータについて，その概要を確認していこう．

投稿データ

先の項で，Posts.xml の内容を簡単に説明した．ここでは，このファイルからどのようなデータが利用できるのかを確認し，隠れた知見をそこから引き出す準備を進めていく．Posts.xml は図 6.3 に示すような構成になっている．

各ファイルは複数の <row> タグで囲まれたコンテンツで構成されており，それぞれは投稿（質問および回答）に対応している．各投稿は，一意に識別可能な Id フィールドのほか，以下

6.1 StackExchange を理解する

```xml
<?xml version="1.0" encoding="utf-8" ?>
<posts>
    <row Id="5" PostTypeId="1" CreationDate="2014-05-13T23:58:30.457"
    Score="7" ViewCount="315" Body="&lt;p&gt;I've always been interested in machine learning, but I can't figure out one thing about
    OwnerUserId="5" LastActivityDate="2014-05-14T00:36:31.077"
    Title="How can I do simple machine learning without hard-coding behavior?"
    Tags="&lt;machine-learning&gt;" AnswerCount="1"
    CommentCount="1" FavoriteCount="1" ClosedDate="2014-05-14T14:40:25.950"
    />
    <row Id="7" PostTypeId="1" AcceptedAnswerId="10"
    CreationDate="2014-05-14T00:11:06.457"
    Score="2" ViewCount="297" Body="&lt;p&gt;As a researcher and instructor, I'm looking for open-source books (or similar materials)
    OwnerUserId="36" LastEditorUserId="97"
    LastEditDate="2014-05-16T13:45:00.237"
    LastActivityDate="2014-05-16T13:45:00.237"
    Title="What open-source books (or other materials) provide a relatively thorough overview of data science?"
    Tags="&lt;education&gt;&lt;open-source&gt;"
    AnswerCount="3" CommentCount="4" FavoriteCount="1"
    ClosedDate="2014-05-14T08:40:54.950"
    />
</posts>
```

図 6.3　Posts.xml のサンプル

に示すさまざまな属性を有する.

- `PostTypeId`：その投稿が質問か回答かの区別
- `CreationDate`：投稿の日付と時刻
- `Title`：質問のタイトル
- `Body`：投稿の内容

属性はほかにも多数あり，各投稿は約 20 の属性で構成されている．各属性のデータ型は数値型，文字列型，カテゴリ型などが混在している．図 6.4 は表形式に整形した投稿データのスクリーンショットを示す．

図 6.4　表形式に整形した投稿データ

ユーザーデータ

どのようなソーシャルネットワークにおいても，それを運用するのはユーザーであり，StackExchange もその例外ではない．Users.xml ファイルは，登録ユーザーの公開情報を格納している．ユーザーデータに含まれる属性として，以下がある.

- `CreationDate`：このユーザー登録の日付と時刻
- `DisplayName`：このユーザーが StackExchange 上で活動するときの表示名
- `UpVotes/DownVotes`：このユーザーが獲得した有用性に関する得票数

ほかにも年齢や位置情報など，デモグラフィック情報として多くの属性があり，これらの情報を活用することで，ユーザーに関する知見が得られる．図 6.5 は，ユーザーデータを表形式で表示したものである.

219

第6章 ソフトウェアのコラボレーション傾向の分析 (2) —— StackExchange における回答傾向

	Id	Reputation	CreationDate	DisplayName	LastAccessDate	WebsiteUrl	Location
1	-1	1	2014-05-13T21:29:22.820	Community	2014-05-13T21:29:22.820	http://meta.stackexchange.com/	on the server farm
2	1	101	2014-05-13T22:58:54.810	Adam Lear	2016-09-23T19:54:43.803	NA	New York, NY
3	2	101	2014-05-13T22:59:19.787	Geoff Dalgas	2016-07-10T21:11:53.633	http://stackoverflow.com	Corvallis, OR
4	3	101	2014-05-13T23:15:34.483	hichris123	2016-11-18T02:24:26.463	NA	NA
5	4	101	2014-05-13T23:16:09.937	Ben Collins	2014-08-04T15:25:54.810	http://benjamincollins.com	Republic of Texas
6	5	139	2014-05-13T23:16:11.013	Doorknob	2015-06-26T08:57:42.167	http://keyboardfire.com	Texas, US
7	6	101	2014-05-13T23:16:26.517	gerrit	2016-08-18T10:29:56.080	http://www.topjaklont.org/	Reading, England
8	7	101	2014-05-13T23:17:05.443	Undo	2016-11-17T16:12:34.487	http://keybase.io/undo	NA
9	8	101	2014-05-13T23:17:26.850	Jon Ericson	2016-04-12T18:01:05.903	http://jericson.github.io/	Downtown Burbank
10	9	802	2014-05-13T23:18:21.653	rolfl	2016-11-26T05:05:22.650	http://stackexchange.com/users/1369656/rolfl	Canada
11	10	101	2014-05-13T23:18:31.953	Dave Kincaid	2016-12-02T02:24:25.150	http://dkincaid.github.io	Eau Claire, WI

図 6.5 表形式に整形したユーザーデータ

▶ 6.1.3 ダンプデータを利用する

StackExchange ダンプデータの概要を把握したところで，いくつかの事例を通して，手を動かしながら学んでいくことにしよう．

ここまでで学んだように，データはサイト単位で分かれており，サイトごとに XML ファイルが提供されている．以降の節で扱う事例では，多くの場合，これらのデータを R のデータフレームとして扱って分析を進めるため，ここで XML ファイルを読み込む方法を学んでおこう．

以降の節では，https://archive.org/details/stackexchange からダウンロードした "Data Science" サイト（https://datascience.stackexchange.com/）のダンプデータを利用する[1]．

以下のコードは，XML ファイルを読み込んで，R のデータフレームに変換するために著者が書いたユーティリティ関数である．

```
# XML データをロード
loadXMLToDataFrame <- function(xmlFilePath){
  doc <- xmlParse(xmlFilePath)
  xmlList <- xmlToList(doc)
  total <- length(xmlList)
  data <- data.frame()

  for(i in 1: total){
    data <- rbind.fill(data,as.data.frame(as.list( xmlList[[i]])))
  }
  return(data)
}
```

`xmlParse` と `xmlToList` は XML パッケージの関数である．このパッケージは，便利な関数を多数含んでいる．上記のコードは特に分岐もない単純なコードであり，XML を入力として受け取りデータフレームを出力として返す．

---

[1] 訳注：データは圧縮されているので，解凍ソフトによる解凍が必要である．

StackExchange の XML ファイルは非常にサイズが大きい．上記のユーティリティ関数は XML データをメモリにすべて載せてしまうため，利用できるメモリのサイズによっては機能しない．本章で扱う "Data Science" サイトのデータは数 MB であるが，"Stack Overflow" サイト（30GB 超）のように巨大なデータを扱う場合は，データベースに格納した上で必要なデータだけを抽出し R で利用する方法をとるとよい．データベースからのデータ抽出は難しいものではないが，本書のスコープを超えるので割愛する．外部リソースを用い，あなた自身で取り組んでほしい．

以上のユーティリティ関数を用いて，Posts.xml を R に読み込んでみよう．以下のコードは Posts.xml をデータフレームに整形するコードである．

```
PostsDF <- loadXMLToDataFrame(paste0(path,"Posts.xml"))
```

他の XML ファイルも同様の形で読み込むことができる．それでは早速分析に入ることにしよう．

6.2 投稿データの探索的分析

本節以降では，"Data Science" サイトのデータを分析する．データサイエンスは，ビジネスとしての側面から生み出されたバズワードに留まるものでなく，学術的研究を実ビジネスの世界に応用していく学問領域である．"Data Science" サイト（https://datascience.stackexchange.com/）は，背景や経験の異なるユーザーが集まり，データサイエンスや，機械学習，高度な分析に関するたくさんの興味深い事柄について，質問し議論を交わす場の一つである．

ここからは，このサイトの Posts.xml を用いて，そこに隠された知見を引き出していく．まず，以下のコードにより，前節で紹介した XML ファイルを読み込むユーティリティ関数を利用してデータを読み込み，日時データや Tags 属性の整形など，利用しやすい形のデータにするためのいくつかの前処理を実行する．

```
PostsDF <- loadXMLToDataFrame(paste0(path,"Posts.xml"))

# データの型を変換
PostsDF$CreationDate <- strptime(PostsDF$CreationDate, "%Y-%m-%dT%H:%M:%OS")

# Tags 列のデータを整形
PostsDF$tag_list <- lapply(str_split(PostsDF$Tags,"<|>"),
                           function(x){x%>%unlist()}) %>%
                    lapply(.,function(x){x[x!=""]})

# プログラミング言語のタグをタグリストから抽出
PostsDF$prog_lang <- sapply(PostsDF$tag_list,ds_language)

# AnswerCount を数値化
PostsDF$AnswerCount <- as.numeric(levels(PostsDF$AnswerCount))[PostsDF$AnswerCount]
```

▶ 6.2.1　基本的な記述統計

　所定のフォーマットに沿ったデータフレームが得られたところで，基本的ではあるが興味をそそるステップに進もう．StackExchange はさまざまなトピックに対応したサイト群を有しており，これらはパブリックベータ版のものから一定のラインを越えてポピュラーになったものまで，多岐にわたる．まず，サイトにおける総質問数や総回答数，質問当たりの回答数といった基本的な指標を確認するところから始めよう．

```
# 投稿数
> dim(PostsDF)
[1] 9879   23

# 質問数
> sum(na.omit(PostsDF$PostTypeId) == 1)
[1] 4228

# 質問当たりの回答数
> dim(PostsDF[(PostsDF$PostTypeId==2),])[1]/
+ dim(PostsDF[(PostsDF$PostTypeId==1),])[1]
[1] 1.285005
```

　上記の簡単な集計結果は，StackExchange の管理者が，サイトが健全かどうかのバロメーター（ヘルスチェック）として利用しているものである．

StackExchange の各サイトにおけるヘルスチェックの指標は，http://area51.stackexchange.com で確認できる．データサイエンスについては，http://area51.stackexchange.com/proposals/55053/data-science を参照．

　次に，"Data Science" サイトがパブリックベータ版として開設された当時から，投稿頻度がどのように変化してきたかを確認してみよう．

```
# 日別の投稿数
ggplot(data = PostsDF, aes(x = CreationDate)) +
  geom_histogram(aes(fill = ..count..)) +
  theme(legend.position = "none") +
  xlab("Time") + ylab("Number of Posts")
```

　図 6.6 からは，開設以来このサイトの投稿数が増加傾向にあることが確認できる．これはデータサイエンスが年々ポピュラーになっていった事実とも一致する．

練習問題として，日次での投稿と質問の比を算出してみよう．以下の項では，さらに一歩進めて，プログラミング言語別に同様の指標を算出することで面白い知見が得られるか確認してみる．

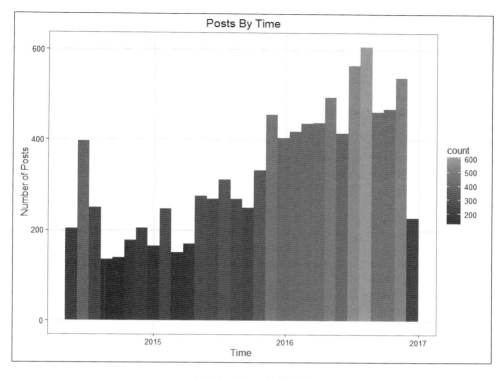

図 6.6 投稿の時間変化

▶ 6.2.2 プログラミング言語別の質問投稿傾向の確認

まず，投稿数の分布をプログラミング言語別に確認してみよう．ここでは，ここまで利用してきたデータフレームの prog_lang という列を利用する[*2]．prog_lang は Tags データに由来するもので，ここでの分析は，各質問に適切にタグが付与されていることが前提となる．同時に，各質問にはプログラミング言語のタグが一つだけ付与されていることも前提となる（これは多くの場合満たされるが，必ずしも満たされるとは限らない）．上記の前提は 100% 正確なものではないが，全体の傾向を大まかにつかむ上では有効だろう．

以下のコードは，プログラミング言語別の投稿数をプロットする．このコードで用いている aggregate 関数は，もともと日別で提供されている投稿数を月単位で集計する目的で利用している．

```
# プログラミング言語別の投稿数の時間変化
langDF <- PostsDF[,c('CreationDate', 'prog_lang')]
langDF$date <- format(langDF$CreationDate, '%b-%Y')
langDF <- langDF[langDF$prog_lang != 'rest_of_the_world',]
aggLangDF <- aggregate(langDF$prog_lang,
                       by=list(langDF$date, langDF$prog_lang), length)
colnames(aggLangDF) <- c('date', 'tag', 'count')
```

[*2] 訳注：本節最初のコード（p.221）を参照．

第 6 章 ソフトウェアのコラボレーション傾向の分析 (2) —— StackExchange における回答傾向

```
aggLangDF$date <- as.Date(paste("01",
                                aggLangDF$date,
                                sep = "-"),
                          "%d-%b-%Y")
```

以下のコードは，上記で集計したデータを，`ggplot2` パッケージを用いて可視化する．

```
# プログラミング言語別の投稿数の時間変化
ggplot(aggLangDF, aes(x=date, y=count, group=tag)) +
  geom_point(aes(shape=tag)) +
  geom_line(aes(color=tag)) +
  theme_bw()
```

図 6.7 は，このコードを実行して生成したプロットである．

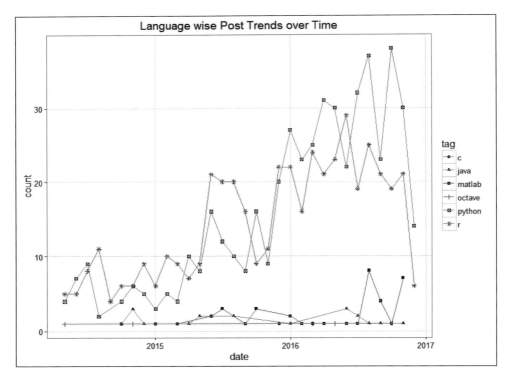

図 6.7　プログラミング言語単位の投稿の時間変化（口絵参照）

このプロットは，明らかに R と Python が好まれている，つまり，R と Python がデータサイエンスコミュニティにおいて一般的に使われ，かつよく議論されている言語であることを示していると言えよう．また，このプロットは，これらの二つの言語が時間とともにより広く使われるようになっていったことも示している．

他の属性を見ていく前に，プログラミング言語別の総投稿数がどうなっているかも簡単に見ておこう．以下のコードも，`ggplot2` パッケージを用いて可視化を行う．

```
# プログラミング言語別の投稿数
ggplot(PostsDF[PostsDF$prog_lang !="rest_of_the_world",],
       aes(reorder_size(prog_lang))) +
  geom_bar(aes(fill = prog_lang)) +
  theme(legend.position="none", axis.title.x = element_blank()) +
  ylab("Number of Posts") +
  ggtitle("Posts By Language")
```

このプロット（図 6.8）からも，C や Java といった古典的なプログラミング言語に比べて，R と Python の投稿数が圧倒的に多い様子が確認できる．

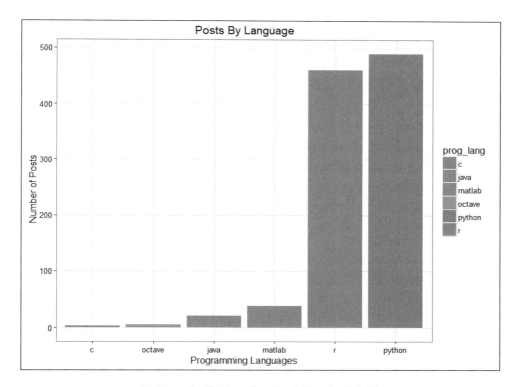

図 6.8　プログラミング言語別投稿数（口絵参照）

▶ 6.2.3　質問をしてから回答が得られるまでの平均時間の確認

ここまでで，投稿数について複数の切り口で理解を深めてきた．ここからは，回答を得るまでにどれくらいの時間がかかるかを確認してみよう．一つの質問に対して複数の回答がつくのが常であることは，これまでの分析でわかっている（質問当たりの回答数を確認したコードの実行結果を参照）．回答が得られるまでの平均時間を取得するためには，データをじっくり眺める必要がある．

これまで利用してきた投稿数についてのデータフレームの各フィールドを確認してみよう．各投稿は `PostTypeId` という値を持っている．これが 1 ならば質問で，2 ならば回答である（ほ

第 6 章　ソフトウェアのコラボレーション傾向の分析 (2) —— StackExchange における回答傾向

かにも種類があるが，ここではこの二つのみを利用する）．また，各投稿は `AcceptedAnswerId`
という値も持っている．一つの質問には複数の回答がつきうるが，ここで興味があるのは，質問
者がアクセプトした回答のアクセプト時刻である．`AcceptedAnswerId` と各投稿における `Id`
を紐づけることで，アクセプトされた回答のみを取得することができる．以下のコードは，こ
の操作を実行する．

```
# プログラミング言語ごとの回答を得るまでの平均時間
# 質問データと回答データを紐づける
mergeddf <- merge(PostsDF[,c('Id',
                             'CreationDate',
                             'PostTypeId',
                             'Score',
                             'ViewCount',
                             'OwnerUserId',
                             'ParentId',
                             'AcceptedAnswerId',
                             'prog_lang')],
                  PostsDF[,c('Id',
                             'CreationDate',
                             'PostTypeId',
                             'Score',
                             'ViewCount',
                             'OwnerUserId',
                             'ParentId',
                             'AcceptedAnswerId',
                             'prog_lang')],by.x='AcceptedAnswerId',by.y='Id')
```

　次のステップは，質問が投稿されてから回答がアクセプトされるまでの時間の算出である．
以下のコードでは `difftime` 関数を用いて，時刻の差分を取得する．

```
# 時刻の差分を取得
mergeddf$time_to_answer <- difftime(mergeddf$CreationDate.y,
                                    mergeddf$CreationDate.x,
                                    units = "mins")
```

　次のステップでは，`aggregate` 関数を用い，プログラミング言語ごとの回答の平均時間を年
単位で集計し，その結果をプロットする．

```
# 年単位で算出したプログラミング言語別の回答までの平均時間
ggplot(data=agg_time[agg_time$language!='rest_of_the_world',],
       aes(x=language, y=as.numeric(avg_time_to_answer)/60,
           fill=as.factor(year))) +
  geom_bar(stat="identity",
           position=position_dodge()) +
  theme(legend.position="right",
        axis.title.x = element_blank()) +
  ylab("Avg Minutes to Answer") +
  ggtitle("Avg Time to get answers by Language")
```

　得られたプロットを，図 6.9 に示す．

226

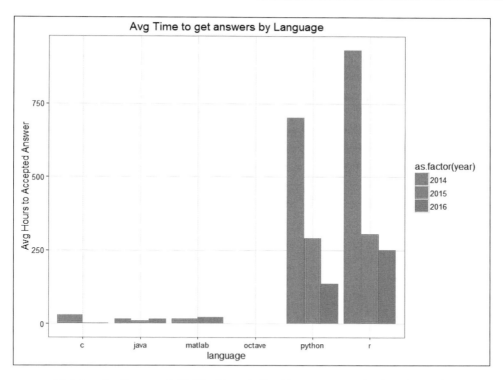

図 6.9　プログラミング言語別に見た，回答が得られるまでの平均時間（年単位）

このプロットから，Python と R についてはアクセプトされた回答が得られるまでの時間が2014〜2016 年の 3 年間で劇的に減っていることがわかる．これは，両言語のユーザー数，および彼らの熟練度が年とともに高まっているという事実を示唆する．また，年とともに両言語が活発になっている，つまり投稿数が増えていることにも関連している．実際にどのように関連しているかの分析は，読者の宿題としたい．また，図 6.9 のプロットからは，R に比べて Python のほうが，アクセプトされた回答までの時間が若干短いことがわかる．

▶ 6.2.4　フリーテキストのフィールドで可能な分析

ここまで扱ってきたデータフレーム内の属性は，数値型，日付型，カテゴリ型だったが，このデータフレームには Title と Body というフリーテキストのフィールドもある．Title には各投稿にユーザーが付与したタイトル，Body には投稿の本体の全文が格納されている．他のフィールドが投稿に関連するメタデータを格納しているのに対し，これらのフィールドは投稿の内容そのものであり，これらのテキスト分析により，例えば以下のような分析が可能になる．

- 投稿に付与されているタグの質の判定
- コメントの感情分析
- 質問のクラスタリング，およびそれに基づいたタグ付けの提案
- 重複した投稿の判定

これらの分析は，テキスト分析，感情分析，クラスタリングといった，これまでの章で学んできた手法を活用し，読者自身で手を動かして実践してほしい．

▶ 6.2.5 投稿データに含まれる属性間の相関の確認

ダンプデータの他のファイルを用いた分析に進む前に，いくつかの属性間の相関について調べてみよう．ここまで利用してきたデータフレームには，多くの属性が含まれている．これらの属性間の相関についての分析は，良い練習になるだろう．

各投稿における属性間の相関関係などを簡単に計算してみよう．ここでは，corrplot パッケージを用いて視覚的に相関を確認する．なお，相関をチェックする前に，データの型変換と，欠損値を含む行の除去を行う．

```
M <- cor(mergedLangDf[mergedLangDf$prog_lang.x!='rest_of_the_world',
        corr_lang_list], method = "pearson")
corrplot(M, method="number",type = "lower")
```

生成されたプロットを図 6.10 に示す．

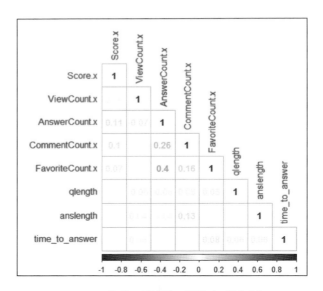

図 6.10　投稿の属性間の相関（口絵参照）

このプロットは，相関行列の下三角行列に色をつけて表示している．青が最も高い数値で，赤はその逆である．プロットを見ると明らかだが，各質問に対するお気に入りの数（`FavoriteCount.x`）と回答数（`AnswerCount.x`）の相関が最も高く，0.4 である．

上記の簡単な分析では，特に有意義な結果は得られなかったが，corrplot パッケージを用いて素早く相関をチェックする習慣をつけるとよいだろう．

6.3 ユーザーのデモグラフィックの確認

ソーシャルネットワークはユーザーあってのものである．StackExchange は広範なスキルセットを持つユーザーによって支えられている．本節では "Data Science" サイトにおけるユーザーのデモグラフィックについて検討しよう．

▶ 6.3.1 平均年齢の確認

まず，ダンプデータからユーザーに関するデータをロードするところから始める．前述したように，ユーザーに関するデータは Users.xml に格納されている．以前利用した loadXMLToDataFrame 関数を用いてデータフレームを取得しよう．そして，このデータを用いて，ユーザー数，平均年齢，ユーザー評価の最大値といった指標を確認してみる．

```
# 総ユーザー数
> dim(UsersDF)
[1] 19237    14

# 評価の最大値
> max(as.numeric(UsersDF[!is.na(UsersDF$Reputation),'Reputation']))
[1] 5305

# 平均年齢
> mean(as.numeric(UsersDF[!is.na(UsersDF$Age),'Age']))
[1] 30.83677
```

分析を進める前に，データセットの各属性のデータ型を確認しよう．例えば，もし Age, Reputation, Views が因子型としてロードされていたら，数値型に変換しないと，平均値，最小値，最大値といった指標の計算が不正確な結果になる可能性がある．

次は，このユーザーデータと投稿データを結合して，興味深い知見が得られないか検討してみよう．データ結合においては，ユーザーデータにおける OwnerUserId と投稿データの Id を用いる．以下のコードは，ユーザーデータと投稿データの各データフレームを結合する．

```
# 投稿データとユーザーデータを結合
PostUserDF <- merge(PostsDF[,c('Id',
                               'CreationDate',
                               'PostTypeId',
                               'Score',
                               'ViewCount',
                               'OwnerUserId',
                               'ParentId',
                               'AcceptedAnswerId',
                               'prog_lang')],
                    UsersDF[,c('Id',
                               'CreationDate',
```

```
                            'Reputation',
                            'DisplayName',
                            'Location',
                            'Views',
                            'UpVotes',
                            'DownVotes',
                            'Age')],by.x='OwnerUserId',by.y='Id')
```

先ほど全体の平均年齢を見たが，ここでは質問への回答者の平均年齢が全体の平均年齢とどれくらい違うかを確認してみよう．これは，プログラミング言語別の平均年齢の算出にも簡単に拡張できる．ここで，`PostTypeId` が 2 の投稿は質問への回答を示すことを思い出してほしい．以下は質問への回答者の平均年齢を算出するコードである．

```
> mean(as.numeric(PostUserDF[!is.na(PostUserDF$Age) &
+    (PostUserDF$PostTypeId==2),'Age']))
[1] 32.32324
```

この結果から，全体の平均年齢と回答者の平均年齢にほとんど違いがないことがわかる．コードを拡張して，この結果と R に限定した場合の結果とを比較してほしい．

StackExchange の各サイトの平均年齢がどのように違うかを分析してみよう．最も平均年齢が低いサイト，高いサイトはどこだろうか．この分析結果は，StackExchange における興味深い傾向を見つけるのに役立つだろう．

▶ 6.3.2 居住地域別のプログラミング言語の分布の確認

コミュニティアカウントによる投稿（`OwnerUserId` が -1）がたくさん存在する．また，われわれはここまでで，投稿数の少ないプログラミング言語については `rest_of_the_world` というタグ付けを行った．以降の分析では，上記の値を用いてフィルタリングを行う．

さて，ここからは，ユーザーの居住地域という観点からプログラミング言語別の投稿数を分析してみよう．これを実行するために，`ggmap` パッケージおよび `rworldmap` パッケージのユーティリティ関数を利用する．

結合したデータフレームを用いて，投稿とユーザーの詳細について検討を進めていこう．ユーザーデータには，場所名の形で居住地域についてのデータが含まれている．ユーザーは都市，州，国名の形で場所名を記入している（記入がないものもある）．ここでは，この場所名を国名に集約することにする．このために，`ggmap` パッケージの関数を介して Google Maps API を利用し，場所名に対する緯度と経度を取得する．そして，この座標を `rworldmap` パッケージを用いて国名に紐づける．以下のコードは，この操作を実行するためのユーティリティ関数である．

6.3 ユーザーのデモグラフィックの確認

```
# 逆ジオコーディング
coords2country = function(points)
{
  countriesSP <- getMap(resolution='low')

  # points を SpatialPoints クラスのオブジェクトに変換し，CRS を設定
  pointsSP = SpatialPoints(points, proj4string=CRS(proj4string(countriesSP)))

  # over 関数を用いてポリゴン内点のインデックスを取得
  indices = over(pointsSP, countriesSP)

  as.character(indices$ADMIN)   # 国名を返す
}

# 各地点に国名を付与
postLocation <- function(locationName){
  if(!is.na(locationName)){
    tryCatch(coords2country(geocode(locationName)),
             warning = function(w) {
                # 警告の処理
                print("warning");
             },
             error = function(e) {
                # エラーの処理
                print("error");
             })
  }
}
```

coords2country 関数は http://stackoverflow.com/ で @Andy から教えてもらったものである．詳細は http://stackoverflow.com/a/21727515/218745 を参照．

さて，場所名が確認できる投稿について国名を取得し，国別にプログラミング言語ごとの投稿数を算出しよう．

```
# 国名を取得
filteredPostUserDf$Country <- sapply(as.character(filteredPostUserDf$Location),
                                     postLocation)
filteredPostUserDf$Country <- as.character(filteredPostUserDf$Country)
filteredPostUserDf$Counter <- 1
CountryLangDF <- aggregate(filteredPostUserDf$Counter,
                           by=list(filteredPostUserDf$Country,
                                   filteredPostUserDf$prog_lang), sum)
colnames(CountryLangDF) <- c('country','language', 'num_posts')
```

次に，国別に見たプログラミング言語の分布を可視化する．

```
# 国別のプログラミング言語の分布
ggplot(data=CountryLangDF[(CountryLangDF$country!='NULL') &
                          (CountryLangDF$country!='warning') &
                          (CountryLangDF$num_posts>2),],
       aes(x=reorder(country,num_posts),
```

231

```
            y=as.numeric(num_posts),
            fill=as.factor(language))) +
  geom_bar(stat="identity",
           position=position_dodge()) +
  coord_flip() +
  theme(legend.position="right",
        axis.title.x = element_blank()) +
  ylab("Country") +
  ggtitle("Posts by Country and Language")+theme_bw()
```

図 6.11 のようなプロットが生成される．

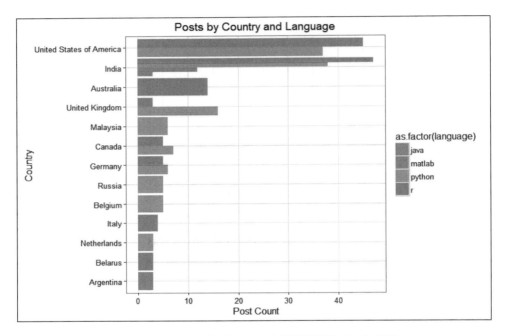

図 6.11　国ごとのプログラミング言語別投稿数（口絵参照）

このプロットから，アメリカ，インド，オーストラリアにおいて，R に関する投稿数が多いことがわかる．このような情報は，例えば，あるスキルセットを持つ人材がどこにいるかを把握したいリクルーターにとって有用だろう．もちろん，この結果はもっと精査する必要があるが，開始点としては悪くない．別の興味深い知見としては，中国のデータがないことが挙げられる．これは中国には中国版の StackExchange があるからであり，StackExchange 以外のサービスでもありがちな話である．また，別の知見として，アメリカが最多の投稿数を誇ることや，インドは他の国ではあまり見かけないプログラミング言語（Java や MATLAB）についての投稿があることが挙げられる．

6.3.3 居住地域別の年齢分布の確認

この地理情報に基づいた投稿分析を，他の切り口にも拡張してみよう．ここでは，国別の年齢分布がどのようになっているかを分析してみる．投稿に関する情報を国別かつプログラミング言語別に集約し，投稿者の平均年齢を算出しよう．

```
CountryLangAgeDF <- aggregate(filteredPostUserDf[!is.na(
  as.numeric(filteredPostUserDf$Age)),'Age'],
  by=list(filteredPostUserDf[!is.na(filteredPostUserDf$Age),'Country'],
  filteredPostUserDf[!is.na(filteredPostUserDf$Age),'prog_lang']),
  mean)
colnames(CountryLangAgeDF) <- c('country','language', 'avg_age')
```

この結果を用いたプロットは，図 6.12 のようなものになるだろう．

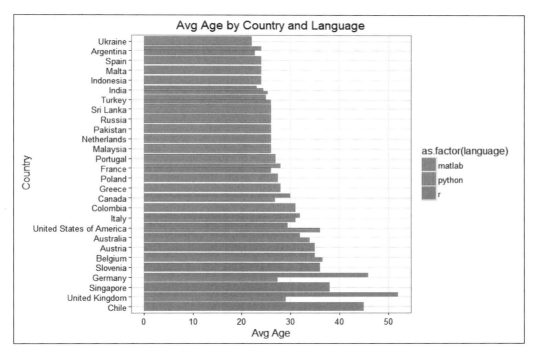

図 6.12 国別・プログラミング言語別の投稿者の平均年齢（口絵参照）

このプロットから，R は Python に比べて投稿者の平均年齢が高いことがわかる．平均年齢の若さという点から見ると，インドは上位 10 位以内に入っており，三つのプログラミング言語においていずれも平均年齢が 30 歳未満であるのに対し，アメリカは下位 10 位に含まれる．また，R に比べて Python に関する投稿をしている国が非常に多く，MATLAB は圧倒的に少ないこともわかる．同様の分析と可視化を質問と回答に分けて実行してみるのも面白いだろう．これは読者への宿題としておきたい．

6.4 StackExchange データを利用する上での課題

データは，いかなるソーシャルネットワークにおいても最重要の資産である．にもかかわらず，StackExchange はユーザーが調査や分析を行えるようにデータを公開している．API を介して公開するデータに制限を加えている他のソーシャルネットワークとは異なり，StackExchange は API に加えてダンプデータ，データエクスプローラといった複数の方法でデータを公開しており，さらに，公開可能な情報のほとんどすべてにアクセスできるようにしている．

そうした長所の一方で，これまでも見てきたように，StackExchange のデータを利用する上ではいくつかの課題がある．その例を以下に示す．

- ダンプデータは XML ファイルの形で提供されている．R においても XML パーサーはあるものの，XML ファイルのサイズが非常に大きいとき，メモリにそのまま載せられないという点が制限となる（"Stack Overflow" サイトの XML ファイルは 30GB にも達する）．この制限は，データを MySQL などのローカルのデータベースに格納し，必要なデータのみを抽出して作業する方法で対処できる．
- データエクスプローラは利用できるデータに行数制限がある（現在の制限は，クエリ当たり 50,000 行）．また，頻繁にクエリを投げると，応答データが大きい場合，ネットワークに大きな負荷がかかる．
- 抽出したデータは，分析に必要な形にするまでに複数の前処理ステップを経る必要がある．StackExchange の情報の大半はトランザクションで構成されているため，トランザクション内にネストされた属性は処理に手間がかかる．
- StackExchange はユーザードリブンのプラットフォームであり，その投稿の品質は非常に高い．しかし，データの質という点では問題を含んでおり分析に使うためには追加の手間を必要とする．例えば，年齢や場所といった属性は不正確な入力や欠損が多い．また，StackExchange のモデレーターは努力しているものの，タグの質は分析をする上で問題が多い．

6.5 まとめ

インターネット上の仮想世界は猛烈なスピードで発展しており，開発者/プログラマー/イノベーターがその発展を後押ししている．GitHub と StackExchange は開発者のためのソーシャルネットワークとしては二大巨頭であり，開発者たちはこれらのプラットフォーム上で知識を交換し，互いに助け合い，知識の幅を広げている．

GitHub を扱った第 5 章では，公開されたデータから明らかな傾向や知見が得られることがわかったが，本章でも同様に，StackExchange のデータからさまざまな知見を得ることができた．

6.5 まとめ

　本章では，まず StackExchange のデータを獲得する方法について，簡単な例から始め，ダンプデータを主なデータソースとして利用する方法を学んだ．次に，このダンプデータにどのような情報が含まれており，各 XML ファイルがどのような構成になっているかを学んだ．そして，"Data Science" サイトを対象に R を用いて分析を進め，このサイトで扱われているプログラミング言語やユーザーのデモグラフィックなどについて知見を得た．これらの事例を通じて，前章で学んだ前処理，可視化，分析についてさらに理解を深めた．

　前章と本章で，同様のスキルセットを持った集団には似たような傾向があることが見えてきた．GitHub と StackExchange の両方のデータを併せて利用することで，もっと興味深い知見が得られるかもしれない．

　次章以降では，さらにハードルを上げて，二つのまったく性格の違う（しかしどちらも長く続いている）ソーシャルメディアプラットフォームについて，よりチャレンジングな分析を進めていく．お楽しみに！

235

第**7**章

Flickrのデータ分析

　ここまでの章で，複数のソーシャルネットワークにおけるユーザー行動のさまざまな側面について，Rを使って分析を進め，理解を深めてきた．本章では，時の試練に耐えて今なお規模を拡大しているソーシャルネットワークサービスであるFlickrを扱う．Flickrは有名サービスの仲間入りをして以来，大量のユーザーを抱え，興味深い機能を開発してきた．本章では，データサイエンスを用いてこのソーシャルネットワークを理解していく．これまでの章で学んだように，Flickrからのデータの取得方法を学んだ上で，具体的な事例についての分析を進める．また，良い分析のためにはドメイン知識が必要である．本章では，ドメイン知識として写真についての知識も学んでいく．それでは早速始めよう！　はいチーズ！

7.1 ｜ 画像化された世界

　スマートフォンで撮影した写真をさまざまなフィルタで加工し，メッセージとともに短時間だけ共有するインスタントなプラットフォームと言えば，Snapchat, Instagram, Prismaといったサービスを思い浮かべる人が多いだろう．これらの若いプラットフォームが生まれて主流になる一方で，Flickrはこれらのインスタントなサービスの対極に位置するサービスを提供してきた．

　FlickrはLudicorp社によりゲームビジネスの副業として2004年に開発され，瞬く間に世界中で数百万のユーザーを獲得した．複数回のインターフェイスの変更，機能の追加，そしてオーナーの変更（最近まではYahoo!）を経験しながらも，Flickrは一貫して写真共有プラット

フォームであり続けた．Flickr は，写真を共有し，それについて話し，評価し合うというサービスを，一般のユーザーのみならずアマチュアやプロの写真家にも提供してきた．

　Flickr は，写真を愛好する人たちのソーシャルネットワークサービスとして，最古参のサービスの一つであり，今となってはどんなソーシャルネットワークでも持っているような，写真をアップロードし，コメントをつけ，お気に入りに入れ，他の写真を検索するという機能を備えている．これらの機能のほかに，Flickr は著作権に関連する機能を実装しており，これは世界中のプロの写真家に幅広く使われている．しかし，Flickr を写真共有プラットフォームとして魅力的なものとする特徴は，これだけではない．

　Flickr はサービス開始当初から，データを用いてユーザー行動を理解・改善し，コンピュータビジョン技術や物体認識技術をサービスに活用してきた最先端の企業だった．1 億人以上のアクティブユーザーを持ち，毎日 100 万以上の写真がアップロードされ，100 億以上の写真がシェアされている Flickr は，データサイエンスや機械学習を含む，さまざまな分野の研究を後押しするデータに満ちている．

　また，Flickr のもう一つの特徴として「面白い写真」(interestingness) と呼ばれる機能がある[1]．これは，アップロードされた写真から，多くの属性やパラメータを用いて写真を選択し，ログインしたユーザーに対して検索ページで提示するアルゴリズムである．アルゴリズムの詳細は公開されておらず，世界中の研究者や写真家がその謎の解明に取り組んできた．本章では，この機能を利用し，データに隠された知見を引き出していく．

7.2 Flickr のデータにアクセスする

　Flickr について簡単な紹介が済んだところで，早速データの取得に進もう．これまでのソーシャルネットワークサービスと同様，Flickr はアプリを登録するタイプの API を通じてデータを取得できる．本章で扱う事例に備えて，R パッケージを介してデータを取得するのではなく，Flickr が公開している最新の仕様の API を直接呼び出す方法を検討する．なお，Flickr のデータセットは，StackExchange のようにダンプされたデータとしても提供されているが，一部は非公式のものである．本章では，ダンプされたデータセットは扱わない．

　Flickr の API は，JSON，XML，SOAP などの複数のフォーマットでレスポンスを返す．開発者向けの API キットも提供されており，C，Java，Python といったプログラミング言語に対応しているが，残念ながら R に対応したものはない．R のパッケージで Flickr API に対応したものも開発されているが，多くは最新仕様に追いついておらず問題がある．

　Flickr の API リストは，https://www.flickr.com/services/api/ で参照できる．

---

[1] 訳注：現在は一機能ではなく "interesting" というタグで管理されている．

第 7 章　Flickr のデータ分析

　Flickr の API メソッドは，activity，auth，interestingness，groups，favorite など，目的に応じたカテゴリに分類されている．事例の目的に沿って API メソッドを使い分けていこう．

▶ 7.2.1　Flickr にアプリを登録する

　Flickr にアプリを登録する流れは簡単である．各事例で利用できるように，順を追って説明していこう．

　まず，Flickr のアカウントを準備しよう．これらのアカウントで https://www.flickr.com/services/apps/create/ にアクセスし，"Request an API Key" のリンクをクリックする（図7.1）．

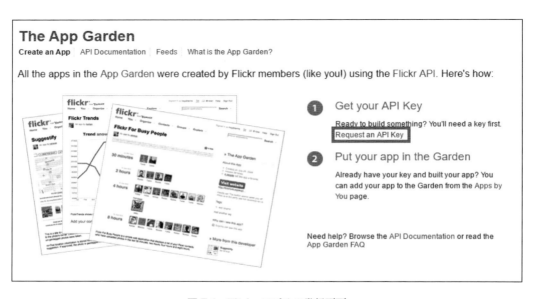

図 7.1　Flickr アプリの登録画面

　次の画面で，API の利用目的に応じたオプション（商用/非商用）を選択する．

　図 7.2 に示す画面は，アプリの詳細について入力する画面である．必要な情報を入力するフォームが表示されている．

　情報を入力し送信すると，最後の画面に，登録したアプリの詳細が，API キーとシークレットトークンとともに表示される．これで，Flickr の "The App Garden" にアプリが登録されたことになる．"The App Garden" は Flickr のアプリが登録されたリポジトリであり，Flickr のデータおよび API を利用して何ができるかのインスピレーションを得るのに適した場所である．図 7.3 の画面は，登録したアプリについてのスクリーンショットである．

　このページは，"API Terms of Use"，"API Documentation"，"Flickr API Group"，"Community Guidelines" といった API の関連情報も表示している．データを利用する前に，この一連の情報に目を通しておこう．

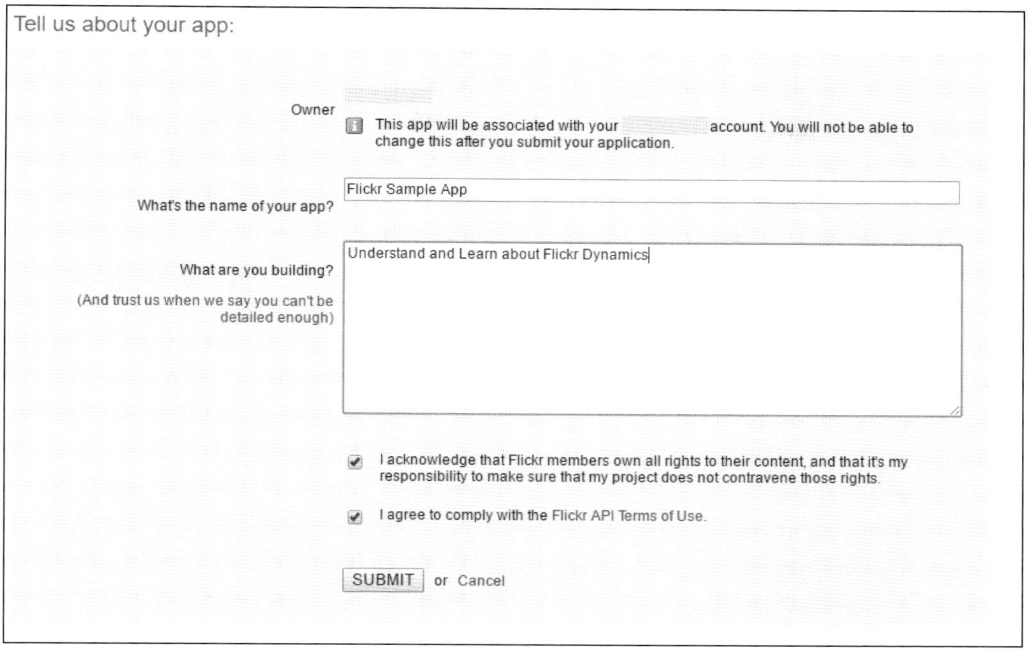

図 7.2 アプリの詳細の入力画面

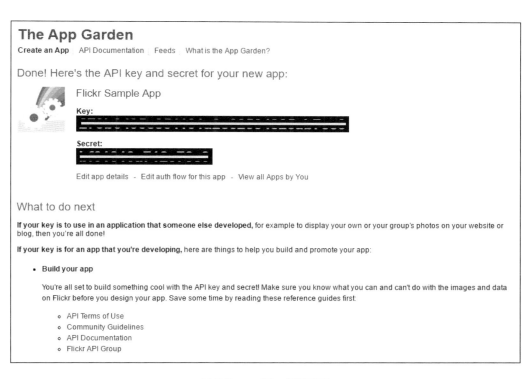

図 7.3 アプリの準備完了

7.2.2　R との接続

これで，Flickr にアプリを登録し，認証情報を取得することができた．次は，API への接続を試してみよう．

先述したように，ここでは時代遅れになった R パッケージは利用せずに，Flickr の API を直接利用する．これは，パッケージに頼ってデータを抽出すると意識することがない，ヘルパーメソッドや抽象化について学ぶ良い機会を与えることにもなる．また，パッケージ利用については，API が開発途上の場合，パッケージは強い必要性がない限り，API の仕様変更に対応していかないという問題がある．

API の直接利用に際して，`httr` パッケージの `oauth_app` 関数を利用することで，Flickr への接続およびデータの抽出を実行する．以下のコードは，R を用いて Flickr に接続し，必要な変数を準備する．

```
library(httr)

api_key <- "XXXXXXXXXXXXXXXXXXXXXXXXXXXXXXXX"
secret <- "XXXXXXXXXXXXXXXX"

flickr.app <- oauth_app("Flickr Sample App",api_key,secret)

flickr.endpoint <- oauth_endpoint(
  request = "https://www.flickr.com/services/oauth/request_token",
  authorize = "https://www.flickr.com/services/oauth/authorize",
```

図 7.4　アプリの認証に関連するページ

```
  access = "https://www.flickr.com/services/oauth/access_token"
)
tok <- oauth1.0_token(
  flickr.endpoint,
  flickr.app,
  cache = F
)
```

このコードを実行すると，図7.4のスクリーンショットのようにFlickrの認証ページが開き，アプリの認証，および許可または禁止するAPIメソッドの確認を求められる．"OK, I'LL AUTHORIZE IT" ボタンを選択すると，認証情報が確定され，図7.5の画面が表示される．

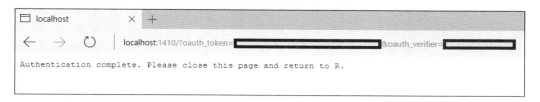

図7.5 認証情報の確認完了

これでRからFlickrに接続する準備が完了した．早速データを取得・分析し，知見を得るプロセスに進もう．

▶ 7.2.3 Flickrデータを使ってみる

本格的な分析に進む前に，APIを介してデータのサンプルを取得し，その構造を確認しよう．以下は，APIのinterestingnessメソッドを用いて，昨日から今日までの「面白い写真」を取得するコードである．httrパッケージのGETメソッドを用いてAPIにアクセスし，データを取得する．

```
raw_sample_data <- GET(url=sprintf(
  "https://api.flickr.com/services/rest/?method=flickr.interestingness.getList&api_key=%s&date=%s&format=json&nojsoncallback=1",
  api_key, format( Sys.Date()-1, "%Y-%m-%d"), tok$credentials$oauth_token
) )
```

返ってくるデータ構造は，複数の属性を有するリストである．この中で最も重要な属性は，$status_code と $content である．$status_code にはステータスコードが格納されている．ステータスコードが200なら正常であり，そのとき何らかのデータがレスポンスとしてサーバから返されているはずである．先のコードでは，URL内でレスポンスをJSONで返すように指定していたため，$content はJSONとしてパースすることで構造を読み取ることができる．

response オブジェクトはいくつかの前処理を必要とするので，ここでpipeRパッケージを利用することとする．このパッケージは，一連の操作を連結する %>>% という演算子を提供している．この演算子を用いて，Flickr APIから取得したデータの $content から必要なデータを

抽出する．また，JSON のハンドリングには，jsonlite パッケージの関数を利用する．

 pipeR パッケージの詳細については，https://renkun.me/pipeR-tutorial/ の
チュートリアルを参照．

以下のコードは，$content の下に位置する $photos 属性に格納された写真に関する情報を抽出することで，生の response オブジェクトをデータフレームに整形する．

```
# 関連する写真データを抽出
processed_sample_data <- raw_sample_data %>>%
                  content(as="text") %>>%
                  jsonlite::fromJSON ()%>>%
                  data.frame(
                      date = format( Sys.Date() - i, "%Y-%m-%d"),
                      .,
                      stringsAsFactors=F
                  )
```

このコードから，図 7.6 に示すようなデータフレームが生成される．

	date	photos.page	photos.pages	photos.perpage	photos.total	photos.photo.id	photos.photo.owner
1	2017-04-13	1	5	100	500	33889334161	70992083@N07
2	2017-04-13	1	5	100	500	34008897645	28306652@N03
3	2017-04-13	1	5	100	500	34004112525	136761463@N05
4	2017-04-13	1	5	100	500	33964817906	88576252@N00
5	2017-04-13	1	5	100	500	33631068610	55032983@N07
6	2017-04-13	1	5	100	500	33633604560	10641418@N00
7	2017-04-13	1	5	100	500	34014561785	89187987@N03
8	2017-04-13	1	5	100	500	33964869026	34368269@N04
9	2017-04-13	1	5	100	500	33846511952	100360106@N04

図 7.6　Flickr から取得したサンプルデータ

以上の例では，1 日の「面白い写真」のデータを API を介して取得し，データフレームに変換した．今後の事例で再利用できるように，ユーティリティ関数を定義しておこう．以下のコードは，定義したユーティリティ関数（getInterestingData）を用いて，3 日間のデータを抽出する例である．

```
# 一定期間のデータを抽出

# 期間を指定
daysAnalyze = 3

raw_sample_data <- lapply(1:daysAnalyze,getInterestingData) %>>%
            # 指定した期間のすべてのデータを結合
            ( do.call(rbind, .) )
```

7.3 Flickr データを理解する

前節では，試しにデータを取得してみた．ここでは，Flickr から取得できるデータについて理解を深めていこう．前章までで利用してきた httr，dplyr，pipeR などの R パッケージを利用し，コードを作成していく．

まず，先ほど定義したユーティリティ関数を用いて，API の interestingness メソッドで 10 日間のデータを取得しよう．

```
# 取得するデータの日数を設定
daysAnalyze = 10
interestingDF <- lapply(1:daysAnalyze,getInterestingData) %>>%
                ( do.call(rbind, .) )
```

このコードを実行して得られるデータフレームには，data，photo.id，photo.owner，photo.title といった属性が含まれている．このデータフレームは，指定した期間に「面白い写真」とされた写真の外面的な情報は含んでいるものの，写真の内容についての情報はほとんど含んでいない．

したがって，次のステップとしては，過去 10 日間に「面白い写真」とされたこれらの写真について，写真が示す内容を表す属性を抽出する操作が必要になる．しかし，その前に，EXIF について簡単に紹介しておこう．

▶ 7.3.1 EXIF について理解する

EXIF（exchangeable image file format）とは，デジタルカメラやスマートフォンなどのデバイスが，画像，音，ビデオなどに関連する情報を操作したり保存したりするためのデータフォーマットである．1990 年代の半ばに発表されて以来，長い間業界標準の地位を占めており，写真を扱うデジタルデバイスにおいて広く使われてきた．EXIF は，画像，音，ビデオがデジタルデバイスにおいてどのように保存され，Adobe Photoshop や Gimp といった編集ソフトによってどのように編集されたかを表すメタデータを定義している．

画像ファイルでよく利用されているメタデータの例を，以下に挙げる．

- 日付，時刻の情報
- 焦点距離，レンズ口径，ISO といったカメラの設定
- デバイスのモデル名，製造情報，レンズのタイプ，レンズのモデルといった機器に関する情報
- 著作権および説明

EXIF は，ソフトウェアやハードウェアによるデジタル画像の操作に利用されるだけでなく，プロの写真家にとっても必須のものとなっている．写真家は，撮影した写真に関して，撮影方法や用いたカメラ，レンズの種類についての詳細を EXIF に記録しておくことで，利用するカメラのメーカーに依存せず，統一したフォーマットで撮影条件を管理できるのである．

243

第 7 章　Flickr のデータ分析

図 7.7 に，ある写真の EXIF 情報を示す．

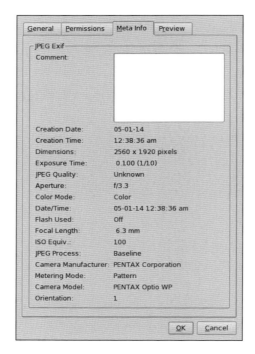

図 7.7　EXIF のサンプル（出典：Sysy~commonswiki - Own work, Public Domain, https://commons.wikimedia.org/w/index.php?curid=1468710）

このように，分析対象ドメインの背景を理解しておくと，分析を進める上での助けになる．EXIF の基礎知識を得たところで，先に抽出した「面白い写真」の EXIF 情報を取り出すステップに進もう．

ドメイン知識として，焦点距離，レンズ口径，ISO といった属性についても調べておこう．Flickr データの詳細を検討し，そこから知見を引き出す上できっと助けになるだろう．

「面白い写真」を取得する API と同様に，Flickr は EXIF 情報を抽出する API エンドポイントも有している．EXIF 情報を抽出する際には，画像ごとの `photo.id` と `photo.secret` を利用する．これは先ほどのデータフレームに格納されている．EXIF 情報を抽出する簡単なユーティリティ関数を以下に示す．

```
# 画像から EXIF 情報を抽出するユーティリティ関数
getEXIF <- function(image){
  exif <- GET(url=sprintf(
    "https://api.flickr.com/services/rest/?method=flickr.photos.getExif&api_key=%s&photo_id=%s&secret=%s&format=json&nojsoncallback=1",
    api_key,
```

```
    interestingDF[image,"id"],
    interestingDF[image,"secret"]
    )
  ) %>>%
  content( as = "text" ) %>>%
  jsonlite::fromJSON ()
}
```

このユーティリティ関数を interestingDF データフレームに格納された各画像データに対して繰り返し適用することで，それぞれの EXIF 情報を抽出することができる．

 EXIF 情報は Flickr において必須情報ではないため，格納されていない場合や，部分的に情報が欠損している場合があることに注意しよう．

以下のコードは，各画像の EXIF 情報を抽出する．

```
# interestingDF 内の各画像の EXIF 情報を抽出
exifData <- lapply(1:nrow(interestingDF),getEXIF)
```

さて，exifData オブジェクトから EXIF 情報の各属性を抽出するステップに進む．「面白い写真」の場合と同様，EXIF に関する API のレスポンスも，ネストされた複雑な構造になっている．pipeR, rlist, dplyr の各パッケージを利用して，ここから必要な属性を抽出する．以下のコードは，exifData オブジェクトから ISO とカメラメーカーの属性を抽出する．

```
# 特定の属性を EXIF データから抽出
# ISO
iso_list <- as.numeric(exifData %>>%
                       list.map(as.numeric(
                         as.data.frame(.$photo$exif)[
                           which(.$photo$exif["label"]=="ISO,
                           Speed"),"raw"]))
                       )
# メーカー情報を抽出
make_list <- exifData %>>%
             list.map(unlist(
               as.data.frame(
                 .$photo$exif)[
                   which(.$photo$exif["label"]=="Make"),
                   "raw"] )[1] %>>% as.character
             ) %>>% as.character
# メーカー情報が欠測している場合の対応
make_list <- ifelse(make_list=="character(0)",
                    NA,
                    make_list)
```

同様のコードで，焦点距離，ホワイトバランス，測光モードといった，撮影前後における処理のパラメータの詳細を取得できる．

第 7 章　Flickr のデータ分析

 先のコードは若干複雑で，説明が不足しているように見えたかもしれないが，これは 7.2.3 項において「面白い写真」についてのデータフレームを作成した際と同じ内容である．pipeR や rlist などのパッケージについて学んでおくと，コードの意味もより明確になるだろう．また，先のコードは理解のしやすさを優先したものであり，より簡潔でより実行速度が速く，かつ同一の結果を導くコードを書くことも可能である．ぜひコードの改善に取り組んでほしい．

取得した EXIF 情報の各属性をデータフレームに追加しよう．

```
# EXIF 情報の属性をデータフレームに追加
interestingDF$iso <- iso_list
interestingDF$make <- make_list
interestingDF$focal_length <- focal_list
interestingDF$white_balance <- whiteBalance_list
interestingDF$metering_mode <- meteringMode_list
```

属性を追加して更新されたデータフレームは，図 7.8 に示すとおりである．これまでのステップで抽出してきた EXIF 情報が，すべて含まれている．

iso	make	focal_length	white_balance	metering_mode
160	NIKON CORPORATION	24.0	Manual	Multi-segment
100	Canon	100.0	Manual	Spot
100	Canon	17.0	Auto	Multi-segment
100	Canon	50.0	Auto	Multi-segment
3200	Canon	NA	Manual	Multi-segment
100	SONY	85.0	Manual	Spot
NA	NA	NA	NA	NA
50	SONY	130.0	Manual	Multi-segment
NA	NA	NA	NA	NA
160	Canon	182.0	Auto	Multi-segment
100	Canon	58.0	Auto	NA

図 7.8　EXIF 情報を追加した `interestingDF` データフレーム

Flickr は各写真の閲覧回数の情報も提供している．閲覧回数を取得するには，API エンドポイントの一つである `getInfo` を用いたユーティリティ関数を作成する必要がある．このエンドポイントは，各写真のタグと閲覧回数を返す．以下のコードは，先のデータフレームをベースに，各写真の閲覧回数を取得する．

```
# タグおよび閲覧回数を取得
tagData <- lapply(1:nrow(interestingDF), getInfo)

# 写真の閲覧回数
views_list <- as.numeric(tagData %>>%
                          list.map(
```

7.3 Flickr データを理解する

```
                   unlist(.$photo$views)) %>>%
                   as.character)
```

このコードを実行して取得した属性を，これまで利用してきた `interestingDF` データフレームに追加すると，EXIF 情報と閲覧回数を含んだデータフレームが完成する．これを使ってまず予備的な分析から始めよう．

図 7.9 に，`summary` 関数を使って得られたデータフレームのサマリを示す．

```
> summary(interestingDF[,c('iso','make','focal_length','white_balance','metering_mode','views')])
      iso               make            focal_length      white_balance      metering_mode          views
 Min.   :   20.0   Length:994        Min.   :  0.00   Length:994        Length:994        Min.   :   843
 1st Qu.:  100.0   Class :character  1st Qu.: 19.25   Class :character  Class :character  1st Qu.: 13543
 Median :  200.0   Mode  :character  Median : 50.00   Mode  :character  Mode  :character  Median : 25423
 Mean   :  588.5                     Mean   :135.45                                       Mean   : 37464
 3rd Qu.:  400.0                     3rd Qu.:129.10                                       3rd Qu.: 61411
 Max.   :25600.0                     Max.   :850.00                                       Max.   :151069
 NA's   :316                         NA's   :335
```

図 7.9 `interestingDF` データフレームのサマリ

このサマリを見ると，データの質をざっと把握することができる．最小値/最大値の類や他の統計値はさておき，各属性にわたり，得られたデータがだいたい 65〜70% であることに注目しよう．欠測については，ドメイン知識やこれまでの章で学んだ方法を用いて対応するとよいだろう．また，データが減ってしまうことを許容できるなら，欠測のある行を削除するというのも手である．

ここからは，データについて理解を深めるために，`ggplot2` パッケージを用いていくつかの属性を可視化してみよう．以下は，メーカーごとの写真数をプロットするコードである（図7.10）．

```
# メーカーごとの画像数をプロット
ggplot(interestingDF[!is.na(interestingDF$make),], aes(make)) +
  geom_bar() +
  coord_flip() +
  labs(x="Make", y="Image Counts", title="Make wise Image distribution" ) +
  theme_ipsum_rc(grid="XY")
```

図 7.10 のプロットから，「面白い写真」はキヤノンとニコンのカメラを用いて撮影された写真が圧倒的に多いことがよくわかる．この 2 大メーカーに他のデジタル一眼レフカメラのメーカーが続いている．一方，Apple の iPhone などのスマートフォンは，ほとんど使われていない．

このプロットからは，さらに興味深い知見が得られる．それは，カメラのメーカーについては，多少前処理が必要であるということである．プロットをよく見ると，ニコンやオリンパスなど，いくつかのメーカー名が重複していることがわかる．これは EXIF 情報の一部としてメーカー名を取得しているからであり，モデルの違いや，写真を加工したソフトウェアなどの影響が考えられる．

247

第 7 章 Flickr のデータ分析

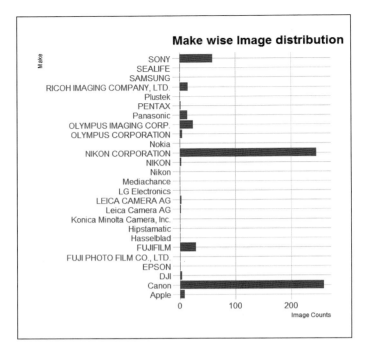

図 7.10　メーカーごとの写真数

同様のやり方で，測光モードの分布も確認してみよう．ここでも ggplot2 パッケージを用いて可視化を行う（図 7.11）．

```
ggplot(interestingDF[!is.na(interestingDF$metering_mode),], aes(metering_mode)) +
  geom_bar() +
  coord_flip() +
```

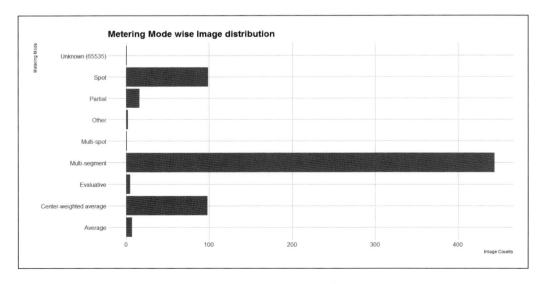

図 7.11　測光モードの分布

```
labs(x="Metering Mode", y="Image Counts",
     title="Metering Mode wise Image distribution" ) +
theme_ipsum_rc(grid="XY")
```

　測光モードはマルチセグメントが最も好まれており，スポットや中央重点測光が続いている．スポットや中央重点測光を利用した写真が多いということは，ポートレートもしくは中央に被写体を位置させた写真が多いということである．より深い分析には測光モードについての知識が必要であり，本章の範囲を超えるため省略する．

7.4 　「面白い写真」を理解する —— 類似度

　本章では，Flickrとその「面白い写真」機能をテーマとして扱っている．「面白い写真」は毎日アップロードされる無数の写真から，その名のとおりユーザーが興味を持ちそうな写真を抽出する機能だが，そのアルゴリズムは謎に包まれている．Flickrの「面白い写真」にはさまざまな撮影スタイルの写真が選ばれており，そこには写真家の匠の技で撮られた写真も多数含まれる．「面白い写真」機能は，このような写真の中からユーザーの興味を惹きそうなものをピックアップしてくれる．

　本節の分析では，どのようなタイプの写真が「面白い写真」としてピックアップされているかを把握し，それらの写真間の類似性を理解していく[2]．

　この機能については，素晴らしい写真を提示してくれるということがわかっているだけで，仕掛けはまったくわからない．そこで，機械学習における教師なし学習を用いることとする．

　具体的な手法として，その簡便さゆえ広く使われている *k*-means クラスタリングを，まず試してみよう．*k*-means クラスタリングは簡便なだけでなく，クラスタリングアルゴリズムの詳細を理解しやすいため，多くの分野の多岐にわたるデータに対して利用されてきた．

　データセットの準備から始めよう．前節で用いた interestingDF データフレームに少し修正を加えたものを利用する．まず，interestingDF において特定の属性に欠測が含まれない行を抽出する．ここでは，iso，focal_length，views の各属性に欠測がある行を削除するが，あなたが分析を行う際は，ここに他の属性を追加しても構わない[3]．以下は，この操作を実行するコードである．

```
# 特定の属性に欠測がある行を除去
nomissing_interesting <- na.omit(interestingDF[,c('iso','focal_length','views')])
```

---

[2] 訳注：具体的には，選択した三つの指標を対象にクラスタリング手法を適用して，写真をいくつかのクラスタに分け，各クラスタの特徴をそれらの指標から把握する．

[3] 訳注：ここで原著者が ISO，焦点深度，閲覧回数を選択している理由は，本来目指す分析目的からではなく，このあとのクラスタリングの結果解釈の際に，カテゴリ型のデータより数値型データのほうが一つの図にまとめやすいからと考えられ，この分析から有用な知見が得られているとは言えないかもしれない．実際にあなたが分析を進める際には，目的に沿った形で属性を選択してほしい．

▶ 7.4.1 適切な k の値を探す

k-means クラスタリングは簡便で使いやすいアルゴリズムである．しかし，簡便であることはデメリットにもなり，その一つにクラスタの数である k をユーザーが決める必要があることが挙げられる．本節のタスクは教師なし学習のタスクであり，われわれはいくつのクラスタがこの中にあるのかを知らない．とはいえ，これは決して希望のない状況ではない．いくつかの手順を経ることで，適切な k を設定できるのである．

適切な k を設定するための方法はいくつかあり，最も単純な方法は試行錯誤を繰り返すことであるが，ここではエルボー法とシルエット法を利用する．分析に入る前に，この二つの方法を簡単に紹介しておこう．

[1] エルボー法

どんなクラスタリングアルゴリズムにおいても，クラスタの凝集性の度合い（cohesiveness）は，そのアルゴリズムの質を示す指標となる．凝集性は，そのクラスタに所属するデータ点が，クラスタの中心点にどれだけ近いかを示す．凝集性の測定指標として，ここでは「クラスタ内誤差平方和」を用いる．これを利用して，本節のデータセットにおける適切な k の値を求めることにしよう．k の値を増やしていき，それに伴ってクラスタ内誤差平方和の値が減少し，プラトーに達するのを待つ．言い換えれば，k を引数としてクラスタの分散を表現する関数の挙動を見ているとも言える．k を横軸，クラスタ内誤差平方和を縦軸にとってプロットすると，変曲点，つまり一定の k を超えたところでこれ以上大きな変動がなくなる点が現れる．つまり，この点が最適な k である．

なお，エルボー法は，k についておおよその最適値を示してくれるに過ぎない．とはいえ，最適な k を見つける上で有効な方法であることは間違いない．図 7.12 のプロットは k に対するクラスタ内誤差平方和の変化を示している．ここでの変曲点つまりエルボー点は 5 であることがわかる．

[2] シルエット法

エルボー法は k の探索範囲を限定していき，最終的に意味のある値を得る方法である．さらに正確な値を得るために，シルエット法と呼ばれる別の方法も紹介しよう．

エルボー法は k に依存する関数としてクラスタ内誤差平方和を利用していたが，これは他の因子を考慮していない．シルエット法は，そのような因子の一つとして非類似度を利用する．

シルエット法は，クラスタ内で所属するデータ点がどれだけ近くに位置しているかと，他のクラスタからどれだけ離れているかを評価し，それらを融合したシルエット値を指標として用いる．つまり，シルエット法は凝集性とクラスタ間の分割度合いの両方を考慮している．各データ点におけるクラスタとのマッチ度は -1〜1 の値をとり，1 が最良である．

数式で表現すると，以下のようになる．

$$s(i) = \frac{o(i) - c(i)}{\max\{o(i), c(i)\}}$$

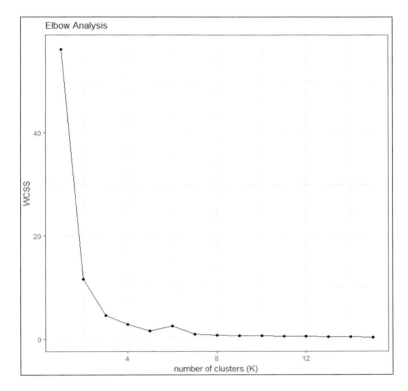

図 7.12　k-means クラスタリングにおけるエルボー法

ここで，各変数の意味は以下のとおりである．

- $s(i)$：データ点 i におけるシルエット値
- $o(i)$：i が所属していないクラスタにおける非類似度の平均値の最小値
- $c(i)$：i が所属するクラスタにおける他のデータ点との非類似度の平均値

各クラスタに所属するすべてのデータ点の $s(i)$ の平均値は，データ点がどれだけ各クラスタにおいて凝集しているかを示している．図 7.13 は，シルエットプロットの一例である．この図において色付けされたシルエットは，各クラスタに所属する各データ点の $s(i)$ を示している．なお，全体の $s(i)$ の平均値が図の下部に示されている．この図において，各クラスタのシルエットの幅は，そのクラスタに所属するデータ点の数を反映している．

k-means クラスタリングにおいて k を見つける方法がわかったので，実際の分析に入ることにしよう．ここでは，その使いやすさから，stats パッケージの kmeans 関数を利用する．この関数は，データフレームとクラスタ数を入力としてとり，そのデータに最適な結果を返す．

最適な k の調査には，エルボー法を利用しよう．以下のコードは，k を 1 から 15 まで変化させ，kmeans 関数で得たクラスタ内誤差平方和のベクトルを withiness_vector に格納する．

```
# エルボー法を利用
withiness_vector <- 0.0
for (i in 1:15){
```

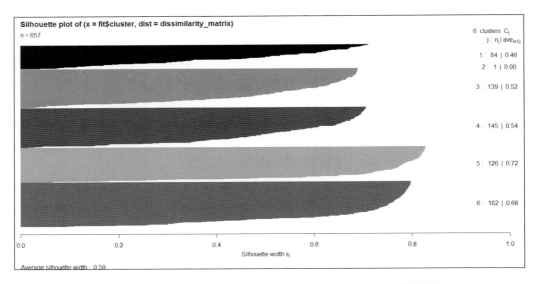

図 7.13 *k*-means クラスタリングにおけるシルエット法（口絵参照）

```
withiness_vector[i] <- sum(kmeans(nomissing_interesting,
                          centers=i)$withiness)/(10^10)
}

# プロットするためのデータフレームを準備
eblowDF <- data.frame(withiness_vector,1:15)
colnames(eblowDF) <- c("withiness",
                       "cluster_num")
```

k ごとのクラスタ内誤差平方和が得られたので，エルボーとなる点を把握しよう．以下のコードは，`ggplot2` パッケージを用いてエルボー法の結果をプロットする（図 7.14）．

```
# クラスタ数に応じたクラスタ内誤差平方和をプロット
ggplot(data = eblowDF,
       aes(x = cluster_num,
           y = withiness)) +
geom_point() +
geom_line() +
labs(x = "number of clusters",
     y = "scaled withiness",
     title="Elbow Analysis") +
theme_ipsum_rc()
```

このプロットでは，クラスタ内誤差平方和は，k が 4 以上になるとほぼ一定となっており，最適な k は 4 であることがわかる．

ここで得られた k の値が妥当であることを確認するために，k を 3, 4, 5, 6 と変化させて，シルエットプロットを描いてみよう．以下のコードは，`cluster` パッケージの `daisy` 関数を用いて非類似度の行列を生成し，$k=4$ におけるシルエットプロットを作成する．

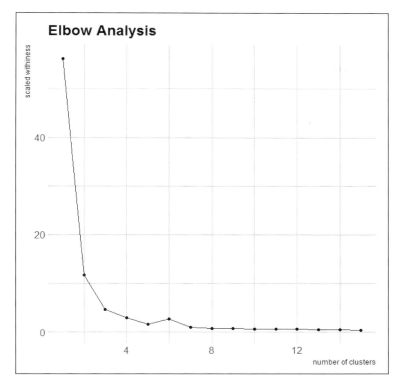

図 7.14 「面白い写真」のエルボープロット

```
# シルエット法を利用
dissimilarity_matrix <- daisy(nomissing_interesting)
plot(silhouette(fit$cluster, dissimilarity_matrix),
     col=1:length(unique(fit$cluster)),border=NA)
```

シルエットプロットから，$k=4$ における $s(i)$ の平均値は 0.65 であり，$k=5$ や $k=6$ の場合よりも大きいという結果が得られる．図 7.15 は検討用のプロットである．このプロットでは各クラスタの幅はほぼ同一であり，これは所属するデータ点の数がおおむね等しいことを示している．

最適な k が把握できたので，この k を用いて，interestingDF データフレームに k-means クラスタリングを適用した結果を出力しよう．すなわち，次のステップは，各クラスタの可視化である．クラスタリング結果から得られる fit オブジェクトの cluster 属性を用いて，各データ点を所属するクラスタに割り当てる．そして，焦点距離の分布は非常に幅が狭いため，ddply 関数を用い，各クラスタの焦点距離の最大値を参照値として結果を集約する．また，ここで fl_bin という属性を追加する．これは，焦点距離を七つの区分に分けて各データ点を割り当てたカテゴリ値である．以下のコードを実行すると，集約した結果が得られる．

```
# 結果を集約
cluster_summary <- ddply(nomissing_interesting,
                         .(iso, views,cluster_num),
                         summarize,
```

第 7 章　Flickr のデータ分析

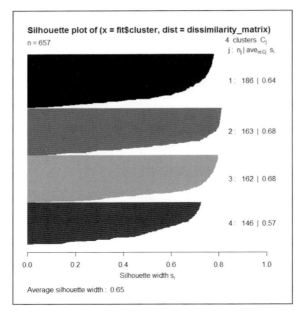

図 7.15　$k=4$ の場合のシルエットプロット

```
                   focal_length=max(focal_length))
# プロットするために焦点距離をカテゴリに変換
cluster_summary$fl_bin <- sapply(cluster_summary$focal_length,binFocalLengths)
cluster_summary$fl_bin <- as.factor(cluster_summary$fl_bin)
```

　クラスタリングされた各データ点をどのようにプロットするかが，最後の課題である．ここでは，再び ggplot2 パッケージを用いる．以下のコードは，各クラスタの占める領域およびデータ点を描画する．iso, views, focal_length の三つの属性を可視化し，各クラスタを色分けする．x 軸，y 軸にそれぞれ views, iso をとり，各データ点は焦点距離のカテゴリに応じた印で表す．

```
# データ点とクラスタの占める領域を描画
ggplot(data = cluster_summary,
       aes(x = views,
           y = iso ,
           color=factor(cluster_num))) +
  geom_point(aes(shape=fl_bin)) +
  scale_shape_manual(values=1:nlevels(cluster_summary$fl_bin)) +
  geom_polygon(data = hulls[hulls$cluster_num==1,],
               alpha = 0.1,show.legend = FALSE) +
  geom_polygon(data = hulls[hulls$cluster_num==2,],
               alpha = 0.1,show.legend = FALSE) +
  geom_polygon(data = hulls[hulls$cluster_num==3,],
               alpha = 0.1,show.legend = FALSE) +
  geom_polygon(data = hulls[hulls$cluster_num==4,],
               alpha = 0.1,show.legend = FALSE) +
  labs(x = "views", y = "iso",title="Clustered Images") +
  theme_ipsum_rc()
```

図7.16 は，このコードを実行して得られるプロットである．

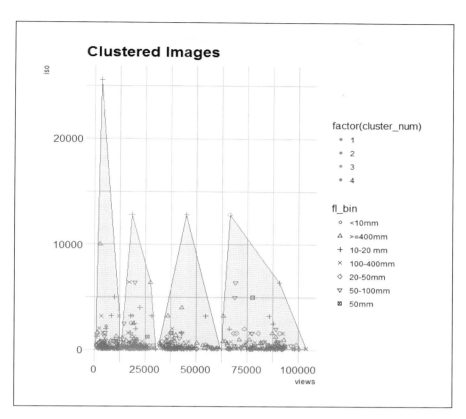

図 7.16　クラスタごとに色分けした ISO および閲覧数の分布（口絵参照）

図 7.16 のプロットからわかるように，このデータセットにおいては，うまくクラスタリングできているようである．各クラスタは閲覧数で分かれており，焦点距離はそれらのクラスタを越えてさまざまに分布している．また，クラスタ番号 2, 3, 4 において ISO が最大となっている写真は，すべて 10〜20mm の焦点距離のレンズで撮影されている．

各クラスタの詳細を確認していくことで，隠された知見がさらに見えてくるだろう．これは読者の宿題としておきたい．

7.5　あなたの写真は「面白い写真」に選ばれるか？

ここまでで，われわれは多大な労力を払って，Flickr からデータを抽出し，前処理を行い，データを分析してきた．また，教師なし学習を用いて，「面白い写真」にどのようなパターンがあるかを把握しようとしてきた．その結果，Flickr が「面白い写真」を選択する際に利用しているであろうそれらの写真に潜むパターンに迫ることができた．

255

第7章　Flickr のデータ分析

さて，ここからは本章で利用してきたメタデータの属性を用いて「所与の写真が「面白い写真」に選ばれるか否か」を検討してみよう[4].

▶ 7.5.1　データを準備する

先の質問に回答するための分類器を構築する前に，追加のデータを取得しておこう．7.3 節で取得した 10 日分の「面白い写真」に関するデータに加えて，「面白い写真」に選ばれなかったデータも取得する．「面白い写真」を取得する際に用いたのと同様の方法で，getpublicphotos API を利用してデータを取得しよう．

以下のコードを用いて，user_id を与えると getpublicphotos API からデータを取得する，getPhotosFromFlickr というユーティリティ関数を作成する．

```
# user_id を与えると flickr.people.getpublicphotos を用いて対応する写真を取得する関数
getPhotosFromFlickr <- function(api_key,
                                token,
                                user_id){
  GET(url=sprintf(
    "https://api.flickr.com/services/rest/?method=flickr.people.getpublicphotos&api_
key=%s&user_id=%s&format=json&nojsoncallback=1",
    api_key, user_id,
    token$credentials$oauth_token
  )) %>>%
  content( as = "text" ) %>>%
  jsonlite::fromJSON () %>>%
  ( .$photos$photo ) %>>%
  ( data.frame(. ,stringsAsFactors=F
  ))
}
```

写真の EXIF 情報と閲覧数を取得する際に用いたユーティリティ関数も，再利用する．以下のコードは，これまで作成してきたユーティリティ関数を用いて，user_id に対応する写真データをデータフレームの形で返す関数を定義する．

```
# user_id に対応する写真を取得
getUserPhotos <- function(api_key,
                          token,
                          user_id){

  # user_id に対応する写真をデータフレームの形で取得
  photosDF <- getPhotosFromFlickr(api_key,token,user_id)

  # 各写真の EXIF 情報をデータフレームの形で取得
  photos.exifData <- getEXIF(api_key,photosDF)

  # 写真撮影時の ISO
  iso_list <- extractISO(photos.exifData)
```

---

[4] 訳注：本節では，既存の写真が「面白い写真」として検索ページに表示されているか否かを教師データとして，複数の属性を特徴量に用いた予測モデルを構築する．この際，検索ページに表示されていないデータを別の API から取得していることに注意してほしい．

256

7.5 あなたの写真は「面白い写真」に選ばれるか？

```
# 写真撮影機材のメーカー
make_list <- extractMakes(photos.exifData)

# 写真の焦点距離
focal_list <- extractFocalLength(photos.exifData)

# ホワイトバランス
whiteBalance_list <- extractWB(photos.exifData)

# 測光モード
meteringMode_list <- extractMeteringMode(photos.exifData)

# 上記の属性をデータフレームに追加
photosDF$iso <- iso_list
photosDF$make <- make_list
photosDF$focal_length <- focal_list
photosDF$white_balance <- whiteBalance_list
photosDF$metering_mode <- meteringMode_list

# 閲覧数を取得
photosDF$views <-    getViewCounts(api_key,photosDF)

as.data.frame(photosDF)
}
```

　結果として得られるデータフレームは，interestingDF に含まれる属性にいくつかの属性を追加したものである．次に，これらの属性を適切な型に変換する必要がある．

　多くの分類器のアルゴリズムは，入力値を数値として求める．ここでのデータセットでは，iso，focal_length，views はすでに数値となっているが，ホワイトバランスや測光モードなどの撮影時の設定は数値ではない．この設定は結果に大きな影響を与えるため，因子型に変換することにしよう．

　以下のコードは，分類器のアルゴリズムに合うように型変換を行う．

```
# 分類器を構築するための，データフレームの型変換
prepareClassifierDF <- function(classifyDF){

  # ホワイトバランスを因子型に変換
  classifyDF$white_balance <- as.factor(classifyDF$white_balance)

  # 測光モードを因子型に変換
  classifyDF$metering_mode <- as.factor(classifyDF$metering_mode)

  # メーカーを因子型に変換
  classifyDF$make_clean <- as.factor(classifyDF$make_clean)

  as.data.frame(classifyDF)
}
```

　ここで，Flickr のアカウントからランダムに選択して，分類器において負例とするデータ（「面白い写真」に選ばれない写真）を準備するために，getUserPhotos というユーティリティ関数を用いる．以下のコードは，user_id のリストである mortal_userIDs を対象にデータを

257

取得し，分類ラベルとして 0 を付与する．同様に，`interestingDF` データフレームに含まれるデータに対しては，分類ラベルとして 1 を付与する．

```
neg_interesting_df <- lapply(mortal_userIDs,
                             getUserPhotos,
                             api_key=api_key,token=tok) %>>%
                        ( do.call(rbind, .) )
neg_interesting_df <- na.omit(neg_interesting_df)
neg_interesting_df$is_interesting <- 0

# 「面白い写真」に選ばれた写真
pos_interesting_df <- na.omit(interesting)
pos_interesting_df$is_interesting <- 1
```

次に，`rbind` 関数を用いて，正例と負例のデータフレームを結合する．また，属性は，`iso`, `focal_length`, `views`, `white_balance`, `metering_mode`, `make_clean` のみに絞る．これらの操作を実行するコードは，以下のとおりである．

```
# データを結合
classifyDF <- rbind(pos_interesting_df[,colnames(neg_interesting_df)],
                    neg_interesting_df)

# 属性を選択
req_cols <- c('is_interesting',
              'iso',
              'focal_length',
              'white_balance',
              'metering_mode',
              'views',
              'make_clean')

classifyDF <- classifyDF[,req_cols]
```

これでデータが準備できた．分類器の構築に移る前に，あと一つだけ通るべきステップがある．それは，データを訓練データ（training dataset）とテストデータ（test dataset）に分割するステップである．本節の事例は教師あり学習を用いる課題であり，ここでは詳細に立ち入らないが，教師あり学習は各データ点が学習に必要な分類ラベルを持っていることが前提となる．この学習に用いるデータセットが，訓練データである．そして，学習済みの分類器の性能を，学習に用いていないデータセットで検証する必要がある．このときに用いるデータセットが，テストデータである．さらに，アルゴリズムのチューニングや過学習のチェックなどに利用するためのバリデーションデータ（validation dataset）を用意することもある．

　　機械学習について深く理解したい読者は，*R Machine Learning by Example*[5]の第 2 章を参照してほしい．

---

[5] https://www.packtpub.com/big-data-and-business-intelligence/r-machine-learning-example

7.5 あなたの写真は「面白い写真」に選ばれるか？

以下のコードは，classifyDF データフレームを，60：40 の割合で train データセットと test データセットに分割する．

```
# 訓練データとテストデータに分割
set.seed(42)
samp <- sample(nrow(classifyDF), 0.6 * nrow(classifyDF))
train <- classifyDF[samp, ]
test <- classifyDF[-samp, ]
```

▶ 7.5.2 分類器を構築する

分類器に入力するデータの整形および訓練データとテストデータの分割が完了したので，いよいよ分類器の構築に入る．分類器のアルゴリズムについては，ここでは caret パッケージを用いてランダムフォレストを利用する．train 関数に対して，is_interesting が分類ラベルであることを明示した形で訓練データを入力する．この関数は入力データに対する前処理を指定することも可能であり，ここでは各特徴量を正規化するためにスケーリングを指定する．また，trControl を利用してクロスバリデーションも指定し，過学習を避けながら学習を行う．以下のコードは，一連の操作を実行するものである．

ランダムフォレストは集団学習を用いた分類器のアルゴリズムである．機械学習において，集団学習とは，複数の学習器を用いてパフォーマンスを向上させるアルゴリズムを指す．ランダムフォレストはベースとなる学習器として決定木を用いており，学習に際して各決定木にはランダムに選択された特徴量が入力される．ランダムフォレストは特徴量の数が多い際に特に有用である．集団学習はまた，過学習をコントロールしやすい．詳細は以下を参照してほしい[6]．

- https://www.stat.berkeley.edu/~breiman/randomforest2001.pdf
- *R Machine Learning by Example* の第 6 章

```
# モデルを訓練
rfModel <- train(is_interesting ~ ., train,
                 preProcess = c("scale"),
                 tuneLength = 8,
                 trControl = trainControl(method = "cv"))
```

分類器の準備ができたので，実際に予測を行って，そのパフォーマンスを確認しよう．これにはテストデータを利用する．predict 関数は，入力として分類器と，分類ラベルを持たないテストデータを受け取る．この際，type = "prob" と指定すると，各分類ラベルの予測確率が出

---

[6] 訳注：ランダムフォレストおよび集団学習について R を用いて解説した日本語のページとして，同志社大学 金明哲教授の解説サイト（https://www1.doshisha.ac.jp/~mjin/R/Chap_32/32.html）がある．また，和書としては，『統計的学習の基礎――データマイニング・推論・予測』（共立出版，2014）が，理論面から網羅的に記述している．

力される．ここで，分類ラベル "0" は「面白い写真」に選ばれない写真を示し，"1" は選ばれる写真を示していることを思い出してほしい．以下のコードで予測を実行する．

```
# 予測を実行
predictedProb <- predict(rfModel, test[,-1], type="prob")
```

分類器のパフォーマンスの確認には，ROC (receiver operating characteristic) 曲線を利用する．ROC 曲線を描くには，pROC パッケージを用いる．以下は，ROC 曲線を描くコードである．

```
# ROC 曲線を描画
resultROC <- roc(test$is_interesting, predictedProb$"1")
plot(resultROC,
     print.thres="best",
     print.thres.best.method="closest.topleft")

# 閾値と精度を取得
resultCoords <- coords(resultROC,
                       "best",
                       best.method="closest.topleft",
                       ret=c("threshold", "accuracy"))
```

生成されたプロットを図 7.17 に示す．ROC 曲線は，ランダムに予測した場合（斜線）に比べてはるかに良い結果を示し，さらに 0.68 の閾値において 98% の精度を誇っており，この分

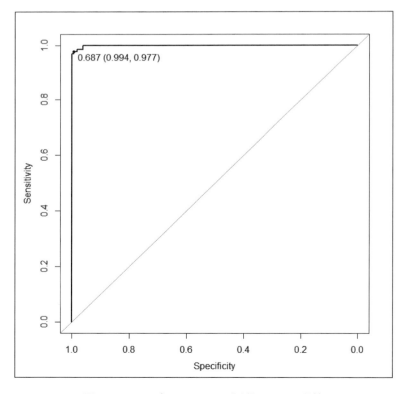

図 7.17　ランダムフォレスト分類器の ROC 曲線

類器は非常に良い性能を持っていることがわかる.

テストデータから得られた混同行列（confusion matrix）においても，十分に予測できていることがわかる．図 7.18 に混同行列を示す．

```
Confusion Matrix and Statistics

          Reference
Prediction   0    1
         0 151    6
         1   2  258

             Accuracy : 0.9808
               95% CI : (0.9625, 0.9917)
```

図 7.18　ランダムフォレスト分類器の混同行列

「面白い写真」に選ばれる写真と選ばれない写真を分類できる分類器が得られた．次に，テストデータに対して実際の予測確率を求めてみよう．ここでは，ランダムフォレストを用いて構築した分類器に，ランダムに抽出したユーザーの写真データを入力するが，ぜひあなたの写真データをこの分類器にかけてみてほしい．先のアカウントリストからランダムにユーザーを抽出して，彼らが公開している写真を取得し，そのデータに対して予測を実行して「面白い写真」であるか否かを判定する．この際，predict 関数を利用し，引数には type = "prob"を指定する．図 7.19 に予測結果を示す．

```
        0      1
63  0.584  0.416
64  0.864  0.136
65  0.582  0.418
66  0.580  0.420
67  0.560  0.440
68  0.832  0.168
74  0.666  0.334
75  0.686  0.314
96  0.368  0.632
```

図 7.19　各データ点の予測確率

この図において，最初の列は写真の ID である．次の 0 の列は，「面白い写真」に選ばれない写真である確率，その次の 1 の列は選ばれる写真である確率である．各行の二つの数値は，合算するとそれぞれ 1 になる．

Flickr から取得しテストデータとして用いたこれらの写真は，すべて「面白い写真」に選ばれない写真であることを，われわれはすでに知っている．興味深いことに，分類器は 9 枚の写真のうち，最後の 1 枚以外の 8 枚は適切に予測できている．

もちろん，深層学習や畳み込みニューラルネットワークといった，より洗練された手法を利用すれば，より良い結果が得られるだろう．とはいえ，本節で得られた結果は十分興味深いものであり，本節の冒頭に掲げた質問に対して一定のレベルで回答できたと言える．深層学習などの手法の適用については，本章のスコープを外れるため，読者への宿題としたい．

「面白い写真」のアルゴリズムにおいては，ユーザーは提示された写真の中でどれが最も「面白い写真」だったかを投票できるようになっている．投票結果を使って，このアルゴリズムは日々進化しているはずであり，完璧な分類器をわれわれの手で作るのは非常に難しいだろう．

7.6 Flickr データの分析における課題

Flickr は長期間にわたって続いているソーシャルネットワークの一つであり，その機能は年々進化している．そのような Flickr の歩みと同様に，われわれも本章を通じてさまざまな手法を学んできた．Flickr のデータを分析する際の課題として，以下のようなものが挙げられるだろう．

- **API レスポンス**：Flickr の公開データにアクセスするための API は，ドキュメントが充実しており，常に更新されているが，API のデザインとレスポンスについては課題がある．API のデザインは，Flickr のエンジニアが熟考して開発したものだが，分析の目線からはいくつかの難点がある．例えば，一つのエンティティに関するデータを抽出するための API エンドポイントが複数あることが挙げられる．また，API から得られるレスポンスが深いネスト構造になっており，分析に向けたデータの前処理に際して，創意工夫が必要となる．さらに，API が変更されるとデータ抽出や前処理に関するコードは書き直しを余儀なくされるという課題もある．

- **定番のパッケージがない**：ソーシャルネットワークに対応したパッケージがあると，分析がしやすいだけでなく，分析の各ステップをモジュール化し，問題をうまく切り分けることができる．データサイエンスを実務で使う者にとって API の利用は基本技術の一つであり，対応パッケージがあると分析を効率化でき，ビジネス上の課題解決に集中することができる．Flickr は多くのプログラミング言語に対応したライブラリを提供しているが，R はその対象外となっている．サードパーティの R パッケージがいくつかあるものの，その多くは更新されていないか，機能が限定されている．この課題に対して，本章で学んだ知識を活かしてあなた自身の解決策を見つけ，できることならコミュニティに還元してほしい．

- **データの質**：データの質は，実務で機械学習やデータサイエンスを利用する際に常に問題になる部分である．Flickr では，ユーザー情報以外にも，アップロードされた写真の EXIF 情報を読み取ることで，多くの情報が得られるが，EXIF 情報はいくつかの入力推奨フィールドの情報は標準化されているものの，多くの情報は欠損していたり標準化されていなかったりする．このようなデータを扱う際は，十分な注意が必要になる．

これらの課題のほかに，プログラミングや実際の分析を進めていく上での小さな課題があるが，その多くは創意工夫やインターネット上の情報を利用することで解決できるだろう．

7.7 まとめ

本章では，時の試練に耐えてきたソーシャルネットワークである Flickr の事例を通じて学びを得た．Flickr は，プロとアマチュアのいずれにもよく知られた写真共有サイトとして，サービスを提供してきた．サービス開始当初から Flickr は多くの研究を進めており，API を通じて研究者たちにデータを開放してきた．Flickr には，100 億枚の写真という金脈がある．本章では，Flickr の API の利用方法を学び，API のレスポンスから必要なデータを抽出して前処理を行うユーティリティ関数を作成した．また，写真技術について EXIF 情報などのいくつかの基礎知識を学び，これらのドメイン知識と k-means クラスタリングを用いて写真を複数のクラスタに分類した．さらに，iso, focal_length, views といった属性を特徴量として利用してランダムフォレストを用いた分類器を構築し，どの写真が「面白い写真」に選ばれるかという疑問に答えた．本章における一連の分析を経て，Flickr の「面白い写真」のアルゴリズムについて理解を進めてきた．Flickr のデータは多くの知見が得られる可能性に満ちており，データを活用することでさまざまな疑問に答えることができるだろう．

本章を通じて，Flickr のようなプラットフォームには，まだ見ぬ知見が眠っていることが示された．あなたのさらなる分析に期待したい．

第8章

ニュースサイトの分析

インターネットにおいて，ニュースは至るところに存在している．それはニュース速報であったり，最近の話題についての意見共有サイトであったり，三面記事のコラムであったり，さまざまな形式で人々に共有されている．そして，Twitter や Facebook といった新しい形のメディアが生まれ，いまやニュースとソーシャルメディアの境界は曖昧なものになりつつある．われわれはソーシャルメディアにおいて，独自の視点から世界に対して意見を表明できる．そして，ニュースはソーシャルメディアの一つの形とも言える．われわれ個人が直接記事を生み出すことはできないけれども，この社会における個人の信念や希望，夢を束ねた形がニュースとして表現されているからである．

本章では，複数のソースからニュースを取得し，分析を行う．ニュースデータの扱い方と，ニュースデータの分析の基礎を学ぶ．本章で扱うトピックを以下に挙げる．

- データを収集すべきニュースソースを決める．
- API の利用方法を学び，大規模なデータ収集を実行する．
- API で提供されている情報を利用して，記事をスクレイピングする．
- ニュースデータに対して感情分析を行い，集団の感情情報を抽出する．
- 大量のテキストデータの内容を把握するために，簡単なトピックモデリングを実行する．
- ニュースデータの文書要約を実行する．

ニュースデータのほとんどはテキストで構成されているため，その分析にはテキストマイニングを用いる．そこで，本章ではテキストマイニングの導入を行う．また，本章で学ぶ重要なポイントとして，通常のウェブページからのデータ収集がある．これはウェブスクレイピング

と呼ばれるもので，ウェブデータを扱うプロであれば身につけておきたい技術であり，これを用いることで，品の良い API からでは取得できないデータも得ることができる．

8.1 ニュースデータ ── ニュースは遍在する

「ニュース」と検索するだけで無数の検索結果が表示される．この事実は，ニュースデータが不足することはないことを示している．いくつかの有名なニュースサイト，例えばガーディアンやニューヨークタイムズは，データアクセス用の API を有している．

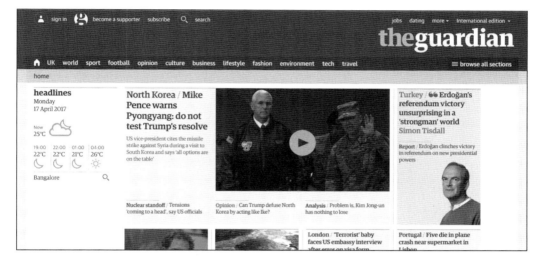

図 8.1　ガーディアンのメインページ（出典：https://www.theguardian.com/international）

紙媒体を発行している新聞社は，すべてオンラインにおいても大きな存在感を示している．その多くはデータに無料でアクセスできるようになっているが，有料でニュースを提供しているものもある．しかし，ニュースデータを無料で公開し，かつ，API の形でデータを提供しているサイトはほとんどない．

ニュースデータを取得するには，新聞社のサイト以外のニュース配信サイトも有用である．ニュース配信サイトは複数のソースからニュースを集め，それらをまとめて提供している．そのような配信サイトの一つに Metanews がある．

▶ 8.1.1　ニュースデータにアクセスする

ここまではニュースデータが遍在していることを強調してきたが，一方で，残念なことにデータは簡単には利用できない．ニュースデータは商用で提供されており，多くの場合，商用目的でのデータの再利用を許可しておらず，それゆえ API も提供されていない．データを扱うプロにとって，分析の対象となるデータにアクセスできるかどうかは大きな問題である．理論上は

265

図 8.2　Metanews のメインページ（出典：http://metanews.com/）

ニュースデータはパブリックドメイン，つまりインターネット上に公開されているため，そこから情報を抽出し，利用することは可能であるが，ウェブスクレイピングは複雑なプロセスを要し，その実行には労力がかかる．

この点において，ガーディアン（https://www.theguardian.com/international）とニューヨークタイムズ（https://www.nytimes.com/）は一線を画しており，これらのサイトは，ニュースデータに簡単にアクセスできる API を提供している．本章では，ガーディアンの API を利用しつつ，そこに少しウェブスクレイピングを加えて必要なデータを取得する．この API はドキュメントも十分に整備されているため，これを読むだけで十分に API を利用できるだろう．ドキュメントは http://open-platform.theguardian.com/documentation/ で確認できる．ぜひこのドキュメントに目を通し，利用規約を把握しておこう．

▶ 8.1.2　データアクセスのためのアプリを登録する

セキュリティが確保された API において，まずやるべきことは開発者アカウントの作成である．本章で扱う API に関しても，これまでの章と同様に一定の手続きを踏んで認証情報を取得する必要がある．以下に，ガーディアンの開発者アカウント登録方法を示す．

1. ガーディアンのオープンプラットフォームページ（http://open-platform.theguardian.com/）にアクセスする．
2. "Get Started" をクリックして移動しさらに "Register developer key" をクリックする．
3. 登録ページに移動したら，必要情報を入力して "Register" をクリックする（図 8.3）．

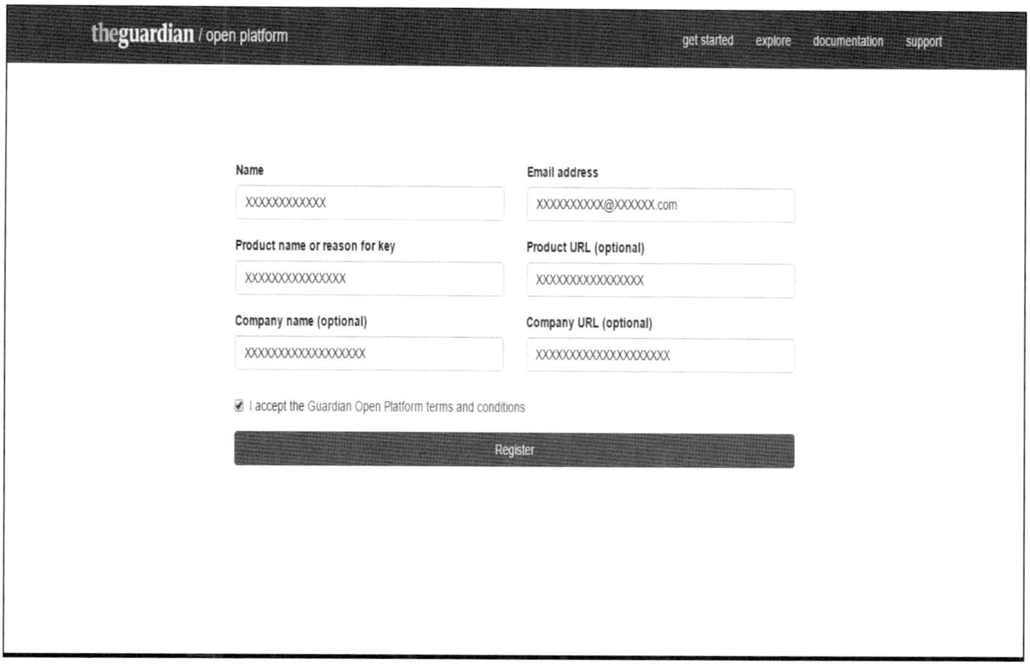

8.1 ニュースデータ——ニュースは遍在する

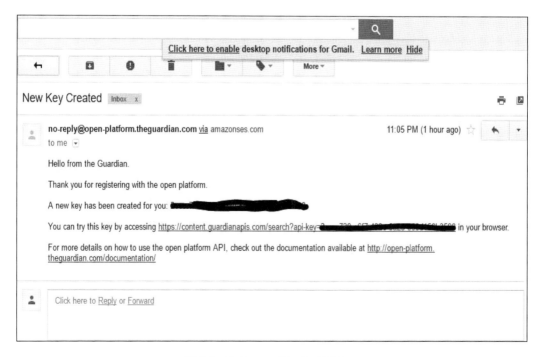

図 8.3　ガーディアンの登録ページ

図 8.4　E メールで届いた API キー

これで登録プロセスは終了である．登録が完了すると，登録ページで入力した E メールアドレスに API キーが届く（図 8.4）．

API を利用する際に，この API キーが必要になる．API キーは決して他の人に漏らしてはならない．データ提供者は，この API キーを課金対象としているからである．

API に関して覚えておいてほしいこと
API を用いたデータアクセスは，公正利用を前提としている．ユーザーに課された制限を必ず確認しておこう．もしこの制限を侵してしまうと，アカウントに対して使用制限，場合によってはアカウント停止といったペナルティが課されることがある．

▶ 8.1.3　API 以外の手段も用いてデータ抽出する

ここまでの章で学んできたデータアクセスの手順は，本項で学ぶニュースデータの抽出に比べると単純だったかもしれない．以下に，ニュースデータへのアクセス手順を 2 段階に分けて示す（各段階の詳細については後述する）．

1. API を用いて必要なデータを取得する．通常，この手順を通じてニュース記事の URL を取得できる．
2. 取得した URL を用いてニュース記事のテキストデータを抽出する．

▶ 8.1.4　API から得られる複雑怪奇なレスポンス

ガーディアンの API は，R の対応パッケージが準備されているものの，適切には機能しないという問題がある．したがって，第 4 章で学んだ API のアクセス方法をもとに，ガーディアンの API にアクセスする仕組みを構築しよう．

第 4 章の手順を思い出そう．

1. 必要なデータに対応する API のエンドポイントを探す．
2. API キーを用いてデータアクセスに必要な URL を作成する．
3. その URL を用いて JSON レスポンスを取得する．
4. 得られた JSON レスポンスを表形式のフォーマットに整形する．

ガーディアンの API は検索機能が充実しているため，目標とするエンドポイントを探し回って URL 構築に時間を費やす必要はない．http://open-platform.theguardian.com/explore/ にアクセスして，目標とするエンドポイントの URL を調べよう．図 8.5 のようなページが表示される．このページで条件を入力していくと，目標とする API エンドポイントの URL が得られる．条件を指定するフィルタを，"Add filters..." のオプションから選択することができる．フィルタを選択すると，そのフィルタに使う条件を入力するボックスが追加される．

試しに，2016/6/1 から 2016/6/25 の間に brexit について言及している記事を検索してみよう（ここで，ガーディアンはイギリスの新聞社であり，日付の表記は dd-mm-yyyy であること

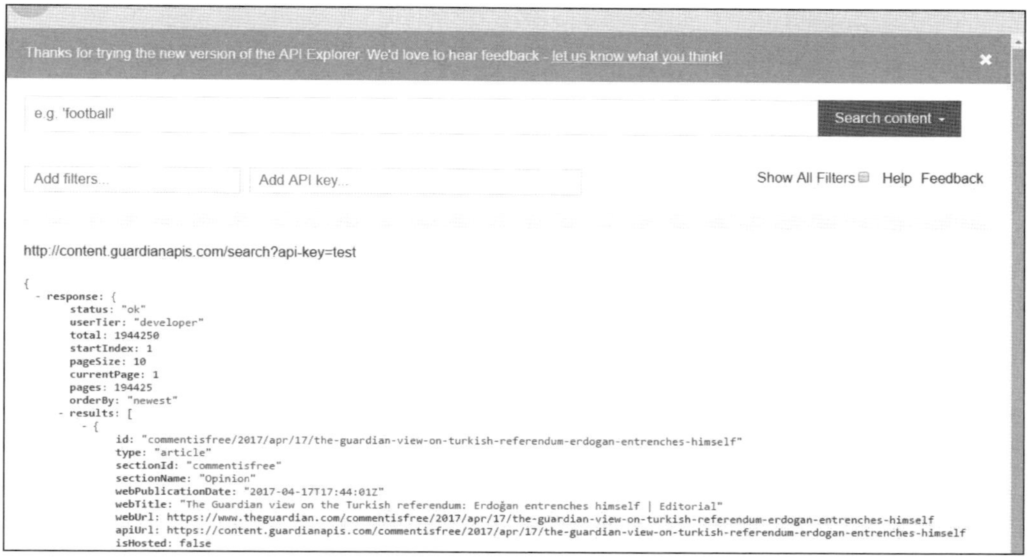

8.1 ニュースデータ——ニュースは遍在する

図 8.5　ガーディアンの API 検索ページ

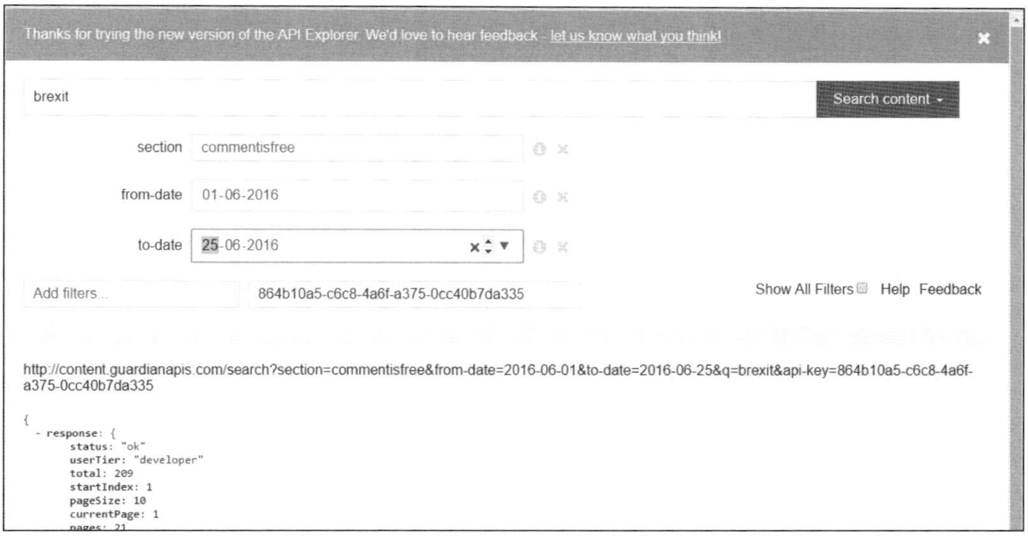

図 8.6　API を呼び出す URL をインタラクティブに作成した結果

に注意）．対応するフィルタを選び，この情報を入力すると，必要な API のエンドポイントの URL が生成される．条件を入力した実際の画面を図 8.6 に示す．

この URL は API を呼び出す際にそのまま利用できる．この検索ページのおかげで，URL の作成が非常に簡単になっている．次は，この URL をクエリとして用いて得られた JSON レスポンスをパースし，必要な情報を抽出するステップに進もう．

生成した URL を用いて API から JSON レスポンスを取得し，データを抽出する方法は，これまでに利用した方法を踏襲する．コードは以下のとおりである．

269

第 8 章　ニュースサイトの分析

```
# 検索ページで生成した URL を利用
URI = "http://content.guardianapis.com/search?from-date=1016-06-01&to-date=2016-06-25
&section=commentisfree&q=brexit&api-key=xxxxxxxxxxxxx"

# API を呼び出す
json_res <- getURL(URI, .mapUnicode=TRUE)
```

　API から JSON レスポンスを取得できたら，パースしてデータを抽出する．パースするためには，JSON レスポンスの構造を理解しておく必要がある．幸い，API を呼び出す URL の作成に利用した検索ページは，JSON レスポンスのサンプルも表示してくれる．図 8.7 は，先の API コールの結果のサンプルである．

```
{
  - response: {
      status: "ok"
      userTier: "developer"
      total: 587
      startIndex: 1
      pageSize: 10
      currentPage: 1
      pages: 59
      orderBy: "relevance"
    - results: [
        - {
            id: "commentisfree/2016/jun/21/brexit-damage-health-drug-research-funding-free-treatment-europe"
            type: "article"
            sectionId: "commentisfree"
            sectionName: "Opinion"
            webPublicationDate: "2016-06-21T17:31:19Z"
            webTitle: "How Brexit could damage our health | Christopher Birt"
            webUrl: https://www.theguardian.com/commentisfree/2016/jun/21/brexit-damage-health-drug-research-funding-free-treatment-europe
            apiUrl: https://content.guardianapis.com/commentisfree/2016/jun/21/brexit-damage-health-drug-research-funding-free-treatment-europe
            isHosted: false
          }
        - {
            id: "commentisfree/2016/jun/25/why-leaving-brexit-britain"
            type: "article"
            sectionId: "commentisfree"
            sectionName: "Opinion"
            webPublicationDate: "2016-06-25T07:29:08Z"
```

図 8.7　パースの対象となる JSON 構造

　この JSON レスポンスの構造は非常に単純であり，データ抽出のロジックも簡単なものになりそうである．ここで，この JSON レスポンスをパースするにあたって，第 4 章で説明したパースの説明を読み直しておいてほしい．

　さて，この JSON をパースするには，まず results オブジェクトの中に入る必要がある．このオブジェクトは API コールの応答の全要素を配列として持っており，各要素は文字列として抽出できる．ここで用いるコードのロジックは素直なものなので，以前の章で用いた例を書き直すことで対応できるだろう．ただし，ここでは別の厄介な問題がある．通常，記事を検索すると複数の結果が得られるものだが，一度の API 呼び出しではこのすべての結果は返ってこない．すべての記事の情報を抽出したいなら，この問題を解決する必要がある．

　これを解決するために，JSON レスポンスの pages に目を向けてみよう．pages はページ総

270

8.1 ニュースデータ——ニュースは遍在する

数を示すパラメータである．このパラメータを使い，必要なページ数だけ処理を繰り返し，一つのデータフレームに結合して最終的な結果を得ることとする．一連の操作を実行するコードを以下に示す．

```
# ページ数を把握
num_pages = json_res %>%
            enter_object("response") %>%
            spread_values(num_pages = jnumber("pages"))
num_pages = num_pages$num_pages

# 空のデータフレームで初期化
out_df = data.frame()
for (num in 1:num_pages){
  uriTemplate <- "http://content.guardianapis.com/search?from-date=1016-06-01&to-date
=2016-06-25&section=commentisfree&q=brexit&api-key=xxxxxxxxxxxxxxxxxxxxxxxxxx&page=%s"
  apiurl <- sprintf(uriTemplate,num)
  json_res <- getURL(apiurl, .mapUnicode=TRUE)
  urls <- as.data.frame(json_res %>%
    enter_object("response") %>%
    enter_object("results")  %>%
    gather_array() %>%
    spread_values(url = jstring("webUrl"),
                  type = jstring("type"),
                  sectionName = jstring("sectionName"),
                  webTitle = jstring("webTitle"),
                  sectionId = jstring("sectionId")
                  )
    )
  urls$document.id <- NULL
  urls$array.index <- NULL
  out_df = rbind(out_df, urls)
  Sys.sleep(10)
}
```

このコードの重要なポイントとして，Sys.sleep(10) がある．これは指定した時間だけコードの実行を止めて待つ指示であり，ここでは 10 秒を指定している．API を用いて繰り返しデータを取得する際は，API の呼び出し間隔の制限に抵触しないように，このような配慮をしなければならない．

上記のコードの実行結果として得られるデータフレームは，図 8.8 のとおりである．

	url	type	sectionName	webTitle	sectionId
1	https://www.theguardian.com/commentisfree/2016...	article	Opinion	How Brexit could damage our health | Christopher Birt	commentisfree
2	https://www.theguardian.com/commentisfree/2016...	article	Opinion	Why I will be leaving Brexit Britain | Oliver Imhof	commentisfree
3	https://www.theguardian.com/commentisfree/2016...	article	Opinion	Brexit stands as a warning to American conservatives	commentisfree
4	https://www.theguardian.com/commentisfree/2016...	article	Opinion	The dispossessed voted for Brexit. Jeremy Corbyn of...	commentisfree
5	https://www.theguardian.com/commentisfree/2016...	article	Opinion	The leftwing case for Brexit (one day)	commentisfree
6	https://www.theguardian.com/commentisfree/2016...	article	Opinion	A Brexit won't stop cheap labour coming to Britain | L...	commentisfree
7	https://www.theguardian.com/commentisfree/2016...	article	Opinion	Brexit supporters have unleashed furies even they c...	commentisfree
8	https://www.theguardian.com/commentisfree/2016...	article	Opinion	Brexit could start a disastrous EU drift to the east | An...	commentisfree
9	https://www.theguardian.com/commentisfree/2016...	article	Opinion	My advice to Brexit battlers: forget Hitler, think Welli...	commentisfree

図 8.8　該当する全記事情報を格納したデータフレーム

271

第 8 章　ニュースサイトの分析

▶ 8.1.5　API で取得したリンク情報を用いた HTML スクレイピング

　ここまででいろいろな処理を行ってきたが，まだ最終目標であるテキストデータの抽出には近づいていない．テキストデータの抽出は，口で言うのはたやすい．データフレームに格納された各 URL を用いてページにアクセスし，テキストデータを抽出すればよい．しかし，ウェブスクレイピングの複雑さを知っている人なら，この一連の操作がどれだけ大変なものか，わかってくれるだろう．

　ここからは，いよいよウェブスクレイピングに取り掛かる．必要な R パッケージとして `rvest`, `tidyjson`, `magrittr`, `RCurl` を利用するので，インストールしておこう．以下の手順でウェブスクレイピングを進める．

1. ウェブページから HTML ソースを取得する．
2. HTML ソースの構造を把握する．
3. 目的とする情報が格納されたタグを見つけ出す．
4. 3 で特定したタグから，プログラムを用いてデータを抽出する．
5. 1〜4 の一連の操作を繰り返す．

　最初のステップは，目的とするページからの HTML ソースの抽出である．先ほど取得したデータフレームを見ると，ニュース記事に対応した URL が格納されている列があることがわかる．`read_html` 関数を用いて，この URL の HTML のツリー構造を抽出しよう．

```
# HTML データを抽出
b <- read_html(curl(url, handle = curl::new_handle("useragent" = "Mozilla/5.0")))
```

　ここで，`handle` 引数に注目してほしい．これは，このプログラムが正当なクライアントであることを示しており，このように指定しておくことでサーバから接続を拒否されることを防ぐ．

　次のステップは，一連のプロセスの中で最も苦労するステップである．ウェブページはそれぞれ独自の構造を持つが，その中には似通った部分もある．ここで扱っているウェブページはすべて同じサイトから取得しているため，各ページの構造は類似している．とはいえ，どのようにテキストデータを抽出すべきかを調べるために，HTML ソースの分析は必要である．データフレームに格納された一連の URL の一つにアクセスして，HTML ソースを確認してみよう（図 8.9）．このページの HTML ソースを見ると，2,000 行に及ぶ複雑怪奇な構造になっている様子が伺える．この巨大なテキストの塊から必要な情報を得るには，どうしたらよいだろう？

　ここからは，目的とする情報を HTML ソースから抜き出すための手掛かりを見つけ，パースを実行することになる．このケースでは，目的とする情報は記事のテキスト情報である．通常，HTML ソースをもとにウェブページが生成され，そこにわれわれはアクセスする．したがって，求めるテキスト情報は HTML ソースの中にあるだろう．図 8.10 に，図 8.9 の HTML ソースの続きを示す．この中に，繰り返し現れる構造が見つかるだろう．

272

8.1 ニュースデータ——ニュースは遍在する

[HTMLソースコードの画像]

図 8.9 サンプル URL から取得した HTML ソース

[HTMLソースコードの画像（続き）]

図 8.10 サンプル URL から取得した HTML ソース（続き）

図をよく見ると，テキストデータはパラグラフタグ（<p>, </p>）で囲まれていることがわかる．この情報はパースを進める上で重要である．

　　　　　ここで，HTML 構造は，各ウェブページで固有のものであるだけでなく，時が経つと変化するかもしれないことを覚えておいてほしい．HTML 構造が少し変わるだけで，それまでは機能していたスクレイピングのコードは動かなくなるかもしれな

273

第8章 ニュースサイトの分析

い．このような変化に対応する手順は，上述したとおりである．すなわち，ウェブページから HTML ソースを取得し，パースするために必要な手掛かりを再確認するのである．

　目的とする情報を格納したタグが見つかったので，ここから `html_nodes` 関数を用いて情報を抽出しよう．

```
# パラグラフタグ（p）のノードを抽出
paragraph_nodes = html_nodes(b, xpath = ".//p")
```

　このコードは，ツリー構造になっている HTML ソースから，すべての p ノードを抽出する．p ノードを取得できたら，次に必要なステップは非常に簡単である．

```
# 空白，改行記号を取り除き，すべてのノードを一つのノードにまとめる
nodes <- trimws(html_text(paragraph_nodes))
nodes <- gsub("\n", "", nodes)
nodes <- gsub("  ", "", nodes)
content = paste(nodes, collapse = " ")
```

　これでウェブページからテキスト情報を抽出することができた．抽出した情報を図 8.11 に示す．

```
> content
[1] "Tuesday 21 June 2016 18.31 BSTLast modified on Friday 17 February 2017 11.53 GMT Much of the EU debate is conduct
ed at the level of insults and unsupported claims and assertions. But, if we care to look, there are many areas where
it is not difficult to identify the effects of Brexit. Health and health services are one such area - and Brexit could
be devastating. European health insurance cards, which have for many years guaranteed emergency treatment for Britons
wherever they are in the EU would of course disappear in case of Brexit - leaving the UK government to negotiate new
arrangements with each individual country. While this is widely known, the right of EU citizens to undergo any kind of
healthcare anywhere in the EU is perhaps less familiar - possibly because it is the result of much more recent EU leg
islation. It is now not unusual for UK residents to choose to have hip replacements in France, or to travel to Belgium
for spectacles, or to Budapest for dental treatment, al... <truncated>
```

図 8.11　抽出したテキスト情報

　この一連の操作を，データフレームに格納した URL すべてに対して繰り返し実行していく．

8.2 | 感情分析で傾向をつかむ

　なぜ感情分析をまた実施するのか不思議に思うかもしれないが，その理由は単純である．本節で扱うデータが，大量のテキストで構成されたものだからである．また，ニュースは感情と密接に関係しており，その点においても感情分析は重要である．各ニュースに対して感情分析を行っておくことで，一つ一つのニュースを手作業で分類していくという長く険しい作業の手間が緩和される．感情分析は一見単純ではあるが，テキストマイニングに携わる分析者にとって，非常に強い武器の一つなのである．

274

さて，本節の分析事例では，著者らにとって興味深いテーマを取り上げる．具体的には，インドの首相であるナレンドラ・モディについて言及した記事を対象に感情分析を行い，その時間的変化を捉える[*1]．

▶ 8.2.1 データを取得する

前節では，一般的なウェブページからデータを抽出するための基礎を学んだ．ここからは，今後の分析に必要なデータを取得するための一連の操作に関して，戦略を立てていく．なお，URL の作成や API の呼び出しといった定型のステップは，すでに十分に慣れ親しんでいるので，ここでは省略する．

前節の内容を踏まえて，データ抽出に用いる三つのユーティリティ関数を定義する[*2]．

- extract_all_links：クエリを与えると，それに関連したリンク情報を返す．本節の分析では，対象とするクエリは "narendra modi" である．
- extract_url_data：前節で説明した一連のプロセスを実行するラッパー関数である．
- extract_all_data：extract_all_links 関数で取得したリンク情報から，必要なコンテンツを抽出する．この分析では大量のスクレイピングを実行するので，データ抽出をスムーズにするために簡単なエラーハンドリングも入っている．

以上のユーティリティ関数を用いてデータを抽出するコードを，以下に示す．

```
# すべてのリンク情報をデータフレームから抽出
links_df <- extract_all_links()

# 抽出したリンク情報から URL を抜き出す
links <- links_df[,"url"]

# 抜き出した URL を用いてデータを取得
data_df <- extract_all_data(links)
```

このデータフレームは，本節のすべての分析の開始点となる．なお，このデータフレームには，各記事の掲載情報は含まれていない．したがって，掲載日を記事のテキスト情報から抽出する必要がある．これには正規表現を用いて，記事の最初に出現する日付を掲載日として先のデータフレームに追加することとする．以下はこの操作を実行するコードである．

```
for (i in 1: nrow(articles_df)){
  m <- regexpr("\\d{1,2} \\w{3,9} \\d{4}", articles_df[i, "content"], perl=TRUE)
  if(m !=-1){
    articles_df[i,"article_date"] <- regmatches(articles_df[i,"content"],m)
  }
}
```

[*1] 訳注：著者らがインド出身であることから，このテーマが選ばれた．

[*2] 訳注：ユーティリティ関数の詳細については，著者が公開している GitHub 上のコードを参照．https://github.com/dipanjanS/learning-social-media-analytics-with-r/blob/master/Chapter%208%20-%20Analyzing%20News%20Platforms/Code/B06056_08_02_code.R

275

図 8.12 は，以上の操作を終えて得られたデータフレームの一部である．

type	sectionName	webTitle	sectionId	content	article_date
gallery	Art and design	Photo highlights of the day	artanddesign	The Guardian's picture editors bring you a select...	8 May 2014
gallery	Art and design	The 20 photographs of the week	artanddesign	Jim Powell Saturday 24 May 2014 13.27 BSTFirst pu...	24 May 2014
article	Art and design	Sydney Biennale 2016: Belgiorno-Nettis family may b...	artanddesign	Chairman Phillip Keir is hopeful Belgiorno-Nettis famil...	2 December 2014
article	Art and design	Buddha statue found to have been stolen will be ret...	artanddesign	Kushan Buddha statue, dating from second century, ...	4 January 2015
article	Australia news	Australian coalmining is entering 'structural decli...	australia-news	Demand from India and China predicted to falter due ...	5 May 2014
article	Australia news	David Cameron, Narendra Modi and Xi Jinping to addr...	australia-news	Leaders of Britain, China and India will speak to parlia...	14 October 2014
liveblog	Australia news	Clashes over education, GST and petrol – as it hap...	australia-news	Senate to consider second tranche of national secur...	28 October 2014
liveblog	Australia news	G20: David Cameron addresses Australian parliament ...	australia-news	British prime minister outlines plans to counter extre...	14 November 2014

図 8.12　一連の処理を経て得られたデータフレーム

▶ 8.2.2　基本的な記述統計

これまでの章でも強調したが，分析において記述統計は非常に重要である．本章の分析においても，それにならって記述統計を確認する．まず，ナレンドラ・モディの名前が出現する各欄にわたる出現数の分布について検討しよう．

```
section_summary <- articles_df %>%
                   group_by(sectionName) %>%
                   summarise(num_articles = n())

ggplot(data = section_summary, aes(x = sectionName, y = num_articles)) +
  geom_bar(aes(fill = sectionName), stat = "identity") +
  xlab("Section") + ylab("Total Articles Count") +
  ggtitle("Articles distribution by Section") + theme_bw() +
  theme(axis.text.x = element_text(size = 20,angle = 90, hjust = 1,vjust=0.5))
```

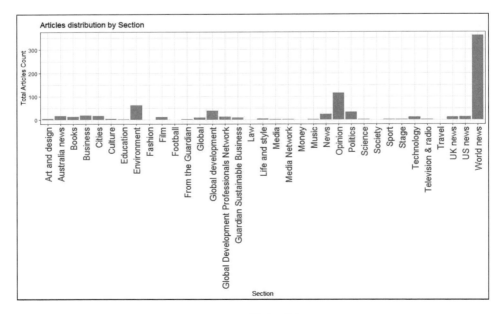

図 8.13　欄別の分布

8.2 感情分析で傾向をつかむ

図 8.13 は，ナレンドラ・モディの記事がどのような欄で扱われているかを示したものである．図から，いくつか外れ値があることがわかる．例えば，ナレンドラ・モディがサッカーの欄で扱われることがあるという知見は，この分析では有用ではないだろう．したがって，記事数が 20 以下の外れ値は，分析するデータから除くこととする．

以下のコードは，記事数によるフィルタリングを実装する．

```
section_names <- as.data.frame(articles_df %>% group_by(sectionName) %>%
  summarise(num_articles = n()) %>%
  filter(num_articles>20) %>%
  select(sectionName))
selected_section_articles <- articles_df[articles_df$sectionName %in%
  section_names[,"sectionName"],]
articles_df <- selected_section_articles
```

次に，記事の傾向を時系列でつかんでいきたい．分析するデータは，15 年間にわたるものである．ナレンドラ・モディについての記事数は，彼がインドの首相になる前は少なく，就任後に一気に増加したと予想される．記事の掲載年を直接取得することはできないので，date フィールドから年の情報を抽出する必要がある．以下のコードは，年単位で記事数をカウントし，可視化する．

```
articles_df[,"article_date_formatted"] <- as.Date(articles_df[,"article_date"],
  "%d %B %Y")
articles_df[,"article_year"] <- format(as.Date(articles_df
  [,"article_date_formatted"]),"%Y")
year_article_summary <- articles_df %>% group_by(article_year) %>%
  summarise(num_articles = n())
ggplot(data = year_article_summary, aes(x = article_year, y = num_articles)) +
  guides(fill=FALSE) +
```

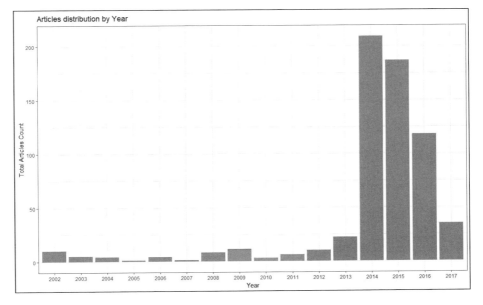

図 8.14　年単位での記事数の推移

第 8 章　ニュースサイトの分析

```
geom_bar(aes(fill = article_year), stat = "identity") +
theme(legend.position = "none") +
xlab("Year") + ylab("Total Articles Count") +
ggtitle("Articles distribution by Year") +
theme(axis.text.x=element_text(angle=90,hjust=1,vjust=0.5)) + theme_bw()
```

このコードを実行して生成される画像は, 図 8.14 に示すとおりである. ナレンドラ・モディ
が首相に選出された 2014 年に記事数が増加しており, 先ほどの予想を裏づける結果が得られて
いる.

▶ 8.2.3　感情を数値化して傾向をつかむ

ここまでの章で感情分析を何度か行い, テキストデータにおける感情の解釈には複数の方法
があることを理解した. ここでは, まず分析対象のテキストデータにおける感情を数値として
表現し, その傾向をつかむことにしよう. 分析のコードとその結果の解釈に進む前に, 数値に
よる感情の表現について簡単に復習しておこう (詳細は第 2 章を参照).

テキストデータは, 単語ごとに感情極性を持っている. 感情極性は正負の方向性を持つ. テ
キスト全体の極性を算出する際は, 単語ごとの極性を集計する. 正の極性を持つ単語の極性ス
コアの合計から負の極性を持つ単語の極性スコアの合計を引くことで, おおよその全体の極性
を算出できる. この方法で文章の細かなニュアンスを把握することは難しいが, 実践的にはこ
の結果は驚くほど役に立つ.

本節の分析では, ナレンドラ・モディの記事において極性が数値的にどのように推移するか
を確認したい. 記事ごとに記事全体の極性を計算し, それをさらに年単位で平均することで, こ
の推移を把握する.

```
sentiments_df <- get_nrc_sentiment(articles_df[,"content"])
articles_sentiment_df <- cbind(articles_df,sentiments_df)
articles_sentiment_df$sentiment <- articles_sentiment_df$positive -
                                   articles_sentiment_df$negative
sentiments_year_summary_df <- articles_sentiment_df %>%
                       select(-c(positive,negative)) %>%
                       group_by(article_year) %>%
                       summarise(mean_sentiment = mean(sentiment))
```

このコードを実行して得られるデータフレームには, 年ごとの記事の極性の平均値が格納さ
れる. このデータを可視化して, 視覚的に時系列の推移を確認しよう.

```
ggplot(data=sentiments_year_summary_df, aes(x=article_year, y=mean_sentiment,
       group=1)) +
  geom_line(colour="red", linetype="dashed", size=1.5) +
  geom_point(colour="red", size=2, shape=21, fill="white") +
  ylab("Sentiment score") +
  ggtitle("Numeric Sentiment across years")+ theme_bw()
```

このコードを実行して得られるプロットを, 図 8.15 に示す. 感情スコアは 2002 年から急速
に増加し, 2014 年以降はほぼ定常状態に落ち着いている.

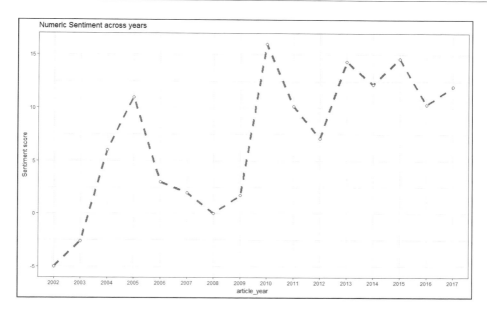

図 8.15　感情スコアの年推移

この結果は，データを集約する形の分析の限界を示している．短期間の変化を把握するために，今度は月単位での感情スコアの推移を確認してみよう．こうすることで，例えば特定の月において感情スコアが増加しているといった傾向を発見することができる．これを実行するには，年単位ではなく年月単位でデータを集約する必要がある．これは，zoo パッケージを用いて，日付データを年–月というフォーマットに変換することで可能になる．この変換さえできれば，残りのコードは先に示したコードと同様である．

```
articles_sentiment_df[,"date_year_month"] = as.yearmon(articles_sentiment_df
  [,"article_date_formatted"])
yearmon_num_sentiment <- articles_sentiment_df
yearmon_summary_df <- yearmon_num_sentiment %>%
                     select(-c(positive,negative)) %>%
                     group_by(date_year_month) %>%
                     summarise(mean_sentiment = mean(sentiment))

ggplot(data=yearmon_summary_df, aes(x=as.Date(date_year_month),
       y=mean_sentiment, group=1)) +
  geom_line(colour="black", size=1.5) +
  geom_point(colour="red", size=1.5, shape=21, fill="white") +
  ylab("Sentiment score") + xlab("Year-Month") +
  scale_x_date(labels = function(x) format(x, "%Y-%b"), date_breaks = "1 year") +
  theme(axis.text.x=element_text(angle=90,hjust=1,vjust=0.5)) +
  ggtitle("Numeric Sentiment across years broken by months")+ theme_bw()
```

このコードを実行して得られる図を図 8.16 に示す．これは非常に興味深い結果である．2013年の 1 月あたりで感情スコアが急激に増加している．これは，ナレンドラ・モディが首相候補であると発表された時期と一致する．これより前は，感情スコアは増減を繰り返しており，中程

第 8 章　ニュースサイトの分析

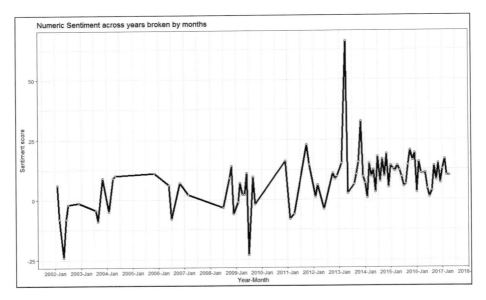

図 8.16　年月単位で見た感情スコアの推移

度の数値を示していた．他の興味深い点として，ナレンドラ・モディが首相に選出された 2014 年 5 月以降は，感情スコアの範囲がシフトしていることが挙げられる．首相選出以前は感情スコアは大きく変動していたが，選出以後は非常に狭い範囲で推移するようになり，また負の値をとらないようになっている．

ぜひあなたが興味を持つ他の種類の記事についても，感情スコアの推移がどのようになっているかを検討してみよう．

▶ 8.2.4　快不快に基づく感情スコアの傾向

ここからは，これまで検討してきたような，単語単位の正負の極性に基づく感情スコアの算出とは別の感情分析を検討してみよう．この分析は，単語を恐怖，喜び，不快といった感情のカテゴリに分類するところから始める．そして，単語単位の感情カテゴリのスコアを記事単位で合計する．こうすることで，同じ記事であっても，先ほどの正負の極性に基づく感情スコアとは違った，場合によっては逆の結果が見えてくる．

それでは，最初に利用したデータフレーム（`articles_sentiment_df`）において，感情カテゴリごとに集計を行ってみよう．これにより，分析対象のテキストデータにおいて，どの感情カテゴリが最も優勢かを把握できる．

```
sentiments_summary_df <- articles_sentiment_df %>%
  select(-c(positive,negative)) %>%
  summarise(anger = sum(anger), anticipation = sum(anticipation),
    disgust = sum(disgust), fear = sum(fear), joy = sum(joy),
    sadness = sum(sadness), surprise = sum(surprise), trust = sum(trust))

sentiments_summary_df <- as.data.frame(t(sentiments_summary_df))
```

```
sentiments_summary_df <- cbind(row.names(sentiments_summary_df),
  sentiments_summary_df)

colnames(sentiments_summary_df) <- c("sentiment", "count")

ggplot(data = sentiments_summary_df, aes(x = reorder(sentiment, count),
       y = count)) +
  geom_bar(aes(fill = sentiment), stat = "identity") +
  theme(legend.position = "none") + guides(fill=FALSE)+ coord_flip() +
  xlab("Sentiment") + ylab("Total Sentiment Count") +
  ggtitle("Overall sentiment across all articles") +
  theme(axis.text.x=element_text(angle=90,hjust=1,vjust=0.5)) + theme_bw()
```

このコードを実行すると，図 8.17 のようなプロットが得られる．

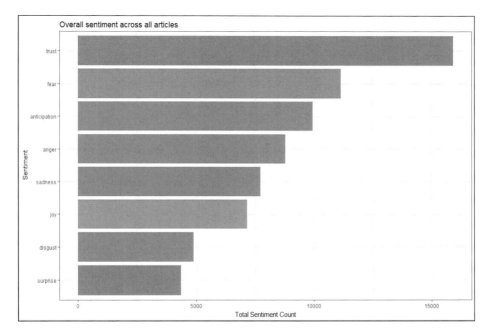

図 8.17　記事のテキストデータ全体で見た感情カテゴリごとのスコア

最も優勢な感情カテゴリは信頼（trust）であり，恐怖（fear）がそれに続く．これは一見すると矛盾しているように見えるが，両カテゴリがそれぞれある一部の期間において急上昇している可能性も考えられる．そこで，このような急上昇が実際に存在するかどうかをチェックしてみよう．それには，年単位で感情カテゴリを集計すればよい．

```
sentiments_year_summary_df <- articles_sentiment_df %>%
  select(-c(positive,negative)) %>%
  group_by(article_year) %>%
  summarise(anger = mean(anger),anticipation = mean(anticipation),
    disgust = mean(disgust), fear = mean(fear), joy = mean(joy),
    sadness = mean(sadness), surprise = mean(surprise),
    trust = mean(trust)) %>% melt
```

第 8 章　ニュースサイトの分析

```
names(sentiments_year_summary_df) <- c("Year", "sentiment", "Sum_value")
ggplot(data = sentiments_year_summary_df, aes(x = Year, y = Sum_value,
      group = sentiment)) +
 geom_line(size = 2.5, alpha = 0.7, aes(color = sentiment)) +
 geom_point(size = 0.5) +
 ylim(0, NA) +
 ylab("Mean sentiment score") +
 ggtitle("Sentiment across years") + theme_bw()
```

このコードを実行して得られる図を図 8.18 に示す．この結果は先ほどの仮説を裏づけるものであり，実際に恐怖（fear）がある時期に急上昇している様子が確認できる．

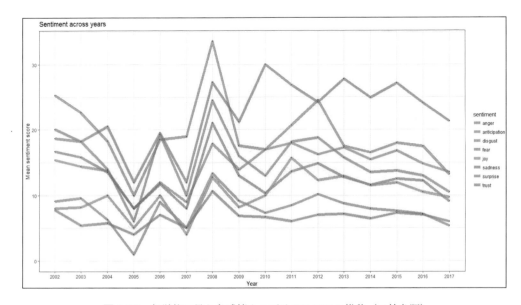

図 8.18　年単位で見た各感情カテゴリのスコアの推移（口絵参照）

この図からは，まず，恐怖（fear）は 2008 年に急上昇するが，その後は落ち着いていることが読み取れる．一方，信頼（trust）は 2007 年までは低かったが，その後急上昇している．この二つの傾向が合わさった結果，全期間で見ると，先の矛盾しているような結果が得られたことがわかる．以上の分析から，一見奇妙な結果が得られた場合は，データを深掘りして確認することが重要であるという教訓が得られる．

最後に，ニュースの欄ごとに感情カテゴリのスコアの違いを比較してみよう．ここでは，特定の感情が優勢になっている欄がないかを検討したい．

```
sentiments_year_summary_df <- articles_sentiment_df %>%
  select(-c(positive,negative)) %>%
  group_by(sectionName) %>%
  summarise(anger = mean(anger), anticipation = mean(anticipation),
    disgust = mean(disgust), fear = mean(fear), joy = mean(joy),
    sadness = mean(sadness), surprise = mean(surprise),
    trust = mean(trust))%>%melt
```

```
p <- ggplot(data=sentiments_year_summary_df, mapping=aes(x=variable, y=value)) +
  geom_bar(aes(fill = variable), stat = "identity")
p <- p + facet_grid(facets = sectionName ~ ., margins = FALSE) + theme_bw()
print(p)
```

このコードを実行して得られる図を図 8.19 に示す．この図から何らかの知見は得られそうだが，はっきりとした傾向は見えてこない．

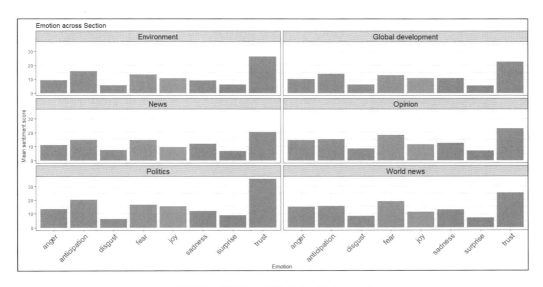

図 8.19　欄ごとの感情カテゴリのスコア

政治（Politics）欄においては信頼（trust）が優勢になっており，一方，意見欄（Opinion）や世界情勢（World news）においては恐怖（fear）が拡大しているように見える．しかし，この結果からはっきりとした結論は導けない．

そこで，各欄における各感情カテゴリの優劣を，比率として可視化してみてほしい．各欄での感情の違いをより良く理解できるだろう．

8.3 トピックモデリング

トピックモデリングは，簡単に言うなら，ドキュメントの中に潜む話題を見つけ出す手法である．ここでは，ビュッフェの例を使ってトピックモデリングの基礎を説明してみよう．

ビュッフェスタイルの結婚式に出席している状況を想像してほしい．そこには，さまざまな国の料理が皿に取り分けられて並んでいる．あなたはこれらが並んだカウンターに行って，あちこちからたくさんの皿を自分のテーブルに持ち帰ってくる（これはあまり褒められたことではない）．友人の一人がテーブルに来て，そこに並べられたたくさんの皿に目を向け，カウンターにどの国の料理があったかを推測しようとする．例えば，パスタやシーフードがテーブル

第 8 章　ニュースサイトの分析

にあるなら，イタリア料理が含まれると推測できる．トピックモデリングは，まさにこの推測のプロセスに似ている．

あるコンテンツ，本章においてはニュース記事が生み出されるとき，その執筆者がいくつかのテーマを頭に浮かべていると仮定する．ここで，各テーマは一定の単語のグループにリンクしている．記事の執筆は，テーマの決定に始まり，テーマに対応する単語を選び，言語ごとの文法に従って，これらの単語を組み合わせるというステップを踏む．

トピックモデリングはデータには構造があること，つまり，記事には執筆の際に選択されたさまざまなテーマが含まれることを仮定している．ここで，各トピックは単語の分布から推定できると考えよう．つまり，トピックごとに単語の出現確率が異なると考えて，これらの出現確率を用いてトピックを識別する．例えば，クリケットに関するトピックは「バット」「ボール」といった単語の出現確率が高くなり，金融に関するトピックは「資金」「株式」などの出現確率が高くなるだろう．

トピックをその関連語とともに抽出するには，以下のようなステップを踏む．

1. 開始時点では，事前に決めたトピック数に応じて空のトピックを用意し，各トピックにテキスト内の単語をランダムに割り当てる．
2. 各単語を再検討し，同様の単語が出現するトピックに割り当てていく．この再割り当ては数学的なものであり，その理解には労を要する．ここでは例を用いて説明しよう．トピックに単語をランダムに割り当てたあと，まず「株式」という単語を再検討することになったとする．ここで，「株式」という単語がすでに割り当てられているトピックがあったなら，ここで再検討した「株式」はそのトピックに割り当てられることになる．
3. 以上のプロセスを繰り返し，単語をそれぞれトピックに再割り当てしていく．実際のアルゴリズムは高度な数学の知識を要し，本書の範囲を超えるので省略する．
4. 上記を繰り返して，全トピックにわたる単語の分布が変化しなくなった時点で，単語の再割り当てをやめる．

以上がトピックモデリングのごく簡単な紹介である．トピックモデリングについては，David Blei，Andrew Ng，Michael Jordan の **LDA**（latent Dirichlet allocation）をはじめとして，さまざまな資料が公開されているので，興味のある読者はそちらを参照してほしい．

さて，ニュース記事に対してトピックモデリングを適用してみよう．先の米国大統領選挙においてドナルド・トランプが歴史的な勝利を収めたことは，よく知られているだろう．彼の選挙戦における大きな出来事は，以下の三つである．

- 大統領候補への出馬表明：2015/6/16
- 共和党候補としての承認：2016/7/16[3]
- 投票日：2016/11/8

---

[3] 訳注：正確には 2016/7/19 である．

284

8.3 トピックモデリング

ここでは，以下の二つの期間におけるドナルド・トランプについての記事を，ガーディアンから抽出することとする．

- 期間 1：2015/6/16〜2016/7/16
- 期間 2：2016/7/17〜2016/11/8

これら二つの期間について集めたデータに対して，トピックモデリングを適用する．そして，この分析結果から，ドナルド・トランプの選挙キャンペーンにおけるトピックの変遷を把握する．

▶ 8.3.1　データを取得する

トピックモデリングを適用するにあたって，まず二つの期間のデータを取得する必要がある．これまで見てきたように，データ抽出の流れは単純であり，前節で用いたコードを応用することで今回も対応できる．変更すべき部分は，API のエンドポイントと，データを取得する日付の範囲である．以上を変更したら，以前利用した三つのユーティリティ関数を用いてデータを取得する．

```
endpoint_url = http://content.guardianapis.com/search?from-date=2016-04-01&to-date=
2016-07-01&section=commentisfree&page=1&pagesize=200&q=brexit&api-key=xxxxxxxx

# すべてのリンク情報をデータフレームから抽出
links_df <- extract_all_links()

# 抽出したリンク情報から URL を抜き出す
links <- links_df[,"url"]

# 抜き出した URL を用いてデータを取得
data_df <- extract_all_data(links)
```

このコードを実行すると，指定した期間内のデータが取得できる．ここでは二つの期間のデータを取得するため，from-date と to-date のみを変更して 2 回実行する．データが取得できたら，早速分析を始めよう．

▶ 8.3.2　基本的な記述統計

いつものように，まず基本となる記述統計から始めよう．簡便な方法から始めるのが，分析の定石である．まず把握しておきたいのが，記事の分布である．期間 1 は，ドナルド・トランプによる自身の立候補の表明で始まり，共和党の代表選出で終わる．期間 2 は，共和党の代表選出で始まり，大統領選の結果が出たところで終わる．ここで興味があるのは，この二つの期間で平均記事数にどのような違いがあるかである．

以下のコードは，二つの期間において要約統計量を算出し，プロットする．また，先の節で求めたいくつかの日付型の列も追加する．

```
trump_phase1[,'time_interval'] <- 'Phase 1'
trump_phase2[,'time_interval'] <- 'Phase 2'

trump_df <- rbind(trump_phase1,trump_phase2)
```

285

第 8 章　ニュースサイトの分析

```
articles_df <- trump_df

for (i in 1: nrow(articles_df)){
  m <- regexpr("\\d{1,2} \\w{3,9} \\d{4}", articles_df[i, "content"], perl=TRUE)
  if(m !=-1){
    articles_df[i,"article_date"] <- regmatches(articles_df[i, "content"],m)
  }
}

articles_df[,"article_date_formatted"] <- as.Date(articles_df[,"article_date"],
                                                   "%d %B %Y")
articles_df[,"date_year_month"] = as.yearmon(articles_df[,"article_date_formatted"])

articles_across_phases <- articles_df %>%
  group_by(time_interval) %>%
  summarise(average_article_count = n()/n_distinct(date_year_month))

p <- ggplot(data=articles_across_phases, mapping=aes(x=time_interval,
            y=average_article_count)) +
  geom_bar(aes(fill = time_interval), stat = "identity")
p <- p + theme_bw() + guides(fill = FALSE) +
  theme(axis.text.x = element_text(size = 15)) +
  ylab("Mean number of articles") + xlab("Phase") +
  ggtitle("Average article count across phases") +
  theme(strip.text = (element_text(size = 15)))
print(p)
```

このコードを実行して得られたプロットを，図 8.20 に示す．結果は予想どおりのものであり，ドナルド・トランプが共和党公式の候補として認定された後に記事数が増加している．

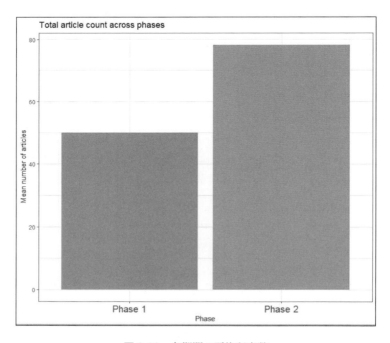

図 8.20　各期間の平均記事数

286

8.3 トピックモデリング

別の記述統計として，記事ごとの平均単語数が時間とともにどのように変化するかを確認しよう．これにより，ガーディアンの意見欄がドナルド・トランプのためにどれだけ紙面を割いたかが把握できる．

```
trump_wc <- Corpus(VectorSource(articles_df[,"content"]))
temp_articles <- tm_map(trump_wc,content_transformer(tolower))
dtm <- DocumentTermMatrix(temp_articles)
word_count <- rowSums(as.matrix(dtm))
articles_df[,"word_count"] <- word_count

wordcount_across_time <- articles_df %>%
  group_by(date_year_month) %>%
  summarise(average_article_count = mean(word_count))

ggplot(data=wordcount_across_time, aes(x=as.Date(date_year_month),
       y=average_article_count)) +
  geom_line(colour="orange", size=1.5) +
  ylab("Average word count") + xlab("Month - Year") +
  ggtitle("Word count across the time line")+ theme_bw() +
  scale_x_date(date_labels = "%b %Y",date_breaks = "2 month") +
  geom_vline(xintercept = as.numeric(as.Date("2016-07-01")), linetype=4)
```

このコードを実行して得られるプロットを，図8.21に示す．ドナルド・トランプが共和党候補として認定された月を境に，単語数が急増している様子が確認できる．

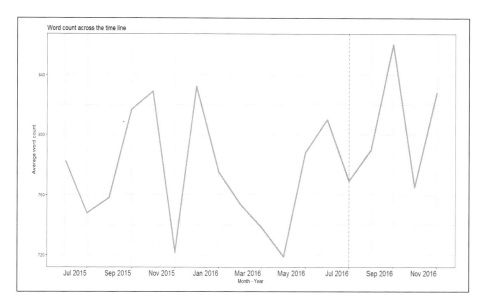

図 8.21　記事当たりの平均単語数の推移

この急増は，彼の認定に伴って"Most Powerful Person in the World"（世界で最もパワフルな人物）というタイトルの深い論考が掲載されたためと考えられる．以上の傾向は，おそらくガーディアン以外のニュースサイトでも見られると予想される．

287

第8章　ニュースサイトの分析

▶ 8.3.3　期間ごとのトピックモデリング

　ここからは，データを二つの期間に分割し，それぞれにデータクリーニングおよび他の前処理を実行する．この一連の処理が完了した後，各データにトピックモデリングを適用し，その結果を分析する．

[1]　データクリーニング

　どんなデータマイニングのタスクにおいても，最初はデータクリーニングから始まる．データクリーニングにどのような手法を用いるかは，扱うデータの性質に依存する．ここでは，いくつかの基本的なステップを踏んでデータクリーニングを進める．各処理については，コード内のコメントに説明を記載している．なお，この一連の処理は第2章でも利用しているので，詳細についてはそちらを参照してほしい．

```
articles_phase1 <- articles_df %>% filter(time_interval == "Phase 1")
articles_phase1 <- Corpus(VectorSource(articles_phase1[,"content"]))

# すべての文字を小文字に変換
articles_phase1 <- tm_map(articles_phase1,content_transformer(tolower))

# テキストから句読点を取り除く
articles_phase1 <- tm_map(articles_phase1, removePunctuation)

# テキストから数字を取り除く
articles_phase1 <- tm_map(articles_phase1, removeNumbers)

# テキストからストップワードを取り除く
articles_phase1 <- tm_map(articles_phase1, removeWords, stopwords("english"))

# テキストから空白を取り除く
articles_phase1 <- tm_map(articles_phase1, stripWhitespace)
```

[2]　データの前処理

　ここでのポイントは，扱っているテキストデータをどのような表現に変換するかである．テキストマイニングにおいては，テキストデータを数値表現に変換する．最も単純な表現としては，bag-of-words が用いられる．bag-of-words は，テキストデータ全体における各単語の出現数をカウントし，その数値ベクトルでテキストデータを表現する．

　bag-of-words で得られる文書単語行列の簡単な例を示そう．以下の二つの文書があったとする．

- 文書1：Red roses
- 文書2：Black cloud

　この二つから得られる文書単語行列は，表 8.1 のようなものになる．このような文書単語行列を得るにあたっては，ステム処理，つまり動詞を原形に直す処理が必要である．以上の操作を完了すると，トピックモデリングを適用できるテキストデータの表現が得られる．以下は一

288

8.3 トピックモデリング

表 8.1

	Red	Roses	Black	Cloud
文書 1	1	1	0	0
文書 2	0	0	1	1

連の操作を実行するコードである.

```
# 動詞を原形に直す
articles_phase1 <- tm_map(articles_phase1,stemDocument)

# 文書単語行列を作成
dtm_trump_phase2 <- DocumentTermMatrix(articles_phase1)
```

期間 2 についてのデータクリーニングおよび前処理のコードは省略する. 期間 2 は読者自身
で実行してほしい.

[3] トピックモデリングの実行

一連のデータクリーニングおよび前処理が完了したら, トピックモデリングに進むことがで
きる. ここでは, topicmodels パッケージを利用して, トピックモデリングの最も有名な手法
である LDA をギブスサンプリングを用いて実行することにする. このパッケージの LDA 関数
を用いれば, トピックモデリングの適用は簡単である. 以下のコードは, 二つの期間のデータに
対してトピックモデリングを実行する. まず一度トピックモデリングを実行して, その結果を
検討した後, より望ましい結果を得るためにはどのようなチューニングが必要かを議論しよう.

```
burnin <- 4000
iter <- 200
thin <- 500
seed <- list(2003,5,63,100001,765)
nstart <- 5
best <- TRUE

# トピック数を指定
k <- 5

# LDA をギブスサンプリングで実行
ldaOut <- LDA(dtm_trump_phase1,k, method="Gibbs",
              control=list(nstart=nstart, seed = seed, best=best,
              burnin = burnin, iter = iter))
```

トピックモデリングを適用するにあたって, いくつかのパラメータを設定している（多くは
LDA 関数の初期値のままである）. LDA 関数については, method 引数を Gibbs と設定してい
る. これは, モデルをフィットさせる際のアルゴリズムであり, Gibbs 以外の選択肢もある.
他の重要なパラメータとして, トピック数がある. トピック数の事前設定は LDA という手法の
限界であり, 文書に含まれるトピック数を事前に知ることはできないのが普通なので, 分析者

289

第8章　ニュースサイトの分析

のドメイン知識に基づく直観で設定される．とりあえず設定したパラメータで結果が得られたら，より良いトピックが得られるように調整する．

[4]　トピックの分析

　LDA を適用すると，各トピックの確率と，そのトピックに紐づく単語が得られる．ここはトピックモデリングの若干トリッキーな部分であり，トピックモデリングを有用たらしめている一方で，理解することは困難である．二つの期間において各トピックがどのような単語と紐づいているか，トップ 10 の単語を確認してみよう．

```
ldaOut.terms <- as.matrix(terms(ldaOut,10))
ldaOut.terms
```

　このコードを期間 1 に対して実行して得られる結果は，図 8.22 に示すとおりである．

```
        Topic 1   Topic 2        Topic 3  Topic 4    Topic 5
 [1,]   "like"    "trump"        "women"  "polit"    "american"
 [2,]   "trump"   "republican"   "year"   "will"     "muslim"
 [3,]   "itÅ"     "candid"       "time"   "vote"     "right"
 [4,]   "say"     "clinton"      "one"    "govern"   "black"
 [5,]   "peopl"   "parti"        "work"   "chang"    "peopl"
 [6,]   "just"    "presid"       "life"   "one"      "war"
 [7,]   "can"     "campaign"     "men"    "right"    "america"
 [8,]   "thing"   "will"         "new"    "leav"     "attack"
 [9,]   "get"     "democrat"     "home"   "labour"   "immigr"
[10,]   "know"    "polit"        "itÅ"    "world"    "white"
```

図 8.22　期間 1 のトピック

　トピックモデリングから得られる結果は，それ自体では名前がついていない．トピックに紐づいた単語を確認し，各トピックに名前をつけていく必要がある．トピック 1 は，他のトピックと共有のテーマがあり，名前がつけにくい．トピック 5 は，ドナルド・トランプのメジャーなプロモーションを表しているように見える．トピック 2 は，対立候補との比較のようである．トピック 3 は，トピック 1 と同様，分類しにくい．トピック 4 は，有権者に対するドナルド・トランプのアピールを示しているようである．このようなトピックへのラベリングは非常に主観的なものであり，地道に進める必要があるが，重要なプロセスである．

　期間 2 の結果を確認することで，一連の分析の締めくくりとしたい．図 8.23 は期間 2 におけるトピックを示している．

```
        Topic 1     Topic 2    Topic 3        Topic 4    Topic 5
 [1,]   "polit"     "year"     "trump"        "women"    "can"
 [2,]   "peopl"     "new"      "clinton"      "itÅ"      "peopl"
 [3,]   "will"      "one"      "elect"        "even"     "one"
 [4,]   "right"     "also"     "republican"   "just"     "think"
 [5,]   "brexit"    "last"     "campaign"     "trump"    "like"
 [6,]   "now"       "will"     "american"     "said"     "get"
 [7,]   "parti"     "system"   "presid"       "like"     "week"
 [8,]   "left"      "report"   "trumpÅ"       "say"      "good"
 [9,]   "countri"   "call"     "donald"       "donÅ"     "just"
[10,]   "econom"    "tax"      "vote"         "right"    "time"
```

図 8.23　期間 2 のトピック

290

期間 2 の結果は，期間 1 に比べるとラベリングしやすい．期間 1 と同様のトピックもあるように見受けられるが，大きな違いもある．それは政策に関する質問を表したトピックである．また，期間 1 におけるトピック 5 のような議論を呼ぶトピックは，期間 2 では見受けられない．この結果は非常に興味深い．つまり，ドナルド・トランプが共和党候補として認定されたことで，記者は期間 1 ではあまり扱ってこなかったドナルド・トランプの政策に，記事の焦点を移したと言える．このように，トピックモデリングは，大規模なテキストデータを分析する際に威力を発揮する．

本節の簡単な分析は，非常に興味深いものとなった．ぜひ一連の分析をあなたなりにやり直し，より良い結果を見つけてほしい．結果を改善する方法として，以下の二つの方向性が考えられる．

- トピックに紐づけられた単語群から，ラベリングに有用でない単語を見つける．例えば "year" のような単語は，テキストデータから取り除いてもよいだろう．こうすることで，より良く構造化されたトピックが得られる．
- もう一つの方向性として，アルゴリズムのチューニングが挙げられる．それにはアルゴリズムについての十分な理解が必要となるが，パラメータを調整していくことで，より良い結果が得られることもある．パラメータの調整については，topicmodels パッケージのドキュメント (https://cran.r-project.org/web/packages/topicmodels/topicmodels.pdf) を参照するとよいだろう．

他章と同様，モデリングの詳細には立ち入らないが，以上に挙げた方向性が今後の分析に役立つだろう．

8.4 ニュース記事の要約

本章では，ニュース記事のデータを扱い，各記事における感情分析や感情カテゴリの分布の分析，記事からのトピック抽出を行ってきた．ニュース記事を扱った分析に関連する課題として，記事の要約が挙げられる．

あなたも身をもって実感しているように，このデジタル社会において，世の中は PC ファーストからモバイルファーストにシフトしており，モバイル分野では日々技術革新が行われている．われわれの毎日の生活は非常に忙しく，時間がない．そして，スマートフォン，スマートウォッチ，タブレットは加速的に普及している．関心のあるニュースをできるだけ早くモバイル端末に届けてほしい，というのがユーザーの願いである．ニュースのヘッドラインはニュースの内容を伝える意味で一定の役割を果たしているものの，もう少し内容に切り込みながらも一目で把握できるようなサイズのニュースを，できるだけ簡単に，そして迅速に入手したいものである．

このような課題を解決する方法として，本節ではテキスト要約について学んでいきたい．テ

キスト要約の手法には，さまざまなものがある．よく利用されているものに，文書内の文からのキーフレーズ抽出や，前節で扱ったトピックモデリングによるトピック抽出，そして，ボリュームの大きい文書の大意を失わずにより簡潔な文書に要約する技術，つまり文書要約が挙げられる．本節では，最後に挙げた文書要約を取り上げる．ボリュームの大きい文書としてニュース記事を捉え，より簡潔な文書に要約することを目的としたい．

▶ 8.4.1　文書要約

文書要約は，自動文書要約とも呼ばれ，人手によらずにカギとなる文を文書から抽出あるいは抽象化し，そこから要約を生成する．自動文書要約には，以下の二つのアプローチがある．

- **抽出に基づく要約**：SVD（特異値分解）のような行列分解，ページランクのようなグラフ理論に基づくアプローチなど，数学的手法を用いてキーセンテンスを文書から抽出し，要約を生成する．したがって，既存の文書から新しいコンテンツが生成されることはなく，あくまで既存の文書内の文を用いて要約が作られる．
- **抽象化に基づく要約**：自然言語生成（natural language generation）や言語意味論（language semantics），言語表現といった複雑な手法を用いて，人間が実際に要約するような形で機械に要約を生成させる．

本節では，抽出に基づく要約に焦点を当て，LexRank と呼ばれる手法を学ぶこととする．

▶ 8.4.2　LexRank を理解する

ニュース記事を要約するにあたって，ここでは `lexRankr` パッケージを用いる．これは LexRank アルゴリズムを実装したものであり，その詳細は Güneş Erkan と Dragomir R. Radev による "LexRank: Graph-based Lexical Centrality as Salience in Text Summarization" に書かれている．LexRank は，**自然言語処理**（natural language processing; NLP）の技術を用いたグラフに基づく確率的手法であり，テキストで構成される単位に対して，関連重要度（relative importance）を算出する．

LexRank は，文書においてそれぞれの文がグラフを構成していると考え，固有ベクトル中心性に基づき，各文の重要性を算出する．このグラフは，各文が他の文に対するコサイン類似度を持つ隣接行列として表現される．この行列は，**逆文書頻度**（inverse document frequency; IDF）においてコサイン類似度を算出する形で求められる．そして，このグラフにおいて高い類似度を持つ関係性を際立たせるために，一定の閾値を設定して，類似度がそれより低い文は取り除く．最終的に，高い類似度を持つ文のみを含む無向グラフが得られる．

文をノードとして構成されたグラフが得られると，ノードから張られたエッジの数に着目することで，度数中心性を算出できる．そして，この値をそのまま利用するか，もしくはページランクのようなアルゴリズムを用いて，各文のランクを求める．LexRank の詳細については，原論文に記載されたアルゴリズムの解説がある，http://www.cs.cmu.edu/afs/cs/project/jair/pub/volume22/erkan04a-html/erkan04a.html を参照してほしい．

▶ 8.4.3 lexRankr パッケージを用いて記事を要約する

　先述したように，LexRank の適用にあたっては，このアルゴリズムを実装した R パッケージである `lexRankr` パッケージを用いる．このパッケージは Adam Spannbauer によって開発されており，そのソースコードは https://github.com/AdamSpannbauer/lexRankr で確認できる．このパッケージのインストールは CRAN でも GitHub からも可能であり，CRAN の場合は `install.packages("lexRankr")` とすることでインストールできる．

　本節では，ガーディアンのニュース記事を要約する．なお，ここでは文書要約のみにフォーカスしたいので，これまで扱ってきたデータ抽出やパースについては省略する．`lexRankr` をロードするところから始めよう．

```
library(lexRankr)
```

　次に，ニュース記事を読み込もう．本節で対象とする記事は，イギリスの住宅危機をテーマとした記事である．この記事の URL は https://www.theguardian.com/society/2017/apr/20/over-200000-homes-in-england-still-lying-empty-despite-housing-shortages であり，記事タイトルは "Housing crisis: more than 200,000 homes in England lie empty"（住宅危機：イギリスで 200,000 以上の家が空き家になっている）である．この記事から本文を抽出した Article-housing_crisis.txt というファイルを，本書の GitHub リポジトリで公開している．以下はこの記事データを読み込むコードである．

```
# ニュース記事を読み込む
article_file <- 'Article-housing_crisis.txt'
article <- readChar(article_file, file.info(article_file)$size)
```

　これでニュース記事が `article` という変数に格納された．以下のコードを実行して，その内容を確認しよう（図 8.24）．

```
# ニュース記事を確認
View(article)
```

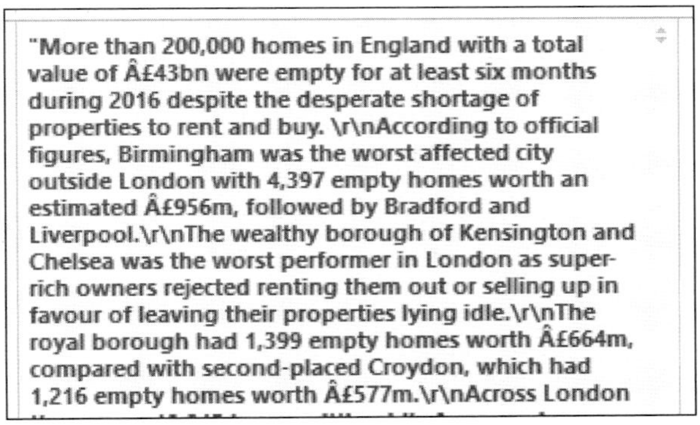

"More than 200,000 homes in England with a total value of Â£43bn were empty for at least six months during 2016 despite the desperate shortage of properties to rent and buy. \r\nAccording to official figures, Birmingham was the worst affected city outside London with 4,397 empty homes worth an estimated Â£956m, followed by Bradford and Liverpool.\r\nThe wealthy borough of Kensington and Chelsea was the worst performer in London as super-rich owners rejected renting them out or selling up in favour of leaving their properties lying idle.\r\nThe royal borough had 1,399 empty homes worth Â£664m, compared with second-placed Croydon, which had 1,216 empty homes worth Â£577m.\r\nAcross London

図 8.24　要約対象のテキスト

第 8 章　ニュースサイトの分析

先の URL から確認できるニュース記事と見比べると，article に格納されたデータは，同一の内容にエンコーディング情報や改行記号などの情報を加えた，生のテキストデータであることがわかるだろう．

次のステップは，この生のテキストデータから文を抽出する．このテキストデータに見えるパターンとして，まず文間の改行記号があり，これは不要なので取り除く．また，各文はピリオドもしくはエンドクォートを伴ったピリオドで区切られており，一つないしは二つの空白が続いている．これらのパターンを用いて，文を抽出するコードは以下のようになる．

```
lines <- trimws(unlist(strsplit(gsub("[\r\n]", " ", article), '((\[.\]+)|(\[.\]" +))')))

# 抽出できた文の数を確認
> cat('Total lines: ', length(lines))
Total lines:  18
```

記事から抽出できた文の数は，18 である．ここからコアとなる文（ランクの高い文）をLexRank アルゴリズムを用いて抽出する．この際，lexRank 関数を利用する．この関数は複数のパラメータを持ち，これを調節することで要約アルゴリズムのカスタマイズが可能になる．この関数のヘルプを見ると詳細を確認できるが，主なパラメータのみ以下に解説する．

- threshold：文からグラフを構築する際の類似度の最小値．
- n：要約として抽出する文の数．
- returnTies：これを TRUE にすると，同位の類似度の文が抽出され，n で設定した文の数を超える場合がある．FALSE にすると，必ず n 以下の数の文が抽出される．
- usePageRank：これが TRUE の場合，文のランクを算出する際にページランクを利用する．
- damping：ページランクアルゴリズムを用いる際のパラメータ．
- continuous：これが TRUE の場合，連続値型の LexRank となる．つまり，閾値は無視され，グラフにおけるエッジに重みが加わる．FALSE の場合，閾値が利用される．
- sentencesAsDocs：TF-IDF を計算する際に各文を文書として扱うか否かを TRUE/FALSE で設定する．
- removePunc：TRUE のとき，前処理で句読点が取り除かれる．
- removeNum：TRUE のとき，前処理で数値が取り除かれる．
- toLower：TRUE のとき，前処理で大文字がすべて小文字に変換される．
- stemWords：TRUE のとき，前処理でステム処理が実行される．
- rmStopWords：TRUE のとき，前処理でストップワードが取り除かれる．
- Verbose：TRUE のとき，アルゴリズムの実行状況がコンソールに表示される．

以上のように，アルゴリズムを調節するための多くのパラメータがある．前処理に関するものもあり，これらのパラメータをオンにすることで，文書要約を実行する前にテキストデータに対する前処理を自動的に実行してくれる．以下のコードは，先のニュース記事データからコ

8.4 ニュース記事の要約

アとなる文を抽出する．このコードにおいては，n = 5 と設定しており，コアとなる文のうち上位 5 位までを抽出している．

```
# コアとなる文を抽出
> influential_sentences <- lexRank(text=lines, threshold=0.1,
+                                    n=5, usePageRank=TRUE, damping=0.85,
+                                    continuous=FALSE, sentencesAsDocs=TRUE,
+                                    removePunc=TRUE, removeNum=TRUE,
+                                    toLower=TRUE, stemWords=TRUE,
+                                    rmStopWords=TRUE, Verbose=TRUE,
+                                    returnTies=TRUE)

Parsing text into sentences and tokens...DONE
Calculating pairwise sentence similarities...DONE
Applying LexRank...DONE
Formatting Output...DONE

# 結果を確認
> View(influential_sentences)
```

以上のコードを実行すると，図 8.25 のようなデータフレームが得られる．このデータフレームには，コアとなる文が，元記事の位置，およびランク付けに用いられたスコアとともに格納されている．

	docId	sentenceId	sentence	value
1	13	13_1	Property investment firm Property Partner, which collate...	0.12858215
2	3	3_1	The wealthy borough of Kensington and Chelsea was th...	0.10947000
3	10	10_1	While Birmingham recorded a 13% jump in empty prope...	0.10889354
4	7	7_1	Councils and the government have worked to cut the n...	0.08571688
5	17	17_1	Property Partner said a large drop in the number of emp...	0.08490843

図 8.25 コアとなる文

このデータフレームを用いて記事の要約を作成しよう．docId 列に元記事における文の番号が含まれており，この順に文を並べて結合することで，元記事内の順序を保った形で要約を生成できる．一連の操作は，以下のコードで実行できる．

```
# 文書要約を生成
summary <- paste(lines[sort(influential_sentences$docId)], collapse=".")

# 要約を確認
> cat(summary)

The wealthy borough of Kensington and Chelsea was the worst performer in London as
the super-rich owners rejected renting their properties out or selling up, in favor
of leaving their properties lying idle. Councils and the government have worked to
cut the number of empty homes, primarily by reducing tax incentives that encouraged
owners to leave properties unused. While Birmingham recorded a 13% jump in empty
properties in the last year and Liverpool suffered a 5% rise to 3,449, Manchester
```

295

第8章 ニュースサイトの分析

> registered the greatest fall over a decade, dropping 88% to 1,365. Property investment firm Property Partner, which collated the report from the latest Department for Communities & Local Government figures, says that Kensington and Chelsea stood out from most London boroughs, which have recorded a fall in the number of empty homes over the last 10 years. Property Partner says that there has been a large drop in the number of empty homes across England from 2006 stalled in 2015.

　生成された要約は，イギリスにおいて住宅不足にもかかわらず多くの住宅が空き家となっている現状について説明できており，イギリスにおける住宅危機を伝える要約記事として十分なものとなっている．元の記事を読み返して上の文章と比較し，この要約が大意を失っていないことを確認してほしい．

　この要約技術の美点は，ニュース記事のカテゴリに依存せず，場合によってはニュース記事でなくても，その性能を発揮できることである．別の事例として，ガーディアンのスポーツ記事の要約も試してみることにしよう．

　利用する記事は，https://www.theguardian.com/sport/2017/apr/04/chris-woakes-indian-premier-league-kolkata-knight-riders にある，"Chris Woakes: 'The IPL is a one-off opportunity I can't turn down.'"（Chris Woakes は語る：IPL は一度限りのチャンスなんだ．だから断れない）というタイトルのもので，イギリスの有名クリケット選手である Chris Woakes がインディアン・プレミアリーグ（IPL）への思いを語っている．この記事は，Article-chris_woakes.txt という名前のファイルに保存して，本書の GitHub リポジトリで公開している．以下は，この記事の要約を生成するコードである．

```
# LexRank アルゴリズムを適用
article_file <- 'Article-chris_woakes.txt'
article <- readChar(article_file, file.info(article_file)$size)
lines <- trimws(unlist(strsplit(gsub("[\r\n]", " ", article), '(([.]+)|([.]" +))')))

> influential_sentences <- lexRank(text=lines, threshold=0.1,
+                                  n=5, usePageRank=TRUE,
+                                  damping=0.85, continuous=FALSE,
+                                  sentencesAsDocs=TRUE,
+                                  removePunc=TRUE,
+                                  removeNum=TRUE, toLower=TRUE,
+                                  stemWords=TRUE, rmStopWords=TRUE,
+                                  Verbose=TRUE, returnTies=TRUE)

Parsing text into sentences and tokens...DONE
Calculating pairwise sentence similarities...DONE
Applying LexRank...DONE
Formatting Output...DONE

# 要約を生成
summary <- paste(lines[sort(influential_sentences$docId)], collapse=".")

# 要約を確認
> cat(summary)
```

It does feel strange going away this time of year but at the same time I see it as a
chance to improve myself as a cricketer and put Warwickshire on the map, says Woakes,
whose side open up against the Gujarat Lions in Rajkot. Death bowling is an area of
my game that has improved dramatically, I think, but to be considered a world-class
death bowler you have to do it against the best players in the IPL in high-pressure
situations. It was a high- pressure situation at the death in January that was
probably responsible for his IPL payday---the proceeds from which, he jokes, will go
toward paying off debts from his recent wedding---when India needed 16 from the final
over of the third one-dayer in Kolkata. Birmingham-born and having been a part of
the furniture at Edgbaston for more than a decade, which included being roped into
groundstaff duties during the 2005 Ashes, there is little doubt which team he would
want to turn out for. He says It's a tricky one because I've played for Warwickshire
my whole career so to think of playing for someone else doesn't seem right. If
there's a Birmingham team, and I hope there is, I'd want to be in it.

この要約は，2017 年に IPL に移る前の Chris Woakes の想いが，うまくまとめられている．
そして，実際に彼はこの年にトーナメントで輝かしいスタートを切った．

この節を締めくくることにしよう．事例を通して，文書要約技術が抱える課題やその対策に
ついて，導入部分を学べたと思うが，まだ探求すべき部分は多く残っており，文書要約は奥が深
い．lexRank 関数を他のニュース記事に適用してみることで，自分なりの分析を試してほしい．

8.5 | ニュース記事の分析における課題

ニュース記事の分析は，本書においてもチャレンジングな内容であった．本章を通して遭遇
した課題を以下にまとめる．

- **API の欠如**：ニュース記事の提供者は，API を提供しているとは限らない．幸い本章で利
  用したガーディアンはオープンアクセスの API を提供していたが，ニューヨークタイム
  ズやガーディアンのような大手以外のニュースサイトの多くは，API を提供していない．
- **ウェブスクレイピング**：HTML データのスクレイピングは，非常に複雑である．本章で
  扱った HTML の構造は幸い単純なものだったが，構造が複雑になれば，スクレイピング
  の手間もそれだけややこしいものになる（読者にはぜひニューヨークタイムズの記事の
  スクレイピングに挑戦してほしい．このサイトの HTML は非常に複雑で，スクレイピン
  グの難しさを実感できるだろう）．スクレイピングのもう一つの難点として，多くのウェ
  ブサイトはその構造を頻繁に変更するということがある．これは，多大な労力を払って
  作り上げたパース用プログラムが，ウェブデザイナーがほんの少しサイトの構造を変え
  てしまうだけで使い物にならなくなることを意味する．
- **テキスト分析における主観**：テキスト分析における課題はトピックモデリングで見たと
  おり，一つの結果をさまざまな見方で解釈できることである．これは解決が難しい問題
  であり，特に分析者が中立的な視点を持っていない場合に深刻なものとなる．テキスト
  分析は，容易にバイアスが入ってしまう領域なのである．

297

第 8 章　ニュースサイトの分析

　以上が本章を通じてわかった主な課題である．ほかにも解決すべき小さな問題はたくさんあ
るが，それらは論理的に考え，時にはインターネット検索を利用することで解決できるものばか
りである．

8.6 | まとめ

　ニュースデータは，毎日の生活の中で出会うテーマに対して多角的な視点を与えてくれるとい
う意味で，非常に重要なデータソースである．本章を通じて，このニュースデータを取得し，
そのテキストを分析することの難しさを垣間見ることができただろう．また，本章では，イン
ターネット上に公開されたデータを収集する上で欠かせない技術であるウェブスクレイピング
の基礎を学んだ．そして，テキストデータのさまざまな問題点やその対処法についても学んだ．
本章における最も重要なポイントとして，テキスト分析においてはバイアスのない中立的な視
点を持つことが肝要だという点を挙げたい．言い換えれば，テキストデータを扱う分析は，い
ともたやすく選択バイアスにまみれてしまう．テキスト分析は非常に多岐にわたるものであり，
その進歩も速いため，この 1 章のみには到底収めきれない．ぜひこの章で学んだもの以外の手
法や，別の事例に取り組んでほしい．きっと良い練習になるだろう．

著者とレビュアーについて

Raghav Bali

インド情報技術大学において情報工学の修士号を取得した．インテルでデータサイエンティストとして勤務し，機械学習を用いた分析，ビジネスインテリジェンス，アプリケーション開発に携わってきた．また，ERP，金融，BI の各分野において，顧客企業と共同で分析やアプリ開発にも携わってきた．

彼は新しい技術とガジェットをこよなく愛しており，最近では Packt Publishing から共著で *R Machine Learning by Example* を出版した．彼はアマチュア写真家でもあり，余暇を利用して撮影に勤しんでいる．

（謝辞）　私は，これまで私を支えてくれた家族や先生，友人，同僚，メンターに大きな感謝を捧げたい．また，本書の執筆プロジェクトを大変楽しいものにしてくれた共著者であり，友人でもある Dipanjan Sarkar と Tushar Sharma の二人にも感謝したい．そして，執筆機会を与えてくれた Tushar Gupta，Amrita Noronha，Akash Patel，また Packt Publishing に感謝する．最後に，素晴らしいプロダクトを開発し続けている R コミュニティに感謝したい．

Dipanjan Sarkar

インテルのデータサイエンティストであり，業務としてデータサイエンス，分析，ビジネスインテリジェンス，アプリケーション開発に携わっている．彼はインド情報技術大学においてデータサイエンスとソフトウェアエンジニアリングを専攻し，情報工学の修士号を取得した．

分析業務において 5 年以上の経験を持ち，統計学，予測モデリング，テキスト分析を得意としている．彼は Packt Publishing の *R Machine Learning by Example* や *What you need to know about R* をはじめとして，機械学習や分析について数冊の書籍を執筆してきた．そのほかに，技術書や技術学習コースのレビューにも携わってきた．彼は新技術，金融市場，スタートアップの動向，データサイエンスに興味を持っている．趣味は読書，ゲーム，コメディ番組，サッカー観戦である．

（謝辞）　私はこれまでの人生を支えてくれた両親，パートナー，友人に感謝したい．あなた方の支援なくして私はこれまでの苦難を乗り越えられなかっただろう．私はまた，友人であり同僚である Raghav Bali と Tushar Sharma に感謝したい．彼らとの共同執筆は大変楽しいものだった．また，本書の執筆機会を通して，私のこれまでの知識や経験

を世に広めるきっかけを作ってくれた Tushar Gupta，Amrita Noronha，Akash Patel，Packt Publishing に感謝する．最後に，素晴らしいエコシステムを支え続けてくれているRコミュニティに大きな感謝の意を表する．

Tushar Sharma

インド情報技術大学でデータサイエンスの修士号を取得した．彼は現在インテルのデータサイエンティストであるが，以前は金融コンサルティングファームでリサーチエンジニアをしていた．業務としては，インテルのシステムが生み出すビッグデータを処理するシステムを開発している．彼は，最先端の機械学習技術をシステムに実装し，顧客に届けている．R，Python，Spark を使いこなし，機械学習の数学的側面にも強い．

彼は技術全般に強い関心を持っている．また，歴史から哲学に至るまで，さまざまな分野の本を読む．彼はランナーであり，バドミントンとテニスが趣味である．

(謝辞)　私は，これまで私を励まし，支え，導き続けてきてくれた家族，先生，友人に感謝したい．また，本書の共同執筆作業を楽しいものにしてくれた，かつてのクラスメイトで友人であり同僚である Raghav Bali と Tushar Sharma に感謝したい．そして，執筆機会を与えてくれた Tushar Gupta，Amrita Noronha，Akash Patel，Packt Publishing に感謝する．

Karthik Ganapathy（レビュアー）

分析，予測モデリング，プロジェクトマネジメントにおいて12年以上の経験を持つベテラン分析者である．彼は，Fortune 500 の複数の企業を顧客に持ち，ビジネスに活かすための分析を続けてきた．

(謝辞)　本書をレビューしている間，辛抱強くサポートを続けてくれた妻 Sudharsana と娘 Amrita に感謝したい．

索引

%>>% 241

■ A

aggregate 関数　223, 226
AI（人工知能）　35
Andrew Ng　284
API（application programming interface）　1, 170

■ B

bag-of-words　288
borders 関数　53

■ C

caret パッケージ　259
cluster_edge_betweenness 関数　117
CMC（コンピュータを介したコミュニケーション）　2
Corpus 関数　61
corrplot パッケージ　228
CRAN（Comprehensive R Archival Network）　13
CRISP-DM（cross industry standard process for data mining）　33
CSV（comma separated values）　9

■ D

David Blei　284
degree_distribution 関数　92
devtools パッケージ　82
difftime 関数　226
dist 関数　67
Dodgeball　132
dplyr パッケージ　136, 243, 245

■ E

edge betweenness clustering algorithm　117
ends 関数　73
ETL（extract-transform-load）　33
EXIF（exchangeable image file format）　243–245

■ F

Facebook Graph API　79
　── explorer　79
Facebook Query Language（FQL）　81
fast greedy clustering algorithm　115
fbOAuth 関数　79
Flickr の API　237
　──メソッド　238

Foursquare API　133, 137
FQL（Facebook Query Language）　81
fromJSON 関数　174

■ G

gather_array 関数　139
gdf ファイル　99
geocode 関数　54
Gephi　99
GET メソッド　241
get_sentiment 関数　63
getFollowers メソッド　70
GetNet　79
getPage 関数　119
getpublicphotos API　256
getURL 関数　136
ggmap パッケージ　53, 230
ggplot2 パッケージ　30, 50, 78, 118, 224, 248
Git　165
GitHub　165
Google Maps API　230
Google PageRank　112
Graph API　78
　── explorer　80
GUI（グラフィカルユーザーインターフェイス）　13

■ H

hclust 関数　67
HITS（hyperlink-induced topic search）オーソリティスコア　113
HTML（hyper text markup language）　9
httr パッケージ　173, 241, 243
　　GET メソッド　241
　　oauth_app 関数　240

■ I

IDE（統合開発環境）　13
IDF（逆文書頻度）　292
igraph クラス　90
igraph パッケージ　71, 78, 96, 113, 117
　　fast greedy clustering algorithm　115

■ J

Jon Kleinberg　113
JSON（JavaScript object notation）　9, 135, 137, 173
jsonlite パッケージ　173, 242

■ K

k-means クラスタリング　250
k コア分解 (*k*-core decomposition)　106
KPI (主要業績評価指標)　7

■ L

`lapply` 関数　26, 27
Lawrence Page　112
LDA (latent Dirichlet allocation)　284, 289
`LDA` 関数　289
LexRank　292
`lexRank` 関数　294
`lexRankr` パッケージ　292, 293
Linux　175
`lubridate` パッケージ　49

■ M

`magrittr` パッケージ　136, 272
`maps` パッケージ　53
Matrix Factorization　151
Michael Jordan　284
ML (機械学習)　35

■ N

`neighbor` 関数　113
Netvizz　79, 82, 99
NLP (自然言語処理)　37, 292
NLTK ライブラリ　59
NRC 感情辞書　65
N グラム　59

■ O

OAuth (open authentication)　43, 133, 215
`oauth_app` 関数　240

■ P

`pipeR` パッケージ　241, 243, 245
POS (品詞)　59
`pROC` パッケージ　260

■ R

`RCurl` パッケージ　136, 272
`recosystem` パッケージ　152
REPL (read-eval-print-loop)　14
`Rfacebook` パッケージ　77–79, 82, 119
`rlist` パッケージ　245
ROC (receiver operating characteristic) 曲線　260
RStudio　13
`rtweet` パッケージ　76
`rvest` パッケージ　272
`rworldmap` パッケージ　230

■ S

`sapply` 関数　26, 27
`searchTwitter` 関数　49
Sergey Brin　112
`simplify` 関数　72
`spread_values` 関数　139

SQL　189
`sqldf` 関数　189
StackExchange のダンプデータ　216
`stringr` パッケージ　56
`summary` 関数　247
`syuzhet` パッケージ　60, 63, 158

■ T

TF-IDF (term frequency-inverse document frequency)　59
The App Garden　238
`tidyjson` パッケージ　136, 137, 272
`tm_map` 関数　62
`tm` パッケージ　56
`topicmodels` パッケージ　289, 291
Twitter API　41
`twitteR` パッケージ　44

■ V

`VectorSource` 関数　62

■ W

`wordcloud` パッケージ　56

■ X

XML (extensible markup language)　9
`XML` パッケージ　220
`xmlParse` 関数　220
`xmlToList` 関数　220

■ Y

`ymd_hms` 関数　49

■ Z

`zoo` パッケージ　279

■ あ

アクセストークン　170

■ い

イテレータ　73
入次数 (indegree)　91, 108
イングランド・プレミアリーグ (EPL)　99

■ う

ウェブスクレイピング　266, 272

■ え

エルボー法　250, 251

■ お

「面白い写真」(interestingness)　237

■ か

ガーディアン　266
階層的クラスタリング　67
感情極性　278
感情スコア　63
感情分析　57, 159, 274

索引

■ き

機械学習（machine learning; ML）　35
ギブスサンプリング　289
逆文書頻度（inverse document frequency; IDF）　292
極性　278
　　――辞書　63
近接中心性（closeness）　91, 93, 108

■ く

クラスタ係数（clustering coefficient）　106
グラフィカルユーザーインターフェイス（graphical user interface; GUI）　13
クリーク　95, 114
クリエイティブコモンズ　215
訓練データ（training dataset）　258

■ こ

コア度（coreness）　104, 106
コード変更履歴　180
コミット頻度　176
コミュニティ　96, 97, 115
固有ベクトル中心性　111
混同行列（confusion matrix）　261
コンピュータを介したコミュニケーション（computer-mediated communication; CMC）　2

■ し

次数（degree）　91, 108
次数中心性　91
自然言語処理（natural language processing; NLP）　37, 292
従来のメディア　2
主要業績評価指標（key performance indicator; KPI）　7
シルエット法　250
人工知能（artificial intelligence; AI）　35

■ す

推移性（transitivity）　104, 106
ストップワード　62

■ た

単語文書行列（term-document matrix）　67

■ ち

直径（diameter）　104

■ て

データラングリング（data wrangling）　131
出次数（outdegree）　91, 108
テストデータ（test dataset）　258

■ と

統合開発環境（integrated development environment; IDE）　13

■ ト

トピックモデリング　283, 288
トレンドリポジトリ　182
貪欲法によるモジュラリティの算出アルゴリズム　96

■ に

ニューヨークタイムズ　266
人気スコア　203

■ ね

ネットワーク
　コア度（coreness）　104, 106
　推移性（transitivity）　104, 106
　直径（diameter）　104
　密度（density）　104, 105

■ は

媒介中心性（betweenness）　91, 94, 108
バイラル　126
ハッシュタグ　47
バリデーションデータ（validation dataset）　258
ハンドル　40

■ ひ

非構造化データ　7
品詞（part of speech; POS）　59

■ ふ

深さ優先探索アルゴリズム　161
プログラミング言語　196
文書単語行列　288
文書要約　292

■ へ

ページエンゲージメント　124
ページランク　112

■ み

密度（density）　104, 105

■ め

メタデータ　41
メディア, 従来の――　2

■ も

モジュラリティ　96

■ ゆ

ユーザーエンゲージメント　125

■ ら

ランダムフォレスト　259, 261

■ り

リポジトリ　167
　――の健全性　194

■ れ

レコメンドエンジン　149, 151–153

303

【訳者紹介】

市川太祐（いちかわ だいすけ）

医師．医学博士．サスメド株式会社および株式会社ホクソエム所属．

著書：『パーフェクト R』技術評論社（共著，2017）

訳書：『データ分析プロジェクトの手引』共立出版（共訳，2017），『R 言語徹底解説』共立出版（共訳，2017），『機械学習のための特徴量エンジニアリング——その原理と Python による実践』オライリー・ジャパン（共訳，2019）

前田和寛（まえだ かずひろ）

データサイエンティスト．LINE Fukuoka 株式会社所属．

著書：『R ユーザのための RStudio［実践］入門』技術評論社（共著，2018）

訳書：『ベイズ統計モデリング—— R，JAGS，Stan によるチュートリアル』共立出版（共訳，2017）

牧山幸史（まきやま こうじ）

ヤフー株式会社にてデータサイエンス業務に従事するかたわら，株式会社ホクソエム代表取締役社長を務める．

訳書：『みんなの R 第 2 版』マイナビ出版（共訳，2018），『R による自動データ収集』共立出版（共訳，2017），『機械学習のための特徴量エンジニアリング——その原理と Python による実践』オライリー・ジャパン（共訳，2019）

Rではじめるソーシャルメディア分析
──Twitterからニュースサイトまで──

原題:*Learning Social Media Analytics with R*

2019 年 12 月 15 日　初版 1 刷発行

著　者　Raghav Bali（バリ）
　　　　Dipanjan Sarkar（サルカー）
　　　　Tushar Sharma（シャルマ）

訳　者　市川太祐
　　　　前田和寛
　　　　牧山幸史　Ⓒ 2019

発　行　**共立出版株式会社**／南條光章
　　　　東京都文京区小日向 4-6-19
　　　　電話 03-3947-2511（代表）
　　　　〒112-0006／振替口座 00110-2-57035
　　　　www.kyoritsu-pub.co.jp

制　作　㈱グラベルロード
印　刷　精興社
製　本　協栄製本

検印廃止
NDC 417, 007.6, 007.353
ISBN 978-4-320-12452-3

一般社団法人
自然科学書協会
会員

Printed in Japan

─────────────────────────────
JCOPY ＜出版者著作権管理機構委託出版物＞
本書の無断複製は著作権法上での例外を除き禁じられています．複製される場合は，そのつど事前に，出版者著作権管理機構（ＴＥＬ：03-5244-5088，ＦＡＸ：03-5244-5089，e-mail：info@jcopy.or.jp）の許諾を得てください．

Wonderful R

石田基広監修／市川太祐・高橋康介・高柳慎一・福島真太朗・松浦健太郎編集

本シリーズではR/RStudioの諸機能を活用することで，データの取得から前処理，そしてグラフィックス作成の手間が格段に改善されることを具体例にもとづき紹介している。さらにデータサイエンスが当然のスキルとして要求される時代にあって，データの何に注目しどのような手法をもって分析し，そして結果をどのようにアピールするのか，その方向性を示すことを本シリーズは目指している。

【各巻：B5判・並製本・税別本体価格】

❶Rで楽しむ統計
奥村晴彦著

R言語の予備知識や統計学の知識なしで，R言語を使って楽しみながら統計学(主として古典的な部分)の要点を学習できる一冊。

【目次】Rで遊ぶ／統計の基礎／2項分布，検定，信頼区間／事件の起こる確率／分割表の解析／連続量の扱い方／相関／回帰分析／他

・・・・・・・・・・・・・・・・・204頁・本体2,500円＋税・ISBN978-4-320-11241-4

❷StanとRでベイズ統計モデリング
松浦健太郎著

現実のデータ解析を念頭に置いたStanとRによるベイズ統計の実践書。背景となる統計モデリングの考え方も丁寧に記述している。

【目次】導入編(統計モデリングとStanの概要他)／Stan入門編(基本的な回帰とモデルのチェック他)／発展編(回帰分析の悩みどころ他)

・・・・・・・・・・・・・・・・・280頁・本体3,000円＋税・ISBN978-4-320-11242-1

❸再現可能性のすゝめ
―RStudioによるデータ解析とレポート作成―
高橋康介著

再現可能なデータ解析とレポート作成のプロセスを解説。再現性を高めるためにRStudioを使いこなしてRマークダウンをマスターしよう。

【目次】再現可能性のすゝめ／RStudioによる再現可能なデータ解析／他

・・・・・・・・・・・・・・・・・184頁・本体2,500円＋税・ISBN978-4-320-11243-8

❹自然科学研究のためのR入門
―再現可能なレポート執筆実践―
江口哲史著

自然科学の研究レポートをRStudioやRMarkdownを用いて再現可能な形で書くための実践的な一冊。説明は実例に即しレポート例も提示。

【目次】基本的な統計モデリング／発展的な統計モデリング／他

・・・・・・・・・・・・・・・・・240頁・本体2,700円＋税・ISBN978-4-320-11244-5

https://www.kyoritsu-pub.co.jp/　　**共立出版**　　(価格は変更される場合がございます)